U0821106

动物防疫与检疫技术

赵雅丽 主编

中国农业大学出版社
·北京·

内 容 简 介

动物防疫与检疫技术是一门集兽医知识、职业标准、相关法规于一体的综合性应用课程。本教材以职业能力为目标、防检技术为核心、动物产地和屠宰检疫必检疫病为指导，主要介绍动物防疫基础，动物防疫技术，动物检疫基础，动物检疫技术，部分动物疫病检疫和动物、动物产品生产与流通环节的检疫等内容，共 6 个项目、25 个典型工作任务。教材内容简明扼要，深入浅出，图文并茂，职业特色和实用特色鲜明。

本教材适合于中职畜禽生产技术专业使用，也可供初、中级动物疫病防治员及动物检疫检验员培训使用，还可作为养殖场技术人员、基层兽医、村级动物防疫员的参考用书。

图书在版编目(CIP)数据

动物防疫与检疫技术 / 赵雅丽主编．-- 北京 ：中国农业大学出版社，2024.12.
ISBN 978-7-5655-3354-9

Ⅰ．S851.3

中国国家版本馆 CIP 数据核字第 2024F5P422 号

书　　名　动物防疫与检疫技术
作　　者　赵雅丽　主编

策划编辑　潘博闻　刘艳平　　**责任编辑**　潘博闻　刘艳平
封面设计　李尘工作室
出版发行　中国农业大学出版社
社　　址　北京市海淀区圆明园西路 2 号　　**邮政编码**　100193
电　　话　发行部 010-62733489,1190　　读者服务部 010-62732336
编辑部 010-62732617,2618　　出　版　部 010-62733440
网　　址　http://www.caupress.cn　　**E-mail**　cbsszs@cau.edu.cn
经　　销　新华书店
印　　刷　天津鑫丰华印务有限公司
版　　次　2025 年 7 月第 1 版　　2025 年 7 月第 1 次印刷
规　　格　185 mm×260 mm　　16 开本　　13.75 印张　　340 千字
定　　价　42.00 元

图书如有质量问题本社发行部负责调换

编审人员

主　编　赵雅丽（山西省畜牧兽医学校）

副主编　窦婕香（山西省畜牧兽医学校）

苏晓菲（山西省畜牧兽医学校）

编　者（按姓氏笔画排序）

苏晓菲（山西省畜牧兽医学校）

杜红阳（山西省畜牧兽医学校）

李亚妮（山西省畜牧兽医学校）

李耀光（晋中职业技术学院）

赵雅丽（山西省畜牧兽医学校）

郭晓芳（山西省畜牧兽医学校）

窦婕香（山西省畜牧兽医学校）

审　稿　赵益荣（山西省畜牧兽医学校）

孙志峰（山西省畜牧兽医学校）

前　言

党的二十大提出，推进产教融合、科教融汇，优化职业教育类型定位；落实立德树人根本任务，培养德智体美劳全面发展的社会主义建设者和接班人；加强教材建设和管理。依据《关于推动现代职业教育高质量发展的意见》《国家职业教育改革实施方案》《职业院校教材管理办法》等文件精神及新修订的《中华人民共和国动物防疫法》《动物检疫管理办法》等法律法规内容，我们编写了《动物防疫与检疫技术》教材。

本教材在编写理念上力求突出中职特色，以实践为主，教学做用合一；反映防检特点，依法防疫，科学强制规范；注重科学性、先进性和应用性；体现培养目标，集知识、技能、素质教育于一体。

本教材具体内容具有适用性、实用性，并紧跟动物防疫和动物检疫近几年的新标准、新规范和新技术，采用的法规、规范、规程和标准等都是最新出台的。

本教材在设计理念上按照“项目导向、任务驱动”的模式，科学设计了动物防疫基础，动物防疫技术，动物检疫基础，动物检疫技术，部分动物疫病检疫和动物、动物产品生产与流通环节的检疫等内容，共 6 个项目、25 个典型工作任务。每个项目按项目目标、知识准备、能力测验的顺序安排。在知识准备中穿插了“知识链接”“信息窗口”“特别关注”等学习板块，并与全书有机结合。旨在联系社会、服务生产、拓展知识、强调重点及活跃教材形式。

本教材的编写分工为：绪论及项目二由苏晓菲编写；项目一及项目三由赵雅丽编写；项目四的任务一、二、三由李亚妮编写，任务四、五、六由李耀光编写；项目五的任务一、四由杜红阳编写，任务二、三由郭晓芳编写；项目六由窦婕香编写。全书由赵雅丽统稿，窦婕香、苏晓菲校稿。

本教材由山西省畜牧兽医学校副校长赵益荣和高级讲师孙志峰审定，朔州市右玉县边鸡保种繁育有限公司总经理张渊以及朔州职业技术学院董改香老师对本书提出了宝贵建议，在此一并表示衷心感谢！

由于编写时间仓促、编者水平有限，书中难免出现疏漏和不妥，敬请广大师生和读者批评指正！

编　者

2024 年 10 月

目　　录

绪　论

项目目标

1. 素质　具有依法防疫的观念和职业道德素养，热爱专业。

2. 知识　掌握动物防疫、检疫的概念，了解防疫、检疫的目的和社会意义。

知识准备

任务一　动物疫病与动物防疫、检疫

一、动物疫病

动物疫病指由病原体（细菌、病毒等微生物和寄生虫）感染引起的，具有传染性的动物疾病，即动物传染病，包括寄生虫病。

二、动物防疫

（一）动物防疫的概念

动物防疫指动物疫病的预防、控制、诊疗、净化、消灭和动物、动物产品的检疫，以及病死动物、病害动物产品的无害化处理。即采取各种措施，将动物疫病排除于动物群之外，根据疫病发生发展的规律，采取包括消毒、免疫接种、药物预防、检疫、隔离、封锁、畜群淘汰等措施，消除或减少疫病的发生。

（二）动物防疫工作的基本原则

1. 建立和健全各级动物疫病防控机构

重视基层动物疫病防控机构建设，构建立体式动物疫病防控机构。动物防疫工作是一项与农业、商业、卫生、交通等部门都有密切联系的重要工作。只有各有关部门密切配合，紧密合作，从全局出发，统一部署，全面安排，才能把动物防疫工作做好。

2. 贯彻“预防为主，预防与控制、净化、消灭相结合”的方针

搞好防疫卫生、饲养管理、消毒、免疫接种、检疫、隔离、封锁等综合性防疫措施，提高动物健康水平和抗病力，控制和杜绝动物疫病的传播蔓延，降低发病率和病死率。

3. 贯彻执行防疫法规

《中华人民共和国动物防疫法》对动物防疫工作的方针政策及基本原则作出了明确而具体

的规定，是我国目前执行的主要动物防疫法规。

三、动物检疫

（一）动物检疫的概念

动物检疫是由法定的机构和法定的人员，依照法定的检疫项目、对象、标准和方法，对动物及动物产品进行检疫、定性和处理的带有强制性的技术行政措施。

（二）动物检疫的特点

动物检疫不同于一般的疾病诊断，其特点是：

1. 具有强制性

动物检疫是政府的强制性行政行为，受法律保护。动物卫生监督机构依法对动物、动物产品实施检疫，任何单位和个人都必须服从并协助做好检疫工作。凡不按照规定或拒绝、阻挠、抗拒动物检疫的，都属于违法行为，将受到法律制裁。

2. 具有法定的机构和人员

法定的检疫机构是指按照《中华人民共和国动物防疫法》规定，在规定的区域或范围内行使动物检疫职权的单位，即动物检疫主体，包括隶属于县级以上人民政府的动物卫生监督机构和国家进出口检验检疫机构。

官方兽医具体实施动物、动物产品检疫，出具检疫证明，施加检疫标志，对检疫结论负责。动物卫生监督机构的官方兽医应当具备国务院农业农村主管部门规定的条件，由省、自治区、直辖市人民政府农业农村主管部门按照程序确认，由所在地县级以上人民政府农业农村主管部门任命；海关的官方兽医应当具备规定的条件，由海关总署任命。

3. 具有确定的检疫项目和检疫对象

实施检疫时，从动物饲养到运输、屠宰、加工、贮藏乃至产品运输、市场出售的各个环节所进行的各方面的检查事项，称为动物检疫项目。我国法律、法规对各环节的检疫项目分别作了不同规定。动物卫生监督机构和检疫人员必须按规定的项目实施检疫，否则所出具的检疫证明将会失去法律效力。

检疫对象是指动物疫病，而法定检疫对象是指由国家或地方根据不同动物疫病的流行情况、分布区域及危害大小，以法律的形式规定的某些重要动物疫病。

4. 具有科学性

动物检疫必须采用法律、法规统一规定的检疫方法、检疫标准和处理方法。动物检疫是一项技术性很强的工作，要求操作技术规范、结果判定统一、处理方法科学。

任务二　动物防疫与检疫的目的、意义

一、动物防疫与检疫的目的

（一）保护养殖业生产安全

动物疫病是动物健康的最大威胁，是制约集约化养殖进一步发展的重要因素。每年因各种动物疫病引起畜禽大量死亡、畜产品浪费所造成的直接或间接经济损失惊人，而且一些重大动物疫病的严重暴发常常给畜牧业造成毁灭性打击，国内外历史和现今都有记载或报道。所以，要保护畜牧业生产首先要保障动物健康，保障动物健康就要防控动物疫病。只有有效防控动物疫病，才能促进生产，发展生产，保证动物产品的有效供给，满足市场畜产品需求，这是动物防疫检疫的首要目的和任务。

(二)保障动物产品质量安全

动物疫病和药物残留超标，是影响动物产品安全的两大因素，也是制约畜产品贸易的决定因素。加强动物防疫与检疫，有效控制动物疫病，防止动物疫病发生，也就减少了抗生素的应用。这是保证畜产品安全，保护畜产品国内、国际市场，提高其市场竞争力的关键，也是确保动物性食品安全的根本措施。

(三)保护人体健康

动物疫病不仅给养殖业造成经济损失，而且危害人体健康甚至致人死亡。在常见的 240 多种动物疫病中，有 100 多种是人兽共患病，且绝大多数是动物源性人兽共患病，如炭疽、狂犬病、布鲁氏菌病及新出现的禽流感、牛海绵状脑病、尼帕病毒性脑炎、莱姆病等，动物是传染源，人与患病动物及其产品接触可引起感染。保护人体健康和生命安全是动物防疫的目的。

二、动物防疫与检疫的意义

(一)有利于农民增收

我国是农业大国，也是养殖大国。养殖业是我国农业的优势产业，在农村经济中始终占有重要地位，养殖业收入是农民家庭收入的主要来源之一。做好动物防疫工作，降低养殖成本和疫病风险，减少损失，提高农户养殖积极性，对于调整和优化农村产业结构，繁荣农村经济意义重大。

(二)有利于公共卫生安全

现代社会人与动物的距离不断缩小，动物疫病向人类间扩散机会加大，新的人兽共患病不断出现，直接威胁公众健康与生命安全，甚至打乱正常的生活秩序，影响社会稳定，是人类所面临的最重要和最现实的生物安全问题。动物防疫是保护人类健康的必要措施，是公共卫生安全的第一道防线，也是公共卫生的重要组成部分。

(三)有利于维护国家利益

随着养殖规模扩大，商品率提高和经济全球化发展，动物、动物产品流通加快，国际贸易频繁，动物疫病跨地域传播的危险性加大。加强入境检疫，使进口贸易免受损失，更重要的是防止国外疫病入侵。动物防疫与检疫是维护国家生物安全的重要环节。加强出境检疫，保证动物、动物产品安全，有利于提高畜产品国际竞争力，维护出口信誉，打破贸易壁垒，使更多的企业参与国际竞争，更多的畜产品进入国际市场，扩大畜产品出口，带动畜牧业发展。

任务三　我国动物防疫与检疫工作概括

一、法制管理

我国自改革开放以来，动物防疫与检疫工作快速发展，相继出台了《中华人民共和国进出境动植物检疫法》《中华人民共和国动物防疫法》《中华人民共和国畜牧法》和《中华人民共和国农产品质量安全法》等相关法律，并配套法规、标准和技术规范，初步形成较为完善的法律法规和标准体系。这标志着我国把动物防疫纳入法制管理轨道，以法律为保障，实现动物防疫的目的。

二、规划引领

2012 年 5 月 20 日，国务院办公厅发布了《国家中长期动物疫病防治规划(2012—2020 年)》，这是新中国成立以来，国务院发布的第一个指导全国动物疫病防治工作的综合性规划和总体部署，是我国动物疫病防治发展史上的一个重要里程碑，反映国家对养殖业生产安全、动物产品质量安全和公共卫生安全的高度重视。我国的动物疫病防控进入了法制管理、规划引领、科学防治的新阶段。2022 年 9 月 14 日，农业农村部印发了《全国畜间人兽共患病防治规划(2022—2030 年)》的通知，落实习近平总书记关于"人病兽防、关口前移"的重要指示精神，加强畜间人兽共患病防治工作，保障畜牧业高质量发展和人民群众身体健康。

三、健全体系

为适应我国养殖业快速发展要求，国家逐步健全和完善中央、省、地级市、县、乡五级动物防疫体系。中央和省侧重重大动物疫情监测、制定控制和扑灭计划，并组织实施，提供高端技术支持；地级市、县、乡负责辖区内动物防疫检疫。通过防疫体系建设，完善应急反应机制，提高动物疫病防控能力。在健全防疫体系的同时创新兽医管理制度，将动物防疫人员依职责分为官方兽医、执业兽医和乡村兽医，他们共同参加预防、控制和扑灭动物疫病的活动。

四、科学防治

我国动物疫病的防控，在区域化管理的总体部署下，采取以免疫预防和疫情监测为重点的综合性技术措施，对重大动物疫病实行强制免疫，发生重大动物疫情时强制性封锁疫区。其防控技术路线见图绪 1。

五、扩大合作

2007 年 5 月，世界动物卫生组织(WOAH)第 75 届国际大会恢复中华人民共和国在该组织的合法权利和义务。我国的动物防疫同国际接轨，参照国际动物卫生法典和国际通行做法，扩大国际交流合作，参加全球遏制重大动物疫病的行动。

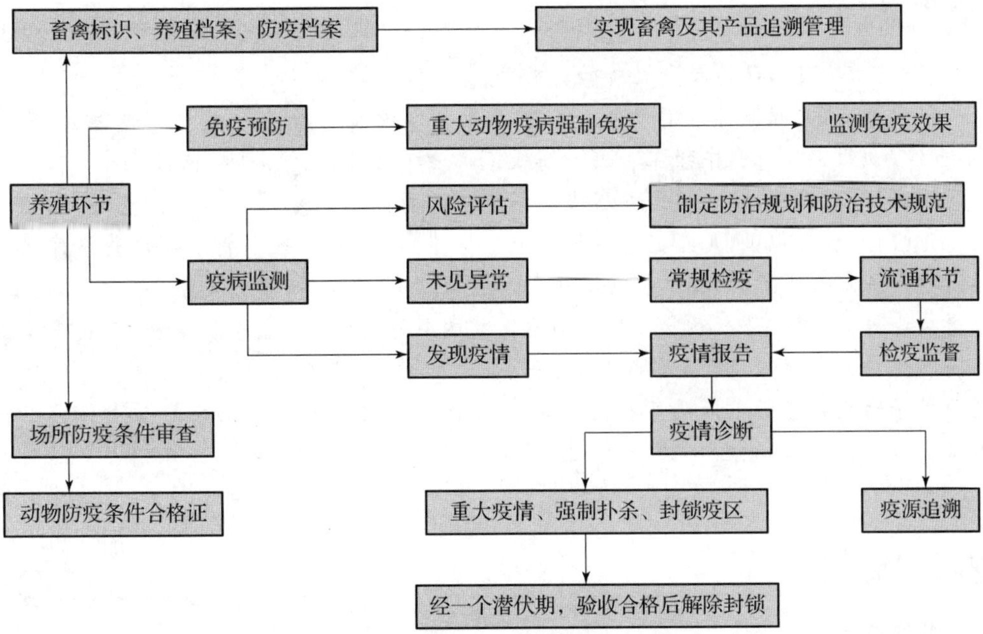

图绪 1　动物疫病防控技术路线示意图

总结我国近年来在动物疫病防控中的成功经验，继续依法管理、规范全社会动物防疫活动；继续推进动物疫病区域化管理、动物流通检疫监管等机制；为我国分病种、分区域、分阶段消灭动物疫病创造有利条件。在全社会的努力下，各部门协调配合下，我国的动物防疫检疫活动将更规范、更有序、更有效，以保障我国养殖业持续稳定健康发展，动物产品安全供给，保障公共卫生安全。

知识链接

WOAH 及其参考实验室

世界动物卫生组织（缩写从 2022 年 5 月 31 日由 OIE 更新为 WOAH）是兽医领域最具权威性的国际组织，创建于 1924 年，总部设在法国巴黎。WOAH 是世界贸易组织（World Trade Organization，WTO）唯一指定负责制定国际动物卫生标准的国际组织。WOAH 制定的国际动物卫生标准是各国开展动物及动物产品贸易遵循的基本准则。

WOAH 参考实验室是 WOAH 的技术支撑机构，主要从事 WOAH 指定动物疫病的技术研究和标准化工作，负责起草相关国际动物卫生标准、标准化动物疫病诊断方法，研发生物制品、诊断试剂及防控方法，在动物卫生标准制定方面具有最高的权威性和指导性。WOAH 各成员高度重视参考实验室的认证工作。

截至 2023 年 7 月，我国有 20 家兽医诊断实验室被 WOAH 确定为国际参考实验室。这标志着我国兽医诊断实验室的科技能力已居国际领先水平并得到国际认可，增强了我国在全球动物卫生规则制定、重大动物疫病防控等国际兽医事务中的话语权，也将进一步推动我国兽医科技事业的发展。

防治员信箱

读者：动物疫病防治员和动物检验检疫员职业资格分几级？

防治员：国家职业标准对动物疫病防治员和动物检验检疫员共设五个等级，分别为：五级/初级工、四级/中级工、三级/高级工、二级/技师、一级/高级技师。

读者：乡村兽医、执业兽医和官方兽医有何不同？

防治员：乡村兽医，是指尚未取得执业兽医资格，经登记在乡村从事动物诊疗服务活动的人员。执业兽医，包括执业兽医师和执业助理兽医师，是指具备兽医相关技能，取得执业兽医资格，从事动物诊疗和动物保健的兽医技术人员。官方兽医，是指具备国务院农业农村主管部门规定的条件，由省、自治区、直辖市人民政府农业农村主管部门按照程序确认并经所在地县级以上人民政府农业农村主管部门任命的国家兽医工作人员。

能力测验

一、名称解释

动物疫病　动物防疫　动物检疫

二、判断题

1. 动物疫病指动物传染病和动物寄生虫病。　(　　)
2. 动物防疫工作必须贯彻“预防为主，预防与控制、净化、消灭相结合”的方针。　(　　)
3. WOAH 即世界动物卫生组织。　(　　)
4. 诚实守信是职业道德的准则。　(　　)
5. 国内动物检疫由农业农村部主管。　(　　)

三、小论坛(各抒己见、相互评价、集思广益)

1. 联系实际，说说动物防疫检疫的目的与意义。
2. 请针对如何学好这门课介绍自己的学习方法。

项目一　动物防疫基础

项目目标

1. 知识　掌握动物疫病流行过程的三个基本环节和重大动物疫情控制、扑灭的措施；了解动物环境卫生、疫病监测、强制免疫、疫病区域化管理等在防疫中的重要性。

2. 技能　能对动物进行分群隔离；能报告动物疫情；能为养殖场制定防疫制度。

3. 德育　具有责任意识、环保意识与团队精神；具有良好的生活卫生习惯。

知识准备

任务一　动物疫病的发生与流行

一、动物疫病的基本特征

（一）由病原体引起

病原体是指病原微生物和寄生虫。每种动物疫病都有其特异的病原体，猪瘟的病原体是猪瘟病毒，炭疽的病原体是炭疽杆菌。病原体是确诊疫病的主要依据。

（二）具有传染性和流行性

传染性是指疫病能由患病动物传染给健康动物，使其出现与患病动物相同的症状。传染性是疫病与普通病区别的重要特征。流行性是指疫病在动物群体中蔓延扩散的特性，即由个体发病到群体发病的特性。

（三）具有免疫力

免疫力即抵抗力。动物患某种疫病后，由于病原体刺激，机体产生特异性抗体，使其对相同病原体的再次侵入具有抵抗力，在一定的时间内或终生不再感染同种疫病。

（四）具有季节性、周期性和地方性

1. 季节性

疫病的发生和流行随季节而变化。发病率因季节变化而升高，或只在一定的季节发生（严格的季节性）。如猪传染性胃肠炎，一年四季均可发生，但以寒冷季节多见；鸡新城疫，各个季节均可发生，春、秋两季较多；而猪乙型脑炎、牛梨形虫病等，一般只有夏秋季发生。季节性与媒介昆虫、气温等因素有关。

2. 周期性

疫病按照相当规律的时间间隔发生流行，一般间隔数年，如口蹄疫、牛流行热。周期性流行的原因与群体免疫力下降、新生代动物增多、动物引进有关。

3. 地方性

疫病局限在一定的地区范围内发生。地方性是寄生虫病突出的特点，主要由于地理条件、气候条件差异和中间宿主的存在。

(五)具有潜伏期

潜伏期是指从病原体侵入机体到出现最初症状的这段时期。疫病的潜伏期长短不一，短的仅数小时，长的可达几年。潜伏期短的多为急性病，潜伏期长的多为慢性病。

二、动物疫病发生的条件

(一)环境因素

环境中若没有细菌、病毒等病原微生物，不会发生传染病；没有寄生虫，也不会发生寄生虫病。病原体(图 1-1)是疫病发生的原因和必然条件。

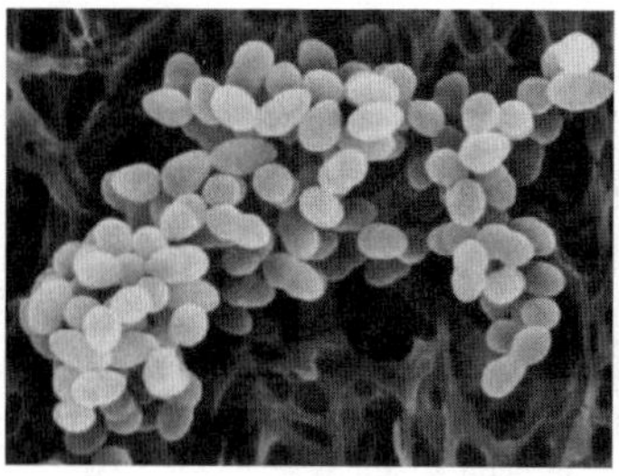

葡萄球菌

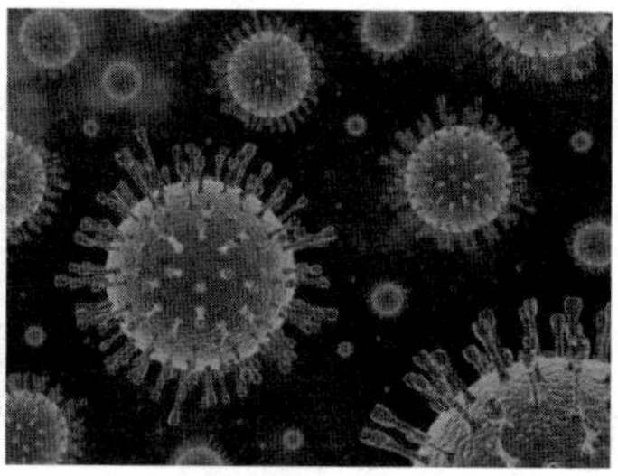

流感病毒

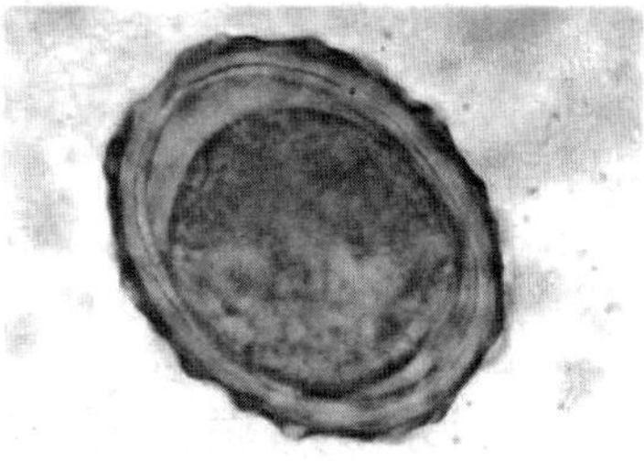

猪蛔虫卵

图 1-1　病原体

任何一种病原体要引起动物发病，必须有足够的数量、较强的毒力(致病力)和一定的稳定性。稳定性是指病原体在环境中保持传染性时间的长短。某种病原体在环境中保持传染性的时间越长，动物感染机会越大，越容易造成持续感染和反复感染。

(二)动物受到感染

在饲养环境中，动物能广泛接触到病原体是感染的前提。病原体侵入动物体有多种途径，如经口、鼻、皮肤、黏膜等，但只有经过适宜的途径侵入动物体适宜的部位定居、生长繁殖，才能使动物感染。大多数病原体侵入途径广泛，如猪瘟病毒可经口、鼻腔、眼结膜甚至皮肤伤口侵入猪体引起感染。一些病原体，如破伤风梭菌及其芽孢必须侵入深而闭合的创伤，在缺氧的环境中生长繁殖导致发病。动物感染后是否发病取决于动物的易感性。

(三)动物有易感性

动物对某种病原体或致病因子没有抵抗力而容易感染，称为有易感性。易感性主要由动物遗传特征决定，如猪对猪瘟病毒易感，鸡不易感，鸡不发生猪瘟；而鸡对新城疫病毒易感，猪不易感，猪不发生新城疫。病原微生物或寄生虫只有侵入对其先天易感的动物才可能引起疫病发生。

知识链接

影响动物易感性的因素

①种。不同种动物对同种病原体易感性不同。羊最易感炭疽，牛、马次之，猪的易感性较低。

②年龄。同种不同年龄易感性不同。一般新生动物、幼龄动物易感性高。

③性别。同种、同年龄、不同性别易感性不同。布鲁氏菌病母畜较公畜易感。

④个体。同种、同年龄、同性别的不同个体易感性不同。一般营养不良的动物易感性高；混合感染的个体易感性高。

⑤免疫。没有进行免疫的动物易感性高。成功的免疫接种可以使一个易感动物变为不易感，免疫接种是预防传染病的重要手段。

(四)外界环境

外界环境影响动物疫病的发生，尤其是气候条件。

1. 气候条件影响动物抗病能力

寒冷不仅使动物消耗大量的体能，导致其生长发育、生产性能受阻，而且影响动物的免疫系统功能，降低呼吸道黏膜的屏障作用，所以冬季容易造成呼吸道疫病的发生和流行。

2. 气候条件影响病原体的致病力

病原体有适应环境的能力。多数病毒耐冷不耐热，寒冷的气候有利于其生存，所以易发生病毒性传染病；高温对病毒不利。气候炎热、温暖潮湿，适宜细菌、寄生虫繁殖，细菌性传染病、寄生虫病多在夏秋季感染发病；寒冷对其不利。

3. 气候条件影响生物媒介和中间宿主的生命力

气候炎热适宜昆虫繁殖，虫媒性疫病发病率显著增高，如由蠓传播的蓝舌病主要发生在夏季和早秋，气温降低时大多平息。气候炎热也有利于寄生虫中间宿主的繁殖，这是寄生虫病夏秋感染率增高的又一重要原因。

专家寄语

重视第一例临诊发病动物

在疫病发生过程中，病原体、易感动物和环境构成了感染链。个体的感染是疫病流行的起点，群体中第一例临诊发病动物的出现，说明可能已有处于潜伏期的动物，要充分认识到疫病流行的风险。因而及早发现零星病例，对于控制感染，防止传播，减少损失都有重要意义。

三、动物疫病的流行过程

(一)相关概念

1. 流行

流行指疫病在动物中广泛传播，导致发病畜禽数量不断增加，波及的地域范围不断扩大。

2. 流行过程

流行过程指由个体感染发病到群体感染发病的过程。

3. 兽医流行病学

兽医流行病学指研究动物群体中尤其是畜禽群体中疾病的流行问题。

(二)流行过程中的三个基本环节

疫病流行过程中的三个基本环节是:传染源→传播途径→易感畜群。

1. 传染源

传染源指被病原体感染,并能通过各种途径向外界排出病原体的人和动物。包括患病动物及其尸体,患人兽共患病的病人及病原体携带者。

患病动物是主要传染源。患病动物在症状明显期向外界排出大量病原体;有的在潜伏期或恢复期仍能不断排出病原体,如猪瘟、口蹄疫。

患病动物死亡后的尸体含有大量的病原体,是一种特殊传染源。

病原体携带者是危险传染源。它们不表现临诊症状,但能不断向环境排出病原体。病原体由传染源排出途径见图 1-2。

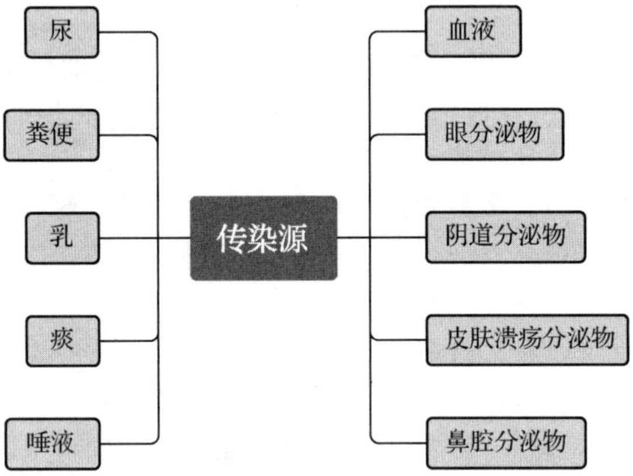

图 1-2 病原体由传染源排出途径示意图

2. 传播途径

传播途径指病原体从传染源传给另一个易感动物所经过的路径。传播途径包括感染途径。病原体传播途径见图 1-3。

(1)垂直传播(母子传播)。病原体由母体传给子代。垂直传播对种畜禽影响严重。主要有沙门氏菌病、禽白血病、猪伪狂犬病、猪繁殖与呼吸综合征等。垂直传播的疫病也能通过水平传播。

(2)水平传播(接触传播)。病原体在群体之间或个体之间横向传播。因传染源和易感动物接触状态不同分为两种传播方式:

①直接接触传播。由患病动物与健康动物直接接触而引起的传染,没有任何外界因素参与,一般不会造成广泛流行。以直接接触为主要传播方式的动物疫病不多,狂犬病、马媾疫具有代表性。狂犬病主要通过被病畜咬伤传播,马媾疫通过交配传播。

②间接接触传播。病原体借助传播媒介而引起的传染。如饮食传播、空气传播、虫媒传播。间接接触传播是大多数动物疫病的主要传播方式,极易引起疫病的流行。

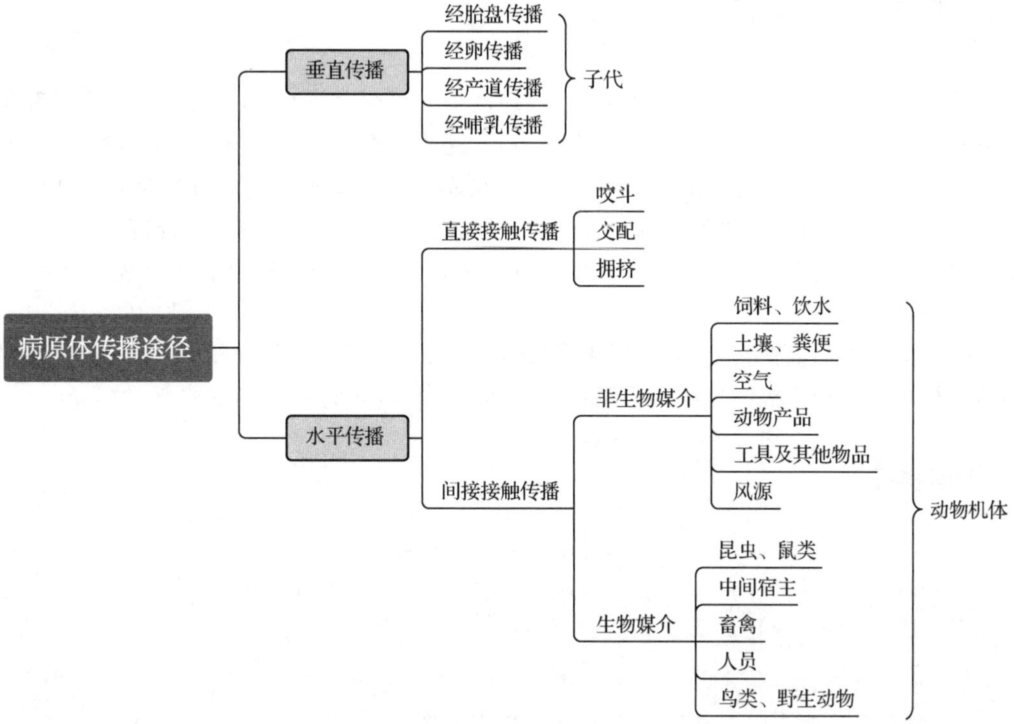

图 1-3　病原体传播途径示意图

3.易感畜群

易感畜群指对某种特定疫病缺乏免疫力的畜群。畜群易感性的高低直接影响到疫病能否流行。影响群体易感性的因素很多，除病原体等因素外，关键还是动物群体本身，尤其是群体免疫状况。群体免疫状况常用免疫密度和抗体合格率衡量。

免疫密度(免疫率)指群体中某病免疫接种的动物数占该群动物总数的百分率。抗体合格率是指某病免疫接种后进行抗体检测，抗体合格的动物数占被检动物总数的百分率。存栏畜群某病若免疫密度达 100%、抗体合格率≥70%，说明群体的抗病力强，不会发生大规模的流行。

归纳总结

三个基本环节与疫病流行规律

当三个基本环节在动物群体中同时存在并相互联结时，就会构成疫病的流行；缺少其中任何一个环节，可以中断或杜绝疫病的流行(图 1-4)。因此，所有的防疫措施都是针对三个基本环节而制定的，即消除传染源、切断传播途径、保护易感动物。只要措施得力，就能取得成效。

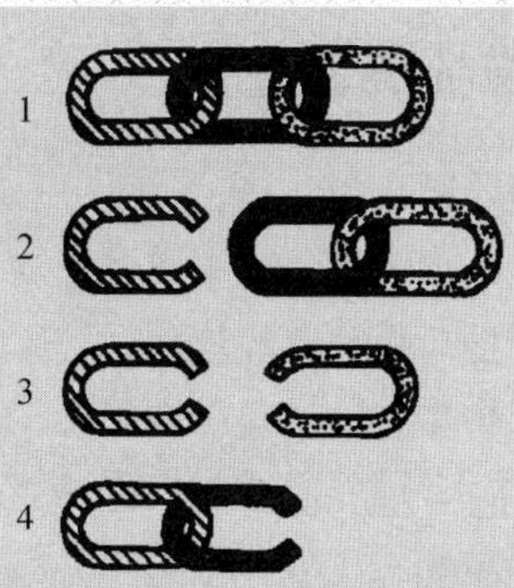

1.三个环节联结，发生流行　2.传染源被隔离，不发生流行
3.缺少媒介，不发生流行　4.没有易感动物，不发生流行

图 1-4　三个基本环节联结示意图

(三)影响流行过程的因素

1. 自然因素

自然因素主要包括地理因素(地形、海拔、纬度等)、气候因素(气温、湿度等)、季节和生物群落分布(各种动物、植物和微生物的地理分布)。这些因素决定或影响疫病流行过程,特别对自然疫源性疾病、虫媒传染病和寄生虫病的发生与发展有重要影响。如钉螺是日本血吸虫的中间宿主,在我国分布在南方地区,因为南方气候温暖潮湿,水资源丰富,适合钉螺和日本血吸虫的发育,加之人、畜在水中劳作时接触疫水机会多,所以南方有血吸虫病流行区。

2. 社会因素

社会因素是人为因素,包括政治因素、经济因素、文化科技水平、养殖业水平、全社会对动物防疫工作的重视程度等。这些因素是控制和消灭动物疫病的重要保证。

知识链接

流行过程的表现形式

根据一定时期内发病动物多少和传播范围大小,流行过程有五种表现形式。

①散发。病例以散发形式发生且各病例之间在时间和地点上无明显联系。

②地方性流行。某病发病数量较多,但其传播范围局限于一定地区。

③流行。某病在一定时间内的发病数量比较多,传播范围比较广,造成群体发病。

④大流行。某病在一定时间内迅速传播,发病数量很多,传播范围很广甚至波及全国及国外。

⑤暴发。某地区或某动物群体短期内某种疫病突然发生很多病例。

任务二　动物疫病的预防措施

一、动物环境卫生

(一)动物环境

环境通常是指大气、水、土壤三要素所构成的自然整体,是一切生物赖以生存的物质基础。动物环境主要指动物养殖环境。

1. 饲养管理环境

指饲料、饮水;饲养方式与饲养密度;饲养规模与管理模式等因素。

2. 生物学环境

包括病原微生物、寄生虫及其虫卵;其他有害生物如鼠、蜘蛛、昆虫。

3. 物理化学环境

指畜舍小气候如温度、湿度、尘埃、有害气体、通风、光照等,也包括圈舍基本结构、设施设备。

(二)环境因素对动物疾病的影响

1. 养殖场建设

养殖场场址选择、建筑布局、设施设备是防疫的“硬件”,圈舍条件是畜禽生产和防疫的关键。场址选择恰当与否,圈舍设计是否标准、合理,影响到以后的排污、消毒和舍内环境控制等多方面问题。场址、圈舍的标准化是畜牧业标准化养殖的第一步,是动物防疫的基本要求。

2. 饲料、饮水污染

饲料在加工、运输、贮存等环节可被病原体、鼠类、畜粪及鸟粪污染;饮水则常受到畜产污水和畜粪污染;患病动物的口、鼻分泌物也是饲料、饮水的污染源。饲料、饮水被病原体污染是引起疫病传播的主要原因之一。

3. 尘埃、有害气体

在封闭式畜舍,由于畜禽活动、饲养管理活动、粪尿等有机物分解,产生大量的尘埃、飞沫和氨、硫化氢、甲烷等有害气体。尘埃和飞沫悬浮于空气中,三者形成“气溶胶”,使微生物附着并生存。有害气体产生刺鼻难闻的气味,引起眼结膜和上呼吸道炎症,使黏膜充血、水肿,黏膜的局部免疫作用降低。在群体密度大和通风条件差的情况下,尤其在冬季很易诱发畜禽呼吸道传染病。

4. 养殖废渣、废水

集约化养殖产生大量的畜粪、垫料、废饲料、废水,以及因染疫死亡的动物尸体,它们含有大量的病原体,是养殖场的污染源,病原微生物和寄生虫卵的“培养基”。废渣、废水若不能及时清除,会导致圈舍空气污浊,环境中病原体蓄积,危害畜禽,也污染养殖场周边环境。

(三)改善和控制动物环境的措施

1. 对养殖场进行防疫条件审查

兴办动物养殖场、养殖小区,在选址、布局、设施设备、兽医人员配备等方面应符合动物防疫要求。2022 年 12 月 1 日起施行的《动物防疫条件审查办法》(农业农村部令 2022 年第 8 号)规定,由县级农业农村主管部门对动物饲养场、动物隔离场等进行防疫条件审查和监督管理工作,合格的发放《动物防疫条件合格证》(图 1-5)。县级农业农村主管部门依法对养殖场的防疫条件进行监督检查,督促饲养者从源头改善动物环境,预防动物疫病。

动物防疫条件合格证

(　　)动防合字第　　号

代码编号:

单位名称:

法定代表人(负责人):

单位地址:

经营范围:

根据《中华人民共和国动物防疫法》规定,经审查,动物防疫条件合格,特发此证。

发证机关(盖章)

年　月　日

图 1-5 《动物防疫条件合格证》

2. 科学饲养管理

(1)全进全出。畜禽周转实行“全进全出”制度，即同舍动物同时进舍，同时出栏。在一个饲养周期内，年龄整齐，管理方便，利于空舍彻底消毒。

(2)清洁养殖。清洁养殖的中心思想是控制生物环境，降低环境中病原体的含量，防止环境污染。清洁养殖是养殖场生物安全控制的重要措施，主要包含以下几方面：

①保持饲料、饮水卫生。饲料、饮水应符合饲料卫生标准和生活饮用水标准，防止污染。

②保持圈舍环境卫生。提倡采用干清粪工艺，及时清除畜粪、垃圾，实现日产日清。做到地面净、食槽净、畜体净、空气净。

③坚持清污分流。在畜禽饲养管理过程中，饲料、畜产品等进出走“清洁道”；粪便、垫料等走“污染道”，清污分流，防止交叉感染。

3. 建立健全各项防疫制度

养殖场、养殖小区应当按规定建立免疫、用药、检疫申报、疫情报告、消毒、动物尸体处理、畜禽标识等制度及养殖档案，实现防疫工作规范化管理，保障防疫计划和防疫措施落实到位。

实践操作　畜禽养殖场防疫情况调查与防疫制度的编写

【目的要求】

了解养殖场防疫情况，为养殖场编写防疫制度。

【材料用品】

猪场、鸡场或其他畜禽养殖场，防护服、胶靴等防护用品。

【方法步骤】

1. 参观养殖场

严格按入场消毒程序，在场内专人带领下参观并保持安静。边参观边了解防疫情况，完成表 1-1。

表 1-1　养殖场防疫情况调查表

参观调查项目	调查情况	调查方法
场址选择、场内布局、设施设备、入场消毒		询问与交流、观察、查看资料
动物种类、存栏量		
是否取得动物防疫条件合格证		
有无养殖档案，饲养管理情况		
畜禽标识加施情况		
消毒、杀虫灭鼠情况		
免疫接种情况		
药物预防情况		
引种情况		

续表 1-1

参观调查项目	调查情况	调查方法
粪便、污水处理		询问与交流、观察、查看资料
病死动物处理		
有无防疫制度,制度落实情况		
有无防疫计划,计划执行情况		

2. 制定养殖场卫生防疫制度

以学生小组(个人)为单位,根据参观调查情况结合查找资料,为养殖场编写综合性防疫制度或单项防疫制度,编写内容见表 1-2。

表 1-2　养殖场卫生防疫制度编写内容表

项目	要求	自评	组评	互评	师评
确定编写题目	××养殖场卫生防疫制度				
确定编写提纲	讨论、回顾养殖场基本情况:动物种类、用途,饲养管理情况、免疫、消毒等,确定编写提纲				
分工查找资料	小组成员分工明确,通过网络、教材、图书馆、询问等途径查找资料				
完成编写内容	编写内容有:饲养管理、协助检疫、消毒、杀虫、灭鼠、强制免疫、驱虫和药物预防、诊疗和实验室工作、疫情登记和报告、病死动物生物安全处理、动物及其产品调运管理、兽药管理、加施畜禽标识等				
完成情况	书写工整、用词准确、条理清楚、切实可行				
合作能力	小组成员分工协作,按时完成资料查找、收集和卫生防疫制度的编写				

【注意事项】

参观过程中遵守养殖场的规章制度。

【实践报告】

养殖场观后感想。

二、疫病监测与强制免疫

(一)疫病监测

疫病监测又称疫情监测,即对某地、某种动物疫病的发生、流行、分布及相关因素进行长期、连续和完整的观察监测。通过监测,全面掌握疫情动态,预测疫情发展趋势,及时做出疫情预警。疫病监测是动物疫病防控中最重要的技术手段,是制定防治规划和技术规范的基础。

1. 监测范围、对象、分类

监测范围：包括规模养殖场(养殖小区)、散养畜禽、屠宰场、畜禽交易市场、动物隔离场等。重点是种畜禽场、规模养殖场，以及历史上曾经发生过本病的地区、近期发生疫情或疫情频发的地区和边境地区。

监测对象：某病的易感动物和病原体赖以生存的环境，如土壤、水源、饲料等。

监测分类：疫病监测分常规监测(日常监测)和应急监测。应急监测是发生疫情时，对疫区和受威胁区易感动物进行的监测，包括疫区封锁期间和解除封锁后的监测工作。

2. 监测方式、方法、时间

监测方式：在一定的监测范围内，对易感动物进行全面监测或重点抽查或跟踪监测。

监测方法：包括临诊观察、实验室检测及流行病学调查。非免疫畜禽以流行病学调查、血清学检测为主；免疫畜禽以病原体检测为主，结合流行病学调查和血清学检测。

监测时间：常规监测，每月一次流行病学调查，每年春秋进行两次实验室检测。

疫情预警预报：《国家突发重大动物疫情应急预案》规定，根据疫情监测信息，分析其危害程度，将疫情分为特别严重、严重、较重和一般四个预警级别，依次用红色、橙色、黄色和蓝色表示。由县级以上人民政府发布疫情预警。

信息窗口

动物疫情监测网络

疫情监测由动物疫情监测网络来完成。动物疫情监测网络由中央、省、地(市)、县四级动物疫病预防控制机构和中国动物卫生与流行病学中心、国家兽医参考实验室、边境动物疫情监测站组成，相互配合，共同完成疫情监测任务。

(二)强制免疫

1. 强制免疫制度

免疫是预防动物疫病的关键性技术手段。国家对严重危害养殖业生产和人体健康的动物疫病实施强制免疫制度，即以行政乃至法律手段制订强制免疫计划，确定免疫用疫苗、免疫程序和免疫标准，监测免疫效果。经强制免疫的动物，建立免疫档案，加施畜禽标识，实施可追溯管理。

2. 强制免疫的病种

根据《国家动物疫病强制免疫指导意见(2022—2025 年)》，对以下动物疫病进行免疫。

高致病性禽流感：对全国所有鸡、鸭、鹅、鹌鹑等人工饲养的禽类，根据当地实际情况，在科学评估的基础上选择适宜疫苗，进行 H5 亚型和(或)H7 亚型高致病性禽流感免疫。对供研究和疫苗生产用的家禽、进口国(地区)明确要求不得实施高致病性禽流感免疫的出口家禽，以及因其他特殊原因不免疫的，有关养殖场(户)逐级报省级农业农村部门同意后，可不实施免疫。

口蹄疫：对全国有关畜种，根据当地实际情况，在科学评估的基础上选择适宜疫苗，进行 O 型和(或)A 型口蹄疫免疫。对全国所有牛、羊、骆驼、鹿进行 O 型和 A 型口蹄疫免疫；对全国所有猪进行 O 型口蹄疫免疫，各地根据评估结果确定是否对猪实施 A 型口蹄疫免疫。

小反刍兽疫:对全国所有羊进行小反刍兽疫免疫。开展非免疫无疫区建设的区域,经省级农业农村部门同意后,可不实施免疫。

布鲁氏菌病:对种畜以外的牛羊进行布鲁氏菌病免疫,种畜禁止免疫。各省份根据评估情况,原则上以县为单位确定本省份的免疫区和非免疫区。免疫区内不实施免疫的、非免疫区实施免疫的,养殖场(户)应逐级报省级农业农村部门同意后实施。各省份根据评估结果,自行确定是否对奶畜免疫;确需免疫的,养殖场(户)应逐级报省级农业农村部门同意后实施。免疫区域划分和奶畜免疫等标准由省级农业农村部门确定。

包虫病:内蒙古、四川、西藏、甘肃、青海、宁夏、新疆和新疆生产建设兵团等重点疫区对羊进行免疫;四川、西藏、青海等省份可使用5倍剂量的羊棘球蚴病基因工程亚单位疫苗开展牦牛免疫,免疫范围由各省份自行确定。

省级农业农村部门可根据辖区内动物疫病流行情况,对猪瘟、新城疫、猪繁殖与呼吸综合征、牛结节性皮肤病、羊痘、狂犬病、炭疽等疫病实施强制免疫。

3. 强制免疫的主体

强制免疫以养殖企业和个人为责任主体,以村级防疫员、乡村兽医、执业兽医、官方兽医为技术依托,由乡镇政府领导,县级兽医主管部门指导和监督。

三、动物疫病的区域化管理

国家对动物疫病实行区域化管理。

(一)建立无规定动物疫病区

无规定动物疫病区简称无疫区,是指具有天然屏障或者采取人工措施,在一定期限内没有发生规定的一种或者几种动物疫病,并经验收合格的区域。根据达到无疫区标准是否采取免疫接种措施,分为免疫无疫区和非免疫无疫区。

建立无疫区是当今世界先进的动物防疫理念和通行做法,是国家对动物疫病防控的总体部署和策略,有利于在我国分区域、有计划地消灭主要的动物疫病,促进动物产品国际贸易,提高其国际竞争力;有利于我国畜牧业稳定可持续发展。

信息窗口

我国无疫区建设状况

截至2022年11月3日,我国在海南省、吉林省、山东省建立免疫无口蹄疫区;在山东省建立免疫无高致病性禽流感区,在广东省广州市从化区和浙江省杭州市桐庐县建立无规定马属动物疫病区;非洲猪瘟无疫小区166个,高致病性禽流感和新城疫无疫小区6个,布鲁氏菌病无疫小区7个,牛结核病无疫小区1个。

(二)建立生物安全隔离区

生物安全隔离区是WOAH于2003年提出的一种新的动物疫病区域化管理模式,它是以畜禽养殖场或养殖企业集团为基础(以企业为主体,政府指导),对特定动物疫病进行管理,从而达到养殖场无疫状态。国家鼓励畜禽养殖场建立生物安全隔离区。

(三)加强优势畜牧业产业区的疫病管理

我国地域广阔,各地因地理和气候条件的不同,形成了相对稳定的优势畜牧业,如东北、华北、西北等奶牛优势区,中原、东北等蛋鸡主产区等。不同区域重点管理的疫病不同,如奶牛优势区,应加强口蹄疫、布鲁氏菌病和奶牛结核病等奶牛疫病的防治;蛋鸡、水禽主产区,应加强高致病性禽流感、新城疫等禽类疫病的防治。通过加强优势畜牧业产业区的疫病管理,建立无疫区和生物安全隔离区,共同构建动物疫病区域化管理模式,有力防止动物疫病的发生和传播。

四、动物防疫监督管理

动物防疫监督管理是指动物卫生监督机构依法对动物饲养、屠宰、经营、隔离和运输,动物产品生产、经营、加工、贮藏和运输等环节的动物防疫活动进行监督管理。

(一)验证查物

动物卫生监督机构对生产和流通环节中的动物、动物产品,查验检疫证明、检疫标志和畜禽标识,并对动物、动物产品进行检查,核对证物是否相符。

(二)采样、留验、抽检

动物卫生监督机构在执行监督检查时,可按规定对动物、动物产品采集样品;在检疫结论得出之前,被检查的动物、动物产品不得移动;对动物、动物产品进行定期或不定期抽查、检验。

(三)补检、重检

动物卫生监督机构对没有检疫证明和检疫证明过期的动物、动物产品进行补检、重检,不具备补检和重检条件的予以没收销毁。

(四)隔离、查封、扣押和处理

动物卫生监督机构对染疫或疑似染疫的动物强制性与健康动物隔离;对染疫或疑似染疫的动物产品及其相关物品强制性现场封存;对染疫或疑似染疫的动物、动物产品及其相关物品强制性异地扣留在安全场所;对染疫或疑似染疫的动物及其产品、相关物品采取强制性消毒、销毁等无害化处理措施,消除其传染性和毒害性。

(五)调查取证

动物卫生监督机构在监督检查时,可进入有关场所调查取证,查阅、复制与动物防疫有关的资料。

任务三　动物疫病的控制与扑灭措施

标准对接　初、中级动物疫病防治员工作内容(国家职业标准)

报告疫情;隔离患病动物;病死动物的处理。

一、疫情报告

疫情是指疫病发生、发展的情况。

(一)责任报告人和责任接受单位

从事动物疫病监测、检测、检验检疫、研究、诊疗以及动物饲养、屠宰、经营、隔离、运输等活动的单位和个人是责任报告人;所在地农业农村主管部门和动物疫病预防控制机构是责任接受单位。

责任报告人发现动物染疫或者疑似染疫时,应立即向当地任一责任接受单位报告并采取隔离控制措施,防止疫情扩散。

其他单位和个人发现动物染疫或者疑似染疫的,也应及时报告。

任何单位和个人不得瞒报、谎报、迟报、漏报动物疫情,也不得阻碍他人报告。

(二)报告形式

电话报告、到接受单位的办公地点报告、找有关人员报告或传真、书面报告等。

(三)报告内容

(1)疫情发生的时间、地点。

(2)染疫、疑似染疫的动物种类、存栏数、发病数、死亡数。

(3)临诊症状、病理变化、诊断情况。

(4)免疫情况。

(5)是否有人员感染。

(6)已采取的控制措施。

(7)报告单位、单位负责人、报告人、联系方式等。

(四)报告程序与制度

通常由最先接到报告的单位自下而上层层报告。疫情报告实行快报、月报和年报制度。

1. 快报

发生重大动物疫情时按国务院《重大动物疫情应急条例》的要求快报。县(市)接受单位接到报告后,初步认为属于重大动物疫情的,在 2 h 内向省级接受单位报告,省级接受单位在 1 h 内向省(自治区、直辖市)政府和农业农村部报告,省(自治区、直辖市)政府和农业农村部在 4 h 内向国务院报告。

2. 月报

每月逐级上报本辖区内的动物疫病情况。

3. 年报

每年逐级上报本辖区内一年的动物疫病情况。

(五)疫情认定和公布

动物疫情由县级以上人民政府农业农村主管部门认定;其中重大动物疫情由省(自治区、直辖市)人民政府农业农村主管部门认定,必要时报国务院农业农村主管部门认定。动物疫情由国务院农业农村主管部门向社会及时公布,也可以根据需要授权省(自治区、直辖市)人民政府农业农村主管部门公布本行政区域的动物疫情。其他任何单位和个人不得发布动物疫情信息。

课堂活动

动物疫情报告

学生分组，分配角色，模拟动物疫情报告，熟悉报告程序和内容，了解不同角色的责任与义务。

二、重大动物疫情的控制与扑灭

重大动物疫情是指动物疫病突然发生、迅速传播，发病率高或死亡率高，给养殖业生产造成严重威胁、危害，甚至可能对公众身体健康与生命安全造成危害的情形，包括特别重大动物疫情。

（一）扑灭原则

重大动物疫情的扑灭应掌握"早、快、严、小"的原则，即早发现、早报告；快行动，快控制；严封锁、严处理；把疫情控制在最小范围，把损失降低到最低程度。因而必须采取紧急严厉的隔离、封锁、扑杀、销毁、消毒、紧急免疫接种、限制动物流动等措施，迅速扑灭疫情。

（二）扑灭措施

1. 隔离病畜

疫情发生时，不得出售、转移、抛弃病死动物和疑似染疫动物，应尽快进行现场诊断并对动物进行分类。

(1)患病动物。有明显或特征症状。

(2)可疑感染动物。无症状，但与病畜有接触（同群、同圈、同牧、同车等）。

(3)假定健康动物。无症状且与病畜无接触。

在疫情报告和诊断期间，迅速原地隔离患病动物、可疑感染动物及其同群动物，甚至整个养殖场，使其不能和其他动物接触，同时限制人员流动、加强环境消毒。

2. 封锁疫区

疫点、疫区、受威胁区模式图见图 1-6。

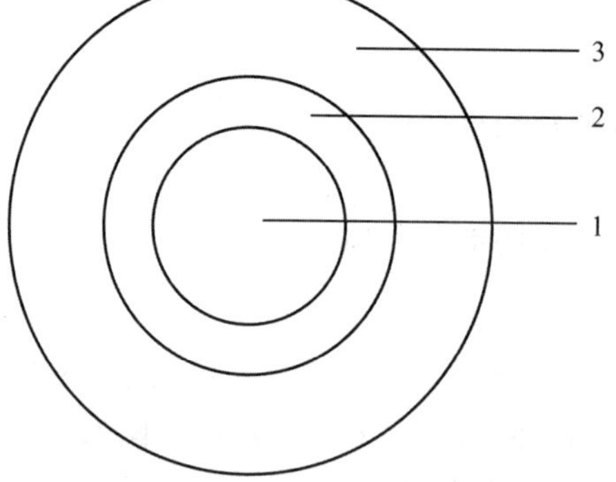

1. 疫点　2. 疫区　3. 受威胁区

图 1-6　疫点、疫区、受威胁区模式图

特别关注

疫点、疫区、受威胁区的划分

疫点、疫区、受威胁区划分的范围，应考虑病种、流行态势和危害程度，还应考虑当地天然屏障、饲养方式、交通因素。放牧动物应适当扩大范围。

①疫点。患病动物所在的地点。以患病动物所在的养殖场、养殖小区、村庄、草场、屠宰场等划分；运输中发现时，则装载病畜的交通工具为疫点。

②疫区。疫病暴发或流行所波及的区域。一般由疫点边缘向外延伸 3 km 的区域为疫区。新的口蹄疫亚型病毒引发疫情时，疫区范围为疫点边缘向外延伸 5 km 的区域。

③受威胁区。与疫区相邻并存在该疫病传入风险的地区。通常由疫区边缘向外延伸 5～10 km 的区域为受威胁区。新的口蹄疫亚型病毒引发疫情时，受威胁区范围为疫区边缘向外延伸 30 km 的区域。

(1)封锁程序。县级以上兽医主管部门拟出封锁报告→报请同级人民政府封锁疫区→政府接到报告后及时发布封锁令。

(2)封锁措施。在疫区周围设立警示标志，在进出疫区的所有路口设立临时检疫消毒站，在有关场所张贴封锁令。

特别关注

疫点、疫区、受威胁区的处置措施

①疫点的处置措施。扑杀并销毁患病动物、易感动物；销毁相关动物产品；对粪便、污染的饲料、垫料进行无害化处理；严格消毒。

②疫区的处置措施。扑杀并销毁患病动物及其同群动物；对易感动物进行圈养、监测、紧急免疫接种，必要时扑杀；销毁相关动物产品；关闭动物及其产品交易市场；禁止动物进出疫区，禁止动物产品运出疫区；对粪便、污染的垫料、饲料进行无害化处理；严格消毒。

③受威胁区的处置措施。对易感动物进行紧急免疫接种和监测；加强消毒。边境地区在受到境外疫情威胁时，要对距边境线一定距离范围内的所有易感畜禽进行一次强化免疫。

3. 解除封锁

(1)解除封锁的条件。从疫区内最后一头(只)发病动物及其同群动物按规定处理完毕起，经过一个潜伏期以上的监测，未出现新的病例，经彻底消毒，受威胁区完成免疫接种，并经验收合格方可解除封锁。

(2)解除封锁的程序。兽医主管部门向原发布封锁令的人民政府提出申请→政府决定并宣布解除封锁→撤销疫区警示标志和检疫消毒站。

4. 恢复生产

疫区解除封锁后，可饲养“哨兵”动物，继续进行半年监测，无新的病例出现，方可恢复正常生产。

(三)疫源追溯与建档

1. 疫源追溯

在重大动物疫情处置过程中，既要调查造成本次疫情的传染来源和传播媒介，也要追踪疫区传染源和传播媒介的扩散趋势，了解疫情隐患，严防疫情远距离传播。

2. 建立档案

建档是对本次疫情处置过程的记载，内容要求完整、翔实。翔实的档案具有史料价值，是重要的流行病学资料，对今后动物疫病的防控意义重大。

三、种畜禽疫病的净化

净化是清除动物群体中一种或数种最普遍或危害大、难控制的疫病，使群体相对纯净。净化对种畜禽场尤其重要，它是达到种畜禽健康标准和控制垂直传播疫病的重要手段。目前国内外净化清群的方式主要有以下几种：

1. 检疫净化

检疫是净化清群的前提，采用多种检疫技术反复检疫，把动物群分为污染群(有某种疫病存在)和相对健康群，分别采取净化措施。

非免疫净化：对轻度污染的动物群体不进行免疫接种，进行病畜扑杀。同群动物利用血清学实验或变态反应普查，扑杀查出的阳性动物。如此反复，直到全群普查为阴性。

免疫净化：对严重污染的动物群体，坚持程序化免疫，免疫密度达 100%，每次免疫后监测抗体，抗体水平不达标者，立即补免，持续数年；或程序化免疫，每年进行两次病原学监测，扑杀检出带菌、带毒的动物，持续数年。

2. 培育健康种群

临产母畜剖宫产手术取出的胎儿，立即隔离饲养在清洁区内(具有屏障系统)；或者动物分娩后，立即将新生动物与母畜隔离，用健康动物的初乳饲喂幼畜。用上述方法培育无特定病原体的动物，如此坚持，逐步净化种群。

3. 定期驱虫

反复定期驱虫，结合粪便虫卵检查是净化寄生虫病的较好方法。

4. 综合性净化措施

坚持自繁自养、封闭式饲养；做好引种检疫和常规检疫；执行严格的消毒、灭鼠、杀虫制度；无害化处理动物尸体。

任务四　人兽共患病的防控措施

一、人兽共患病的概念与分类

在脊椎动物和人之间自然传播和相互感染的疾病称为人兽共患病。人兽共患病按其传染来源不同分为四类。

(一)动物源性人兽共患病

传染源是动物,以动物之间传播为主,人与患病动物及其产品接触可受到感染。如狂犬病、布鲁氏菌病、炭疽、高致病性禽流感、棘球蚴病、弓形虫病、旋毛虫病等。绝大多数人兽共患病属于上述类型。

(二)人源性人兽共患病

传染源主要是人,以在人群中传播为主,通过人可以传染给动物。人型结核病是典型代表。

(三)互源性人兽共患病

人和动物均为传染源而相互传播。日本血吸虫病、牛结核病、钩端螺旋体病等为互源性人兽共患病。

(四)真性人兽共患病

病原体必须以人作为终末宿主才能完成其生活史。猪囊虫病是真性人兽共患病,人是终末宿主,人因吃带虫猪肉而患猪肉绦虫病(图 1-7)。

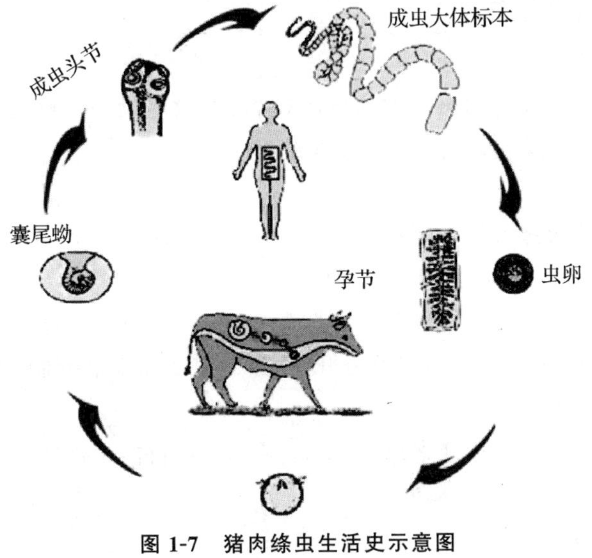

图 1-7　猪肉绦虫生活史示意图

信息窗口

人畜共患传染病名录

(农业农村部第 571 号公告,2022 年 6 月 23 日)

牛海绵状脑病、高致病性禽流感、狂犬病、炭疽、布鲁氏菌病、弓形虫病、棘球蚴病、钩端螺旋体病、沙门氏菌病、牛结核病、日本血吸虫病、日本脑炎(流行性乙型脑炎)、猪链球菌Ⅱ型感染、旋毛虫病、囊尾蚴病、马鼻疽、李氏杆菌病、类鼻疽、片形吸虫病、鹦鹉热、Q 热、利什曼原虫病、尼帕病毒性脑炎、华支睾吸虫病。

二、人兽共患病的预防

(一)加强科普宣传

通过多种媒体与形式,对公众进行人兽共患病的科普宣传,使每个公民都认识到人兽共患病的危害性,增强全社会防疫意识。注意环境卫生、个人卫生和食品卫生,讲究科学的生活方式。经常与动物接触的高危人群要做好职业防护。必要时对高危人群进行免疫和健康监测。

(二)做好动物防疫工作

在人兽共患病中,绝大多数传染源是动物,其中家畜、家禽和宠物是重要传染源。人与畜禽、宠物接触最为密切,防止人感染的前提是做好畜禽防疫工作,保护畜禽健康。

(三)改善人居环境

在广大农村,尽可能改变人畜同院、畜禽散放散养、混放混养现状。结合新农村建设,建立养殖小区,集中饲养、统一防疫,使“人畜分离”“场村分离”,这是预防人兽共患病的有效途径。

(四)确保动物源性食品安全

1. 把好屠宰检疫关

以肉类为传播媒介的人兽共患病如猪囊尾蚴病、牛囊尾蚴病、旋毛虫病等,重点在屠宰检疫。同时强化运输和市场监督,严防染疫肉类流入市场。

2. 管理好活禽市场

活禽市场中经营的活禽可能带毒排毒,若不发病则很难被发现,而人一旦接触感染则可能引起严重疾病。2013 年 4—5 月我国部分地区发生的人感染 H7N9 型禽流感病例就与活禽市场有关。因而对广泛存在的活禽市场要加大监督管理与检验检疫,集贸市场活禽交易区应与其他肉食品经营区分开,活禽出售与宰杀分开,并建立定期休市消毒制度。

3. 严格处置病死畜禽

对病死及死因不明的动物不准宰杀、不准食用、不准出售、不准收购、不准转运,也不准乱扔乱弃,必须进行生物安全处理。

(五)保护生态环境

以野生动物为主要传染源的人兽共患病多是自然疫源性疾病,如莱姆病、森林脑炎、尼帕病毒性脑炎等,它们有专门的传播媒介。因此,在注重杀虫灭鼠、做好职业防护的同时,重点在于保护生态环境,维持生态平衡。防止因过度垦荒、放牧和滥伐森林,使野生动物栖息地缩小,食物链破坏而从密林深处迁移到人居地,增加人兽感染机会,导致新的人兽共患病出现。

(六)团结协作

人兽共患病的防控,不仅涉及医学和兽医学的多学科、多领域,还涉及社会多部门如质检、外贸、海关、工商。发生人兽共患病时,除兽医主管部门和卫生主管部门互相通报疫情,共同采取措施外,还需全社会努力,及时有序控制和扑灭疫情。

知识链接

畜禽的“身份证”——畜禽标识

畜禽标识是指经农业农村部批准使用的耳标、电子标签、脚环以及其他承载畜禽信息的标识物。一畜(禽)一标，编码具有唯一性，是畜禽的“身份证”，畜禽凭此进入流通环节。

畜禽标识编码由畜禽种类代码、县级行政区域代码、标识顺序号共15位数字及专用条码组成。编码形式为：×(种类代码)-××××××(县级行政区域代码)-××××××××(标识顺序号)。猪、牛、羊的种类代码分别为1、2、3。

新生畜禽在出生后30 d内加施标识，30 d内离开饲养地的，在离开饲养地前加施标识。从国外引进的畜禽，在畜禽到达目的地10 d内加施标识。初次加施在左耳中部，再次加施在右耳中部。

目前我国猪、牛、羊佩戴的标识是二维码耳标(猪的二维码耳标见图1-8)。二维码耳标是疫病追溯体系中的一个信息存储器，它记录了一头家畜从出生到屠宰各个环节的信息。佩戴二维码耳标的家畜，不管卖到全国任何地方，如果发现染疫或其产品出现问题，都可依据耳标编码，并借助一个形似手机的智能识读器扫描耳标二维码，立刻找到该家畜的原产地、饲养者，并能查到防疫、检疫等信息，实现重大动物疫情及动物产品质量安全事件的快速追溯，这也是目前国际上通行的“从农场到餐桌”全程动物卫生和食品安全监管模式。

图1-8　猪的二维码耳标

(由主标和辅标组成)

你会给猪加施耳标吗？实践一下吧！

①手握耳标钳轻压，自动开关弹起，钳口张开(图1-9)。

图1-9　耳标钳

②手压耳标钳弹簧压板，将辅标放在弹簧压板下，沿耳标钳凹槽推进至底部（图 1-10）。

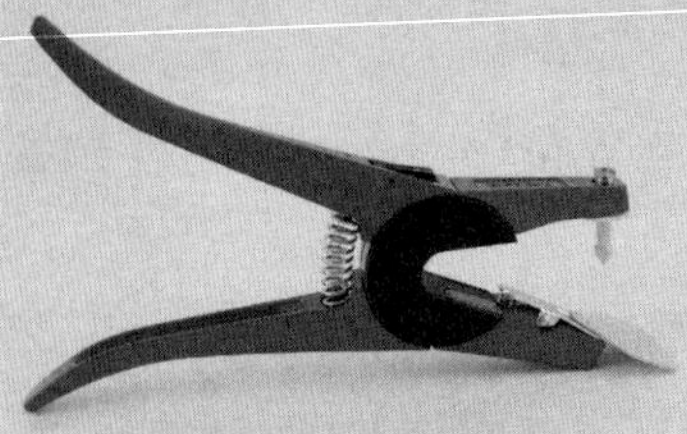

图 1-10　耳标安装

③将主标（表面有编码和二维码）安装在耳标钳钳针上，不能从钳针上脱落，并调整好辅标高度。

④将耳标浸入消毒液消毒（防伤口感染，助伤口复原）。

⑤在耳尖至耳根中间位置的软骨之间，消毒皮肤打入耳标（主标在耳朵背面），慢慢卸下耳标钳并消毒。

防治员信箱

读者：疫区是以疫点为中心半径 3 km 范围内的区域还是由疫点边缘外延 3 km 的区域？

防治员：疫区是人为划定的，是以疫点为中心划分还是由疫点边缘起划分，这关系到封锁区域的大小，扑杀动物的多少等许多问题，在疫点范围较大时更明显。在《高致病性禽流感等 14 个动物疫病防治技术规范》（农医发〔2007〕12 号）中，疫区是由疫点边缘向外延伸 3 km 划分的，这表明了国家对重大动物疫情严厉处置的态度。

读者：无疫区的人工屏障指什么？

防治员：除山峦、江河、沙漠等自然存在，能够阻挡人和动物自然流动、阻挡疫病传播的地理阻隔外，无疫区还建立有人工屏障，即在进出无疫区的交通要道和口岸，设立动物防疫监督检查站、动物隔离场和动物、动物产品的指定通道。并且环绕无疫区采取先进的疫病监控计划与严格的防疫监督措施，确保无疫区内无规定疫病发生。

能力测验

一、名词解释

无规定动物疫病区　疫情监测　水平传播　重大动物疫情

二、单选题

1. 疫病远距离传播是通过（　　）。

A. 动物运输　　B. 风源　　C. 鸟类迁徙　　D. 三者均可

2. 切断传播途径的措施是（　　）。

A. 环境消毒　　B. 免疫接种　　C. 扑杀病畜　　D. 治疗病畜

3. 国家对重大动物疫病实行(　　)。

A. 强制免疫　B. 紧急免疫　C. 预防免疫　D. 特异治疗

4. 病原体进入机体最常见的途径是(　　)。

A. 经皮肤　B. 经伤口　C. 经眼结膜　D. 经口

5. 发生下列(　　)疫病时需对疫区实行封锁。

A. 高致病性禽流感　B. 鸡马立克病　C. 禽白血病　D. 鸡霍乱

6. 疫区封锁令的发布与解除在(　　)人民政府。

A. 乡镇级　B. 县级以上　C. 地市级　D. 省级

7. 动物疫情由(　　)兽医主管部门统一公布。

A. 县级　B. 市级　C. 省级　D. 国务院

三、判断题

1. 疫区是疫病暴发或流行所波及的区域。(　　)
2. 每种动物疫病都有其特异病原体。(　　)
3. 动物疫病的流行必须具备三个基本环节,缺一不可。(　　)
4. 电话报告是疫情报告的形式之一。(　　)
5. 动物源性人兽共患病的传染源是畜禽。(　　)
6. 任何单位和个人不得瞒报、谎报、迟报、漏报动物疫情。(　　)
7. 发现动物染疫死亡,应当迅速掩埋以防传染。(　　)

四、小论坛(各抒己见、相互评价、集思广益)

1. 作为养殖场员工应如何遵守本场的卫生防疫制度?
2. 畜禽周转为什么实行"全进全出"制度?
3. 如何做到清洁养殖?清洁养殖有什么意义?
4. 如何给猪打耳标?为什么要打耳标?

项目二　动物防疫技术

项目目标

1. 知识　掌握消毒、免疫接种、药物保健等基本概念和基本方法；了解常用消毒剂、疫苗等兽药的特性、保存和使用原则。

2. 技能　能安全处置病死动物尸体；能根据消毒目的和对象选购消毒剂、配制消毒液并实施消毒，能按规定保存疫苗、稀释疫苗并熟练进行高致病性禽流感等动物疫病的免疫接种，能安全处理废弃疫苗；会给大群动物保健用药，准确计算药物用量。

3. 德育　具有职业防护与环保意识；乐于奉献，工作积极主动。

知识准备

任务一　染疫动物的处置

一、染疫动物的扑杀

染疫指动物患传染性疾病，扑杀是将染疫动物强制性人为致死。在动物疫病发生时，为消灭传染源，终止疫病传播，防止环境污染，对染疫动物甚至可疑感染动物要立即采取简单易行、干净彻底的不放血方法实施扑杀。具体方法如下：

1. 静脉注射法

此法适用于扑杀染疫的牛、驴、骡等大型动物。首先将染疫动物保定好，然后用静脉输液的方法将消毒药输入动物体内致其死亡。常用的注射用消毒药有来苏尔、甲醛等，注射用消毒药的用量视被扑杀的染疫动物的耐受性及消毒药物的种类而定。

2. 心脏注射法

此法对大型、中型、小型染疫动物均适用。牛等大型染疫动物要先麻醉，然后使其右侧卧地，再用注射器吸取菌毒敌 100 mL 注入疫牛心脏；猪、羊等中小型染疫动物要先进行保定，然后用注射器吸取菌毒敌 40 mL 进行心脏注射。

3. 毒药灌服法

取敌敌畏 400 mL 或尿素 0.5 kg，加水 1 kg，混合溶解后给染疫动物灌服。此法虽然简便易行，但灌服时动物挣扎有可能将药液溅到工作人员身上，应注意防护。

4. 电击法

给染疫动物通电，利用电流对机体的破坏作用来扑杀染疫动物。

5. 二氧化碳窒息法

将染疫家禽装入密封的塑料袋中，通入二氧化碳使其窒息死亡。

二、动物尸体的运输与处理

特别关注

农业农村部对动物尸体运输的规定

农业农村部对死亡动物尸体的运输有严格规定，总结要点如下：

①采用专门大容量车辆运输（如厢式卡车或垃圾箱），具有封闭空间，能够防止渗漏。

②车厢内部衬有一层结实的聚乙烯塑料，塑料要能够覆盖整个尸体且在顶部密封，确保车厢四周和顶部不出现泄漏。在车厢底部塑料上铺放一层刨花、木屑或稻草（30 cm厚），以吸收渗出的液体，也防止刺破塑料。

③尸体不分割。装运前尸体及污染物全部喷洒消毒剂；装车不能过满（车厢内部四周及顶部预留 60 cm 的空间）。密封后车厢上部必须喷洒消毒剂，必须加盖重型帆布。

④运输车辆速度应控制在最低，以防颠簸引起泄漏，减少疫病传播危险。

⑤所有人员、车辆、设备和受污染材料，进出受污染的场所或处理场所时均需严格清洗消毒。

⑥必须有指定的官方动检人员跟车，且需携带一些器具、消毒剂和液体吸收物质，以处理运输途中可能出现的泄漏。

动物尸体的处理方法：

1. 深埋

因炭疽死亡的动物不宜深埋。掩埋地点要避开公众视线，应远离学校、公共场所、住宅区、农牧场、道路、水源，满足地势高、地下水位低、能避开山洪冲刷等条件。坑的大小以能容纳所处理的动物尸体为宜，但掩埋后填盖土层的厚度应大于 1.5 m。掩埋时坑的底部要铺以 2～5 cm 厚的石灰，将尸体放入坑中，同时将被污染的物品、饲料、捆尸体的绳索等一同抛入坑内，焚烧尸体，再在其上铺 2～5 cm 厚的石灰或喷洒消毒液，填土。尸体掩埋后，对地表环境使用有效消毒液喷洒消毒，并做标记。

2. 焚烧

焚烧是畜禽尸体处理最彻底可靠的方法，适宜处理任何病死动物尸体。可用焚尸炉焚化。若无焚尸炉则可挖焚尸坑，坑的大小视处理的尸体多少而定，在焚尸坑中先浇油焚烧尸体，然后深埋。

3. 化制

化制是一种较好的动物尸体处理方法，是利用一定的设备将畜禽尸体等炼制成骨肉粉或工业油，消除其毒害性并可取得有用产品。可分为湿化法和干化法，大型肉类联合加工厂多采用此法。

(1)湿化法。是用湿化机处理动物尸体和废弃物。无须分解尸体,直接将畜尸装入湿化机,通入高压蒸汽与畜尸接触,将其熔炼。此法可以处理烈性传染病动物尸体。

(2)干化法。使用干化机(卧式带搅拌器的夹层真空锅)处理尸体或废弃物。炼制时,将尸体切成小块,放入锅内。高压蒸汽通过夹层使锅内升至一定温度,将其炼制。适用于处理一般传染病动物尸体。

特别关注

工作人员职业防护

①穿戴合适的防护衣物。穿防护服或穿长袖手术衣加防水围裙;穿可消毒的胶靴或一次性鞋套;戴护目镜、口罩、可消毒的橡胶手套。

②洗手消毒。密切接触染疫动物和参与扑杀、运送动物尸体的人员,用消毒液浸泡消毒手后,至少再用肥皂清洗2次。有条件的地方应洗澡。

③防护服、手套等衣物使用后在指定地点消毒或销毁。

④健康监测。对人兽共患病,凡接触染疫动物或可疑染疫动物的人员应接受卫生部门的健康监测。

实践操作　动物尸体的掩埋

【目的要求】

学会动物尸体的运送和掩埋。

【材料用品】

(1)病死动物若干头(只)。

(2)器材及药品。铁锨、运尸车(不漏水,最好是车内壁钉有铁皮)、绳子、棉花、纱布、燃料等。工作服、口罩、风镜、胶鞋、手套等。5%来苏尔溶液、0.1%次氯酸钠溶液、75%乙醇溶液、喷雾器。

【方法步骤】

(1)工作人员防护。所有参加人员穿戴防护服、口罩、风镜、胶靴及手套。

(2)挖坑。视待处理动物尸体多少而定。

(3)准备运尸车,车厢底部铺一层生石灰或铺结实的塑料布并在其上铺一层木屑。

(4)将尸体天然孔用蘸有来苏尔溶液的湿纱布、棉花严密填塞后装车,再将污染物装车,车顶密封。用来苏尔溶液或次氯酸钠溶液喷洒消毒周围环境。小型动物及禽类可用塑料袋或专用的动物尸体袋盛装后再装车。

(5)尸体掩埋。坑内撒一层新鲜生石灰,投入尸体,焚烧至黑炭,再撒生石灰或喷洒消毒液,掩埋。对周围环境消毒。

【注意事项】

(1)对炭疽动物尸体,应因地制宜,就地焚烧。确需移动尸体的,先用5%福尔马林溶液或其他有效消毒剂喷洒尸体表面,然后搬运。

(2)有条件的可参观当地兽医化制场。

【实践报告】

动物尸体掩埋的操作步骤。

知识链接

兽医化制场工作流程示意图

运送病料

(用不透水送料专用运输车送料入场,出示处理通知单)

↓

接收病料

(场内工作人员填写来料登记表或腸肌样登记表、

病害动物及其产品无害化处理回执单)

↓

对送料运输车进行清洗、消毒→出场

↓

处理病料

(按处理通知书处理,并填写处理现场登记表)

任务二　消毒

标准对接　初、中级动物疫病防治员工作内容(国家职业标准)

消毒药的使用;消毒液的配制;器具消毒;防治消毒;畜舍、空气、排泄物的消毒;场所的消毒;主要疫病的消毒。

知识链接

消毒的概念、种类

消毒是指用物理、化学或生物学的方法,清除或杀灭物体、环境中以及畜禽体表的病原体。其目的是切断病原体传播途径,终止疫病流行过程。实践中根据消毒目的和时机的不同将消毒分为预防消毒、临时消毒和终末消毒。

①预防消毒(常规消毒)。在未发生疫病时,为了预防动物疫病的发生所进行的定期或不定期消毒。如养殖场每天对动物饲槽、水槽的清洁消毒。

②临时消毒(紧急消毒)。是在发生动物疫病时,为了及时清除、消灭患病动物刚刚排出的病原体而采取的消毒措施。如在重大动物疫病隔离封锁期间,对环境进行的反复多次消毒。

③终末消毒。在疫情扑灭,疫区解除封锁之前,为了消灭疫区内可能残留的病原体所进行的全面彻底的消毒。严格的终末消毒对该地区以后的动物养殖有重大意义。

一、物理消毒法

物理消毒法(图 2-1)是指用机械、热力、辐射等方法清除或杀灭病原体。

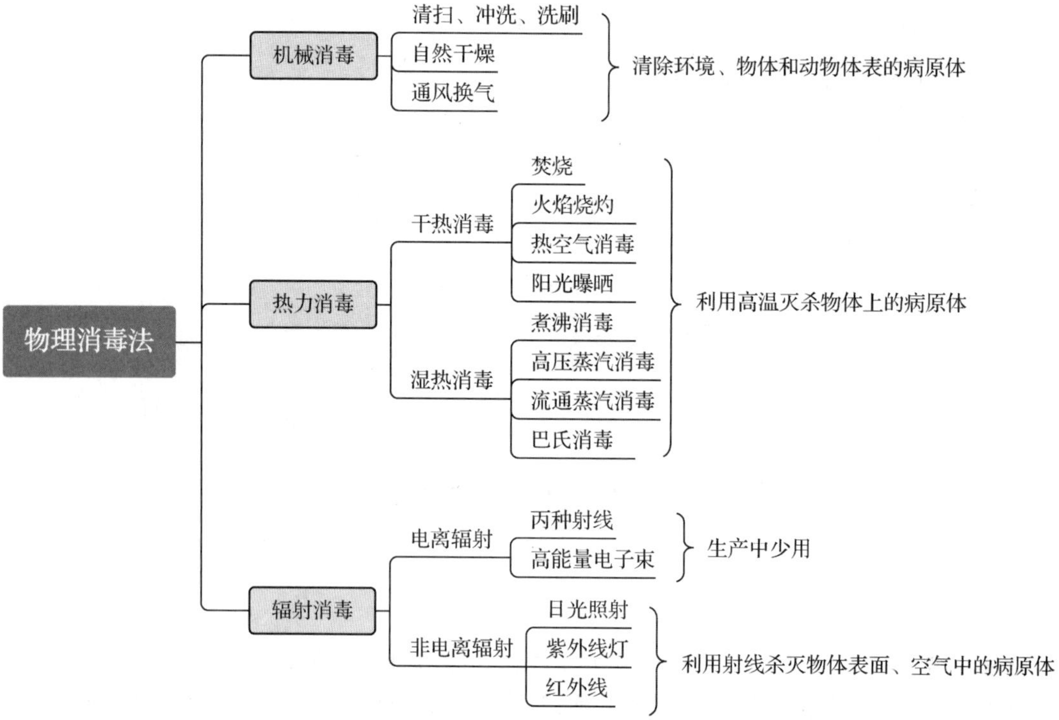

图 2-1 物理消毒法

1. 机械消毒

机械消毒是指采用清扫、冲洗、洗刷、自然干燥、通风换气等方式,有效地减少环境、物体、动物表面的微生物数量,但需要注意的是,它们不能完全杀灭所有微生物,特别是对于一些顽固的微生物,需要配合其他消毒方法使用。

2. 热力消毒

(1)干热消毒。焚烧是消灭一切病原体最彻底最有效的方法,适用于患病动物的尸体及其污染的垫草、饲料残渣、垃圾以及其他价值不大的物品的消毒,易燃的可以直接点燃,非易燃的可放于焚烧炉中焚烧;火焰烧灼适用于耐烧灼物品的消毒,如金属器械、载玻片、铁制笼具等可用火焰喷灯(图 2-2)喷火消毒;热空

图 2-2 火焰喷灯示意图

气消毒指在电热干燥箱内，利用干热空气进行消毒的方法，当电热干燥箱内温度达到 160 ℃时，维持 2 h 可杀死所有细菌及芽孢，主要用于耐热玻璃器皿的消毒。

(2)湿热消毒

①煮沸消毒。将待消毒物品放入有冷水的煮沸消毒器或干净铝锅、不锈钢锅，物品应全部浸在水中。水煮沸时开始计时，煮沸 15～30 min 可杀死所有非芽孢病原体；煮沸 1～2 h 可杀死细菌芽孢。此法适用于金属器械（刀、剪、镊、金属注射器等）、玻璃器械（载玻片、试管）、白大褂等的消毒。

煮沸消毒过程中，如在水中加入 2%～5%石炭酸溶液，煮沸 5 min 可杀死炭疽杆菌的芽孢。在煮沸金属器械时加入 2%碳酸钠溶液，可减缓金属氧化，防止生锈，同时还可使溶液偏碱性，增强杀菌力。

煮沸消毒时应注意：煮沸过程中不要加入新的消毒物品；注射器应拆开，针头要疏通，分别用布包好；煮沸消毒棉织物时，应适当搅拌。各类器械煮沸消毒时间见表 2-1。

表 2-1　各类器械煮沸消毒时间

消毒对象	时间/min
玻璃类器械	20～30
金属类器械	5～10
橡胶类器械	5～15
接触过疫病的器械	30 以上

②高压蒸汽消毒。将待消毒物品放入高压蒸汽灭菌器进行消毒。此法在兽医诊疗室及实验室最常用，消毒效果最好。高压蒸汽灭菌器种类较多，有手提式、立式和卧式，常用手提式（图 2-3）。手提式高压蒸汽灭菌器有电热型和煤电两用型。

高压蒸汽消毒的原理是压力与沸点成正比，在密闭的容器中，压力越大，沸点越高，蒸汽温度越高，杀菌效果越好。通常在压力为 0.11 MPa，温度为 121 ℃的环境下，经 20～30 min 即可杀死所有病原体及其芽孢。此法适用于耐热、耐潮湿物品的消毒，如金属类器械、玻璃器皿、橡胶类器械、辅料、工作服、瓶装溶液。

特别关注

谨慎操作高压灭菌器

高压蒸汽灭菌器型号繁多，必须严格按说明书进行操作，注意安全。几个关键环节：加水时水面应超过电源管或与搁架相平；灭菌物品要包扎好，小心放入，不要堆压；灭菌结束，先熄灭热源，自然冷却使压力表指针回复到零位，再过数分钟，慢慢打开放气阀，排出余气并开盖取物。用微电脑智能化自动控制的高压灭菌器消毒时，工作人员不能随意离开现场，以保证安全。

图 2-3　手提式高压蒸汽灭菌器示意图

③流通蒸汽消毒。此法又称常压蒸汽消毒，在一个大气压下，利用相对湿度为80%～100%，温度为100 ℃的水蒸气进行消毒。用流通蒸汽灭菌器或蒸锅，将待消毒物品放在篦子上，盖严蒸锅，待水沸腾后蒸汽冒出开始计时，持续30 min，可达到消毒目的。此法适用于金属、木质、玻璃制品和衣物等的消毒。流通蒸汽消毒法可杀死细菌的繁殖体，不能杀死细菌的芽孢及霉菌孢子。

④巴氏消毒。此法是用热力杀死食品中的病原微生物及其他细菌繁殖体。此法不损害食品质量，常用于鲜牛奶、啤酒、葡萄酒等食品的消毒。牛奶巴氏消毒法有两种，一种是将被消毒牛奶加热到63～65 ℃，至少保持30 min，然后迅速冷却到10 ℃以下；另一种是超巴氏消毒法，即将牛奶加热到85 ℃，保持15 s，然后迅速冷却到10 ℃以下。目前牛奶多用超高温瞬时灭菌法，即将牛奶通过不低于132 ℃的管道1～2 s，然后迅速冷却，以达到消毒目的。

3. 辐射消毒

生产中应用较多的是紫外线消毒空气、种蛋和工作服等物体表面。室内空气消毒，通常以每立方米空间用1.5 W紫外线灯，安装在天花板或墙壁上，离地面2.5 m左右，灯管下安装金属反光板，使灯管上下层空气均被照射消毒，一般每次照射20～30 min，但应避免对人体的直接照射。将待消毒的物品放在日光下曝晒，既利用日光中紫外线，也借灼热和干燥等作用使病原微生物灭活，对患结核病的人、畜用品用具是有效可靠的消毒方法。

目前紫外线消毒不再限于室内安装紫外线灯管，可随身携带的手持紫外线消毒器已广泛应用于日常生活用品、工作用具表面和工作人员衣服的快速消毒灭菌，方便生产与防疫。

二、化学消毒法

化学消毒法是用消毒剂（用于消毒的化学药品）杀灭病原微生物。消毒剂通过凝固病原微生物蛋白质、破坏细菌细胞壁或细胞膜、氧化分解细胞成分、干扰破坏病原微生物酶系统等作用，达到消毒灭菌和杀灭部分寄生虫虫卵的目的。

（一）消毒剂的类型

1. 按化学成分分类

（1）氯制剂。二氧化氯、复合亚氯酸钠、次氯酸钠、84消毒液、漂白粉、二氯异氰尿酸钠、三氯异氰尿酸等。

（2）碘制剂。碘伏、聚维酮碘、双季铵碘、复合碘溶液、碘酸混合溶液、碘甘油等。

（3）氧化剂。过氧化氢、过氧乙酸、过硫酸氢钾复合物粉、高锰酸钾、臭氧等。

（4）表面活性剂。季铵盐类如苯扎溴铵、苯扎氯铵、癸甲溴铵、拜净等；二胍类如醋酸氯己定等。

（5）酚类。煤酚、复合酚、氯甲酚等。

（6）碱类。氢氧化钠、氧化钙、草木灰、碳酸钠等。

（7）醛类。甲醛溶液、复方甲醛溶液、戊二醛、复方戊二醛等。

（8）醇类。70%～75%乙醇溶液。

（9）酸类。乙酸、硼酸、枸橼酸苹果酸粉等。

（10）其他。环氧乙烷、硫柳汞、龙胆紫、艾叶等。

2. 按消毒效果分类

（1）高效消毒剂。能杀灭所有病原微生物，包括细菌芽孢、无囊膜病毒。如二氧化氯、过氧乙酸、5%氢氧化钠溶液、5%～10%甲醛溶液等。

(2)中效消毒剂。对细菌芽孢无效，但能杀灭细菌繁殖体，如结核分枝杆菌。对真菌和大多数病毒有效。如来苏尔、70%～75%乙醇溶液等。

(3)低效消毒剂。可杀灭多数细菌繁殖体，但对细菌芽孢、结核分枝杆菌、无囊膜病毒无效。如新洁尔灭、醋酸氯己定等。

(二)常用消毒剂简介

常用消毒剂见表 2-2。

表 2-2　常用消毒剂

消毒剂	主要成分与剂型	消毒效果与用途	常用浓度	使用时注意事项
二氧化氯	二氧化氯 固体制剂(粉剂、片剂)；稳定性二氧化氯溶液	杀灭各种病原微生物 饮水、污水消毒；环境、用具消毒；除臭	环境、用具：0.01%～0.03%； 污水：0.02%～0.03%； 熏蒸：1%～2%	现用现配； 配制时将药品加入水中； 存放远离易燃物，防爆； 腐蚀金属
次氯酸钠溶液	次氯酸钠、表面活性剂 浅黄色澄清液体	对芽孢无效 环境、用具；畜禽体表；肉品加工领域等消毒	环境、用具：0.3%～1%； 畜禽体表：0.05%～0.2%	有氯臭； 腐蚀金属； 使纺织品脱色；对皮肤有刺激性
含氯石灰(漂白粉)	次氯酸钙(含有效氯 25%) 白色、灰白色颗粒性粉末	杀灭各种病原微生物 环境、饮水消毒；畜粪消毒	饮水：每升水 20 mg； 环境：5%～20%混悬液； 畜粪：干粉与畜粪 1∶5	有氯臭、腐蚀金属； 使纺织品褪色；刺激皮肤黏膜
过氧乙酸溶液(过醋酸)	过氧乙酸 无色透明液体	杀灭各种病原微生物 环境、用具和畜禽体表消毒；熏蒸消毒	环境、用具、畜禽体表：0.1%～0.5%； 熏蒸：3%～5%； 芽孢：2%	浓溶液对金属、皮肤黏膜有腐蚀性； 不稳定，现用现配
过硫酸氢钾复合物粉(复合盐)	过硫酸氢钾、十二烷基苯磺酸钠、氯化钠、有机酸 浅红色颗粒状粉末，有柠檬气味	杀灭各种病原微生物 环境、孵化场、畜禽体表、水产养殖场所等消毒	环境、用具：1∶200； 消毒池药：1∶200； 饮水消毒：1∶1 000； 猪体表：1∶1 000	现用现配； 忌与碱性药物合用； 使用后的包装应集中处理
碘酸混合溶液	碘、磷酸、硫酸 深棕色液体，易挥发	杀灭各种病原微生物 环境、用具消毒；消毒池用药；牧草消毒等	环境、用具：0.3%～0.5%； 牧草消毒：0.1%； 饮水消毒：0.08%	不用热水稀释；应保护皮肤和眼睛； 不与碱、汞及其他药品混用

续表 2-2

消毒剂	主要成分与剂型	消毒效果与用途	常用浓度	使用时注意事项
聚维酮碘溶液	聚维酮碘 红棕色液体	对芽孢无效 皮肤黏膜消毒、奶牛乳头药浴	奶牛乳头药浴：0.5%～1%； 黏膜创面冲洗：0.1%	现用现配，避光保存； 碘过敏动物禁用； 不与含汞药物混用； 颜色变白或变淡失去作用
癸甲溴铵溶液（百毒杀）	癸甲溴铵、丙二醇 无色或微黄色黏稠液体	对芽孢和无囊膜病毒无效 环境、饲喂用具、饮水消毒；消毒池用药	环境、用具：0.015%～0.2%； 疫区环境消毒：0.5%； 饮水：0.003%～0.005%	禁与肥皂、合成洗涤剂混用； 原液对皮肤和眼有刺激性； 若污染用清水冲洗
苯扎溴铵溶液（新洁尔灭）	苯扎溴铵 无色或淡黄色澄清液体	对芽孢、无囊膜病毒、结核杆菌无效 皮肤黏膜、用具消毒	皮肤、用具：0.1%； 创面：0.01%	禁与肥皂、合成洗涤剂混用； 不用于橡胶制品消毒
醋酸氯己定（洗必泰）	醋酸氯己定 白色结晶性粉末，无色澄清液体	对芽孢、无囊膜病毒、结核杆菌无效 皮肤黏膜消毒、奶牛乳头药浴、用具消毒；手消毒	皮肤消毒：0.5%醇溶液； 黏膜：0.05%溶液； 用具：0.1%；手：0.02%	禁与肥皂、合成洗涤剂混用； 禁与汞、碘、甲醛、高锰酸钾等混用
复合酚（农福、菌毒敌）	煤酚、乙酸、十二烷基苯磺酸 棕褐色黏稠液体，有浓烈臭味	对芽孢无效 对部分寄生虫卵有效。 环境、用具消毒	环境、用具：0.3%～1.5%（低浓度喷洒消毒，高浓度浸泡消毒）	不用于食品领域消毒； 忌与碱性药物混用； 对皮肤黏膜有刺激性
煤酚皂溶液（来苏尔）	50%煤酚的肥皂溶液 黄棕色至红棕色黏稠液体	对芽孢无效 多用于环境、用具、排泄物消毒	5%～10%	有酚臭，不用于食品领域和奶牛场消毒
氢氧化钠	氢氧化钠 白色干燥颗粒、块、棒或薄片	杀灭各种病原微生物 环境、用具消毒；消毒池用药	一般病原微生物：1%～2%； 细菌芽孢：5%～10%	对金属、织物、人畜皮肤腐蚀性强； 常用热水配制
氧化钙（生石灰、白灰）	氧化钙 白色固体	对芽孢、结核杆菌无效； 能杀灭部分虫卵 环境、粪池、污水沟消毒	10%～20%石灰乳涂刷墙壁圈栏；可直接将生石灰撒在阴湿地面消毒	易吸收空气中的二氧化碳而失效，应现用现配； 不能用塑料容器盛放

续表 2-2

消毒剂	主要成分与剂型	消毒效果与用途	常用浓度	使用时注意事项
复合戊二醛溶液	戊二醛、苯扎氯铵 淡黄色澄清液体，有浓烈臭味	杀灭各种病原微生物 畜舍、用具等消毒	150 倍液	禁与肥皂、合成洗涤剂混用； 避免接触皮肤和黏膜
36%～40%甲醛水溶液（福尔马林）	甲醛 无色澄清液体	杀灭各种病原微生物 多用于熏蒸消毒、浸泡标本	浸泡标本：10%； 熏蒸：36%～40%、10%	有强烈刺激性气味，需做好人员防护； 若污染皮肤则立即用肥皂和水清洗

（三）消毒剂的选购、配制和使用

1. 消毒剂的选购

市售消毒剂种类繁多，多为国产，也有进口品牌，选择时应首先考虑消毒效果。大多数消毒剂对病原微生物没有严格的选择性，但作用有强弱之分，应根据病原微生物的抵抗力选择消毒效果较好的消毒剂。另外，要考虑消毒剂的毒性大小，同等条件下选择对人、动物、动物产品及环境无毒或毒性小、不损害消毒物品的消毒剂。

2. 消毒剂的配制

生产中一般将消毒剂配制成水溶液使用，选择耐腐蚀的塑料、搪瓷或陶瓷作为盛药容器。配制时注意配伍禁忌，通常酸类与碱类消毒剂，卤素类与其他类型消毒剂，氧化剂与还原剂不混合使用，且不同时使用。

特别关注

消毒液浓度表示方法

①百分浓度。每百克或每百毫升药液中含某种消毒剂的克数或毫升数，用“%”表示。常用的单位有：%(g/g)；%(mL/mL)；%(g/mL)。

②倍数表示。多指药与水的比例。如 200 倍液即 1:200，指原药 1 份兑水 200 份，药与水的单位必须一致。

3. 消毒剂的使用方法

（1）喷洒、喷雾。适用于环境、物体表面消毒。消毒用具有喷壶、喷枪或喷雾器、高压喷雾消毒车等。注意不要用喷洒过农药的喷雾器进行喷雾消毒，避免畜禽意外中毒。

（2）浸泡。适用于耐湿物品消毒。是将被消毒物品浸没在消毒液中，经过一定时间后取出，如手术器械、染疫皮毛的消毒。

（3）熏蒸。利用某些消毒剂的理化特性，使药液产生含药的气体消毒空气、种蛋及皮毛等。此法需在密闭畜舍或容器内进行，如福尔马林熏蒸消毒。

（4）洗刷。适用于物品和动物体表消毒。用配制好的消毒液进行擦洗即可。

（5）涂擦。用脱脂酒精棉球蘸取消毒液涂擦伤口或用抹布蘸取消毒液涂擦物体表面。

(6)拌和。将粉型消毒剂与粪便等污物按一定比例均匀拌和在一起进行消毒。

三、生物消毒法

生物消毒法是利用微生物发酵产热杀死病原体的消毒方法,主要用于畜禽养殖场粪便和垃圾的消毒。此法能杀死病毒、细菌及寄生虫虫卵,不能杀死细菌芽孢,不用于炭疽等传染病的消毒。

1. 堆粪法

适用于干粪。堆粪场(要避开水源)远离人居地和畜舍 100～200 m。挖深约 20 cm、宽 1.5～2.0 m、长度以粪便多少而定的浅沟,先将非传染性粪便或蒿秆等堆至 25 cm 厚作为底层,上堆欲消毒的粪便、垫草等,高达 1～1.5 m,在其表面覆盖约 10 cm 厚的健康动物粪便,最外层再抹上 10 cm 厚的草泥或沙土,如此堆放一定时间(夏季 3 周,冬季 3 个月)后可作肥料用。

2. 发酵池法

适用于稀薄粪便。在远离居民区、农牧场 200～250 m 无水源河流处挖发酵池,池的大小及数量可视粪便多少而定,发酵池可挖成圆形或方形,池底及边缘要用砖砌后再抹上水泥,保证其不渗漏。使用时,先将池底放一层干粪,然后再将欲消毒的粪便、垫草等倒入池,快满时,在粪便的表面铺一层干粪和杂草,最后在上面盖一层湿土封好,经 1～3 个月可淘出作肥料用。此法也可处理动物尸体。

3. 制取沼气

因地制宜建立沼气池,利用家畜粪便、垫草与污水混合发酵产生沼气,既可以用作能源,也能利用沼渣沼液,同时起到消毒粪便与污水的作用。

四、不同消毒对象的消毒方法

(一)养殖场、养殖小区消毒

1. 入场消毒

(1)养殖场大门口。设置消毒池和消毒室。消毒池需防渗漏,与门同宽,长 4 m、深 0.3 m,对进出车辆进行轮胎消毒。池内常用 1%～2%氢氧化钠溶液或 5%～10%来苏尔溶液,冬季可用生石灰。消毒室对进出人员消毒,须安装紫外线灯,门口放置消毒垫或有喷淋设施。

(2)养殖场生产区入口。设置消毒池和消毒室。消毒池适合本场运输工具进出消毒。消毒室双向开门,供职工进出生产区和生活区消毒。室内安装紫外线灯,有更衣消毒柜、洗手池等设施,有条件的可装淋浴设备。

(3)各养殖栋舍出入口。设置消毒池或消毒垫,供进出人员鞋底消毒。

2. 场区环境消毒

养殖场道路、环境应保持清洁。选用酚类、氧化剂、氯制剂等消毒剂定期喷洒消毒。

3. 圈舍消毒

(1)空舍消毒。消毒程序:清理污物→喷洒消毒液→空舍→熏蒸消毒。

清理污物:清扫之前先喷洒低浓度消毒液,对清扫、清除的粪便污物进行堆积发酵。地面能用水冲洗的用自来水冲洗,饲喂用具用热水洗刷后再用热碳酸钠溶液或热氢氧化钠溶液浸泡 30 min 以上,再用清水冲洗。对冲洗所产生的污水进行消毒。

喷洒消毒液:轮换使用 1%～2%热氢氧化钠溶液、5%～10%来苏尔溶液等不同类型的消毒液对地面、墙壁、物品进行 2～3 次消毒。以地面喷湿为度。

空舍：在喷洒消毒之后将畜舍空置 7～15 d，利用自然净化作用消灭舍内残存病原体。在空舍期间，能移动的设备器具搬到舍外以日光消毒并经常开窗通风。

熏蒸消毒：密闭性畜舍空置一定时间后熏蒸消毒空气和墙壁缝隙，可选用三氯异氰脲酸烟熏剂、福尔马林等消毒剂。

(2)带畜禽消毒(畜禽体表消毒)。通常采用喷雾消毒法。选用对皮肤、黏膜无刺激或刺激性小的药物，如 0.1%～0.3%过氧乙酸溶液、0.1%～0.2%次氯酸钠溶液、0.1%新洁尔灭溶液。在距畜体 30～50 cm 的上空进行喷雾，边喷边匀速行走。消毒液的用量为每立方米空间 15～30 mL 或以畜体稍湿为宜。本法既有体表消毒、空气消毒、净化环境的作用，在夏季还有降温作用。

4. 水的消毒

(1)饮水消毒。量少用煮沸消毒法，如育雏阶段；量大用化学消毒法，向水中加入消毒剂，常用二氧化氯、漂白粉等。二氧化氯的用量为每升水 0.4～0.8 mg；漂白粉的用量为每升水 20 mg。饮水器、水管和水箱可采用上述消毒剂浸泡或冲洗消毒。

(2)污水消毒。少量污水可与粪便一起堆积发酵。大量污水可投放生石灰或漂白粉消毒，每立方米污水用漂白粉 8～10 g。

5. 畜禽产品外包装消毒

(1)耐腐蚀性强的外包装(如塑料制品等)。先用清水刷洗，除去其表面的污物，经干燥后放于 1%～2%的氢氧化钠溶液中浸泡 10～15 min，取出用清水冲洗，干燥备用。

(2)耐腐蚀性差的外包装(如纸箱、木箱等)。非染疫的可在专用消毒间用福尔马林熏蒸消毒，每立方米空间用福尔马林 42 mL 熏蒸 2 h 以上；染疫的最好焚烧销毁。

(3)耐火材料的外包装(如金属制品)。非染疫的先用清水洗刷，干燥后用火焰喷烧或 4%～5%的碳酸钠溶液洗刷；染疫的需反复消毒 2 次以上。

6. 粪便的消毒堆积发酵

将粪便直接与垫草、垃圾等混合后焚烧；用 5%～10%的来苏尔溶液、20%漂白粉溶液等将畜粪喷湿，再充分拌匀，作用 6 h 以上。

(二)孵化厅消毒

1. 人员消毒

孵化场禁止外来人员进入。码蛋、照蛋、落盘、注射等人员工作前及工作中用消毒液洗手。

2. 种蛋消毒

种蛋消毒方法有熏蒸、消毒液喷洒或浸泡、紫外线消毒。生产中常用福尔马林与高锰酸钾混合进行熏蒸消毒。

从种蛋收集初选到 19 日龄种蛋落盘，用福尔马林熏蒸 3 次，熏蒸时福尔马林和高锰酸钾的用量见表 2-3。

表 2-3　种蛋消毒福尔马林和高锰酸钾在每立方米空间的用量

消毒时机	福尔马林/mL	高锰酸钾/g	消毒时间/min
选蛋后即刻在消毒柜内	42	21	20～30
入孵当天在孵化器内	28	14	20～30
19 日胚龄种蛋在出雏器内	28	14	20～30

要特别注意种蛋从蛋库取出时，在常温下会“出汗”，入孵时等种蛋干燥再熏蒸，而且入孵24～96 h的种蛋不消毒，否则会影响胚胎发育。

3. 孵化器和出雏器消毒

孵化器和出雏器常采用熏蒸、喷雾、擦拭等方法进行消毒。每次用后将蛋盘和出雏盒卸出，用次氯酸钠溶液、新洁尔灭溶液或其他消毒液浸泡洗净。孵化器和出雏器用清水彻底冲净，先用一般消毒剂喷雾消毒，干燥后再按每立方米空间福尔马林42 mL、高锰酸钾21 g的用量熏蒸消毒30 min。

4. 孵化废弃物消毒

孵化结束后将死雏、毛蛋、蛋壳等废弃物深埋或焚烧。

(三)进境动物隔离场消毒

进境动物隔离场的使用和消毒应当符合《进境动物隔离检疫场使用监督管理办法》的规定，并接受各地出入境检验检疫机构的监督管理。隔离场的工作人员必须严格遵守消毒制度。

1. 预备消毒

动物进入隔离场前10 d，所有场地、设施工具必须保持清洁并进行3次喷洒消毒，每次间隔3 d。消毒剂用0.2%～0.5%过氧乙酸溶液、2%氢氧化钠溶液或含氯消毒剂。用药量为每平方米200～400 mL，作用60 min。人员、草料、垫料、用具等应在第3次消毒前进入隔离检疫区。人员、车辆的出入通道设置消毒池或放置消毒垫。预备消毒后，隔离场进入全封闭管理。

2. 空舍消毒

按每立方米空间用福尔马林42 mL、高锰酸钾21 g，对封闭的空畜舍及人员宿舍空气进行熏蒸消毒7 h后，彻底通风。

3. 带畜圈舍消毒

每周至少2次，用0.1%～0.3%过氧乙酸溶液、0.1%次氯酸钠溶液、0.1%新洁尔灭溶液等进行喷雾消毒。消毒宜在中午前后进行，特别是冬春季选择天气好、气温较高的中午进行。对过道和畜舍重点喷洒，以表面湿润为度。

4. 病死畜圈栏消毒

对病死畜圈栏常用0.5%过氧乙酸溶液连续消毒2～3次，每次间隔60 min。对病畜圈栏用0.1%～0.3%过氧乙酸溶液、0.1%次氯酸钠溶液、0.1%新洁尔灭溶液等每天消毒1次。

5. 动物出场后场地消毒

动物出场后彻底清扫畜舍及周围环境的污物，运至指定地点集中堆放或运至贮粪场发酵处理。使用0.2%～0.5%过氧乙酸溶液对空畜舍、周围环境、场地和通道进行喷洒消毒；对隔离区、生活区等全部地面、空气进行喷洒喷雾消毒，用药量为每平方米200～400 mL，作用60 min。对动物的粪便、垫料及污物、污水进行无害化处理，确保符合防疫要求后，方可运出隔离场。隔离场两次使用的间隔时间不得少于30 d。

知识链接

空气消毒的方法

①通风换气。密闭性畜舍通过通风换气，减少空气中病原体数量，净化室内空气。

②紫外线消毒。适用消毒室、无菌室、超净工作台等的消毒。

③喷雾消毒。适用开放性、密闭性畜舍。

④熏蒸消毒。适用于密闭性畜舍和容器。

特别关注

重大动物疫情疫点、疫区消毒要点

①成立清洗消毒队。封锁的疫区因消毒范围广、消毒对象多，需成立专门的清洗消毒队，对疫区进行全面彻底的大消毒，不留死角。疫点每天消毒 1 次，连续 1 周，1 周以后每 2 d 消毒 1 次。疫区内疫点以外的区域每 2 d 消毒 1 次，直到解除封锁。

②准备设备和必需品。准备充足的清扫清洗工具；准备喷雾器、消毒车辆等消毒工具；根据病原体的特点准备消毒效果良好的多种消毒剂和消毒人员的防护装备。

③养殖场消毒。疫区内与所发生的疫病相关的养殖场均要严格消毒。

一清：清扫、清理和冲洗，先消毒再清理、清扫。

二烧：铁制笼具火焰消毒；对必须销毁的物品进行焚烧。

三刮擦：用具、物品上黏附的污物应人工刮擦干净。

四喷洒：养殖场及其圈舍的所有地面、墙壁用消毒液交替喷洒。

五熏蒸：圈舍空气用福尔马林熏蒸消毒。

六撒布：在阴沟、洼地、粪池周围撒布生石灰消毒。

④畜禽交易市场消毒。用消毒液喷洒所有区域；饲料、粪污深埋、发酵或焚烧。

⑤屠宰加工场所消毒。将所有易感动物及其产品深埋或焚烧。对所有环境、设备用具进行严格消毒。

实践操作　消毒液的配制与畜舍消毒

【目的要求】

会配制消毒液；会使用喷雾器；能进行畜舍喷雾消毒和熏蒸消毒。

【材料用品】

1. 消毒对象

校内实践基地或合适的养殖场。

2. 器材

天平或台秤、量筒或量杯、玻璃棒、盆、桶、缸、研钵、喷雾器、清扫及洗刷用具、卷尺或皮尺、高筒胶鞋、工作服、橡胶手套、口罩、防毒面具等。

3. 药品

根据消毒目的准备的 3～5 种消毒剂。

【方法步骤】

1. 识别消毒剂

利用现有消毒剂或在教师指导下让学生选购消毒剂，了解常用消毒剂的剂型浓度、包装、说明书等，为配制消毒剂做好准备。

2.消毒液配制

(1)按厂家说明书上药与水的比例兑水稀释。

例:84 消毒液(有效成分以次氯酸钠为主),按 1∶50 喷洒消毒。本品 1 瓶盖为 10 mL。

操作:取本品 1 瓶盖,兑水 500 mL,混匀即可使用。根据消毒面积大小计算总药量。

(2)用高浓度消毒剂配制低浓度消毒液,按下式计算,该公式适用绝大多数消毒剂的稀释。

原消毒剂浓度×原消毒剂用量=需配制消毒液浓度×需配制消毒液用量

例 1:配制 0.2%过氧乙酸溶液 5 000 mL,需用 20%过氧乙酸原液和水各多少毫升?

需用 20%过氧乙酸原液=(0.2%×5 000)/20%=50(mL);水=5 000-50=4 950(mL)。

操作时,将 4 950 mL 洁净水倒入干净的塑料桶或其他容器,再用量筒量取 20%过氧乙酸 50 mL 倒入已加水的容器并充分混合。

例 2:配制 75%乙醇 1 000 mL,需用 95%的乙醇多少毫升?

需用 95%的乙醇=(75%×1 000)/95%=789.5(mL)。量取 95%的乙醇 789.5 mL 加水稀释至 1 000 mL,即为 75%的乙醇。

(3)用固体消毒剂配制消毒液。

①配制 2%氢氧化钠溶液 50 kg。称取氢氧化钠 1 kg,置于非金属容器,加热水 49 kg,搅拌溶解即可。

②配制 20%漂白粉混悬液。1 kg 漂白粉(含有效氯 25%)加 4 kg 水混合成乳剂即可。若需 5%漂白粉混悬液,则 1 kg 漂白粉加 19 kg 水混合成乳剂。

③配制 20%石灰乳。1 kg 生石灰,先用少量水化成糊状,再加水 4 kg,搅匀即可。若需 10%石灰乳,则 1 kg 生石灰,用少量水化成糊状后加水 9 kg,搅匀即可。注意不能用塑料容器盛放石灰乳。

(4)碘酊配制方法。兽用碘酊的浓度一般为 3%~5%。

例:配制 5%的兽用碘酊。碘片 5 g、碘化钾 2.5 g、蒸馏水 2.5 mL、75%乙醇适量。先取碘化钾溶解于蒸馏水,配成碘化钾饱和溶液,待碘化钾完全溶解后,再加入碘片研磨或搅拌溶解,最后加入乙醇搅拌均匀,使全量成 100 mL 即可。

3.消毒准备

根据畜舍面积(m^2)、体积(m^3),计算所需消毒液的用量。操作人员穿戴防护用具,熏蒸消毒须戴防毒面具。清理清扫舍内垃圾污物并将其堆积发酵。舍内的管理用具、物品适当摆开。关闭所有门窗、排气孔。

4.畜舍喷雾消毒

(1)认识喷雾器。喷雾器有两种,即手动喷雾器和机动喷雾器。手动喷雾器分为背携式(图 2-4)和手压式(单管式)两种,常用于小面积的消毒。机动喷雾器又分为背携式(图 2-5)、担架式、推车式等多种,常用于大面积的消毒。

(2)喷雾消毒操作步骤。

①先用清水冲洗喷雾器内桶,再加清水试喷一下。检查喷雾器各部分,尤其注意喷头有无堵塞,同时观察雾滴大小是否合适,一般要求雾粒直径在 80~120 μm。

②将配好的消毒液装入喷雾器,以八成为宜,不要装满,否则不易打气。

③打气,感觉有一定抵抗力(反弹力)时即可开始喷洒。

图 2-4　背携式手动喷雾器

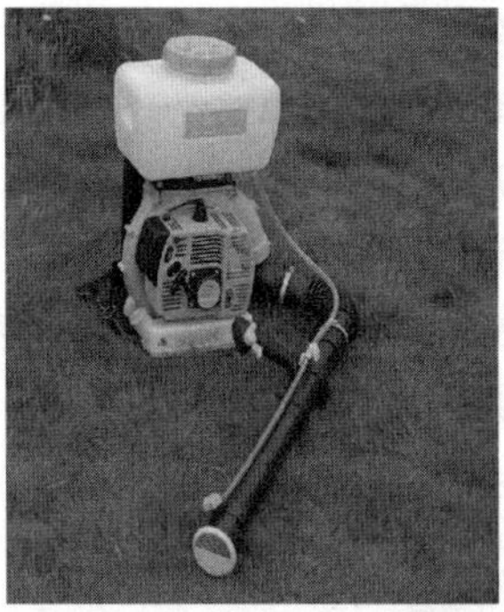

图 2-5　背携式机动喷雾器

④喷雾时"先里后外、先上后下"。一般从畜舍的最里面开始，按墙壁→顶棚→设备→地面的顺序，边喷边退，从里到外逐渐退至门口。再由内到外将地面再喷洒一次。用药量按每平方米 200～400 mL 计或以地面喷湿为度。消毒 3 h 后打开门窗通风，用清水洗刷饲槽，将消毒药味除去。

⑤消毒完成后，当喷雾器内压力很大时，先打开旁边的小螺丝放完气，再打开桶盖，倒出剩余的药液，用清水将喷雾器各部分清洗干净，晾干或擦干保存，切忌阳光曝晒。

5. 空舍熏蒸消毒

(1)福尔马林熏蒸消毒。控制室温在 18 ℃以上、相对湿度在 60%～80%。

①福尔马林用量。生产中通常有两种配方，其一，按每立方米空间用福尔马林 25 mL、高锰酸钾(或生石灰、漂白粉)25 g、水 12.5 mL。其二，按每立方米空间用福尔马林 42 mL、高锰酸钾(或生石灰、漂白粉)21 g、水 21 mL。用药量是否合适，可通过反应后的残渣判断，如果只剩下褐色干燥粉渣则说明药量恰当，反应完全；残渣潮湿说明福尔马林过多或高锰酸钾不足；残渣呈紫色说明高锰酸钾太多。

②摆放盛药容器。将盛药容器均匀地摆放在畜舍内。如畜舍长度超过 50 m，应每隔 15～20 m 放一个容器。容器必须耐燃烧，通常用陶瓷或搪瓷制品。注意盛药容器的容积应为药量的 5～10 倍，以防药物反应时外溢。

③操作。从畜舍最里面开始，将福尔马林和水倒入容器，两者混合后加入高锰酸钾并用木棒立即搅拌，边操作边迅速退出畜舍。经几秒钟即可产生甲醛蒸气，熏蒸消毒 12～24 h，具体时间可因季节不同灵活掌握，因夏季药物反应快，冬季药物反应慢。

④消毒结束，将门窗打开彻底通风。若急需使用畜舍，可用氨气中和，每立方米取氯化铵 5 g、生石灰 1 g，加入 75 ℃水 7.5 mL，混合于桶内放入畜舍。也可用 25%氨水，每立方米取 12.5 mL，中和 20～30 min，打开门窗通风 20～30 min，动物即可迁入畜舍。

(2)二氧化氯缓释剂Ⅱ型熏蒸消毒。封闭门窗后，按每 15 m^3 空间用药 20 g 计算用药量。开袋后把药品均匀悬挂在舍内高处，用喷淋方法向药袋喷水，释放气体，3 h 后即可达到消毒效果。

知识链接

二氧化氯缓释剂Ⅰ型带鸡消毒：按每 30～60 m^3 空间用药 20 g 计算用药量。开袋后把药品均匀悬挂在舍内高处，自然缓释 3～4 d。

【注意事项】

(1)消毒剂大多有腐蚀性,故需避免消毒液飞溅到工作人员的皮肤、眼内或衣服上。工作结束后要洗脸洗手。在配制氢氧化钠溶液时,戴橡皮手套操作,严禁用手直接接触,以免烧伤。

(2)喷雾消毒要彻底,不留死角,暖气片、管道背面均要仔细消毒。

(3)有些大型养殖场畜舍内安装有固定式带畜禽消毒装置,若有条件可带学生参观实践。

【实践报告】

空舍熏蒸消毒的方法步骤。

知识链接

杀虫与灭鼠

1. 杀虫方法

①物理杀虫法。指用物理方法杀虫,如机械拍打、捕捉和火焰喷烧等。堵塞地面、墙壁缝隙是消灭硬蜱的有效方法。

②药物杀虫法。应用化学药物杀灭昆虫,常用杀虫剂见表 2-4。

③生物杀虫法。是指用昆虫的天敌、病菌或雄虫绝育技术控制昆虫繁殖等方法来杀灭昆虫,例如用辐射方法使雄性昆虫绝育、饲养柳条鱼灭蚊等。

除了以上杀虫方法外,平时要搞好环境卫生。消灭昆虫繁殖的环境,也是消灭昆虫的好方法。

表 2-4 常用杀虫剂一览表

类别	药名	使用浓度	使用
有机磷类	精制马拉硫磷	0.2%～0.3%	喷洒
	敌百虫	1%～3%	喷洒
	敌敌畏	0.2%～0.3%	喷洒
拟除虫菊酯类	溴氰菊酯(兽用倍特)	25 mg/L	残留喷洒
	氰戊菊酯(速灭杀丁)	10～40 mg/L	残留喷洒
脒类和氨甲基酸酯类	双甲脒(特敌克)	0.05%	喷洒
	甲萘威(西维因)	2 g/cm^3	残留喷洒

2. 灭鼠方法

①物理灭鼠法。即采用各种灭鼠器械扑鼠灭鼠,如电击、夹、粘、压、扑、套、挖(洞)、灌(洞)等,使用电子猫、电子变频驱鼠器、鼠夹、鼠笼等。

②药物灭鼠法。利用化学毒剂诱杀鼠类的方法。如磷化锌、灭鼠灵、敌鼠钠盐等。常用毒饵灭鼠的配制及使用方法严格按使用说明书操作,并注意人畜安全。

③生物灭鼠法。保护和利用鼠类的天敌来捕食鼠类,鼠类的天敌如家猫、野猫等。

任务三　免疫接种

标准对接　初、中级动物疫病防治员工作内容(国家职业标准)

免疫接种的准备;生物制品的管理;免疫接种;重大动物疫病的免疫接种。

专家寄语

免疫接种的意义

免疫接种是采用人工方法,给动物接种疫苗或免疫血清,使机体产生对相应病原体的抵抗力。通过免疫接种,不仅能保护动物本身,而且可保护其后代,因母源抗体可经血液、乳汁或卵黄传给下一代,使之获得被动免疫。免疫接种是动物疫病防控最经济有效的技术手段。

免疫接种分预防免疫接种和紧急免疫接种。前者是为了预防某些疫病的发生,有计划地给健康动物群体接种,有针对性和计划性,要根据本地区或本养殖场具体情况,制定切实可行的免疫程序,确保免疫密度达到100%。后者是指发生疫情时,为了迅速控制和扑灭疫病的流行,对受威胁区内健康易感动物所进行的应急性接种。紧急免疫接种的目的是在疫区周围建立“免疫保护带”,阻止疫病向外蔓延扩散,最终扑灭疫病。紧急免疫接种必须与疫区封锁、消毒等综合性措施相互配合,才能取得更好的效果。

一、疫苗与免疫血清简介

疫苗是用病原微生物、寄生虫或其组分、代谢产物经加工制成,或用合成肽或基因工程方法制成,用于人工主动免疫的生物药品,包括菌苗(用细菌或支原体等制成)、疫苗(用病毒或立克次氏体等制成)、类毒素(用细菌外毒素制成)和虫苗(用寄生虫免疫物质制成)四类,习惯上统称为疫苗。

(一)疫苗的类型

疫苗种类繁多,有不同的分类方法,常见的分类方法见图2-6。

1. 传统疫苗(常规疫苗)

传统疫苗指用传统的生物技术并用完整的病原微生物生产的疫苗。

(1)弱毒活疫苗(活疫苗)。是用人工诱变获得的弱毒株、筛选的天然弱毒株或丧失毒力的无毒株所生产的疫苗。如猪瘟兔化弱毒疫苗,鸡新城疫Ⅱ系、Ⅳ系疫苗等。弱毒活疫苗多为冻干疫苗。

(2)灭活疫苗(死疫苗)。用免疫原性强的细菌、病毒等经人工培养后,再用理化方法将其杀死而生产的疫苗。如高致病性猪蓝耳病灭活疫苗。灭活疫苗有组织灭活疫苗(病变组织研磨后加入灭活剂制成)、油乳剂灭活疫苗(矿物油为佐剂)和氢氧化铝胶灭活疫苗(氢氧化铝胶为佐剂)。灭活疫苗多为液体疫苗。

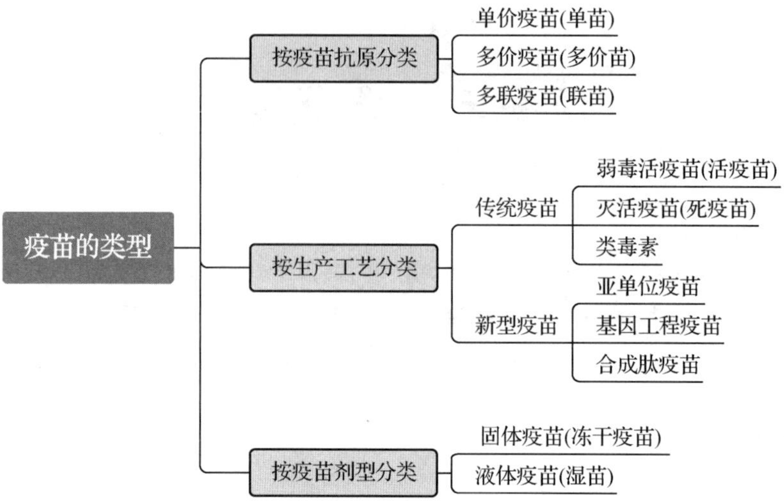

图 2-6　疫苗的类型

(3)类毒素。类毒素是用细菌外毒素经甲醛灭活脱毒制成,因已失去外毒素的毒性,保留免疫原性,接种后能诱导机体产生抗毒素。如破伤风类毒素。

2. 新型疫苗

新型疫苗指利用现代生物工程技术研制生产的疫苗,其种类很多,在生产中应用和正在研制的主要有亚单位疫苗、合成肽疫苗与基因工程疫苗。

(1)亚单位疫苗。用物理化学方法或生物工程技术提取病原微生物中一种或几种具有免疫原性的成分所制成的疫苗。如羊棘球蚴病基因工程亚单位疫苗、猪大肠杆菌纤毛蛋白亚单位疫苗、鸡传染性法氏囊病毒基因工程亚单位疫苗等。此类疫苗因不用完整的病原微生物,没有病原微生物的遗传信息,使用安全。

(2)合成肽疫苗。是根据病原微生物中保护性抗原的氨基酸序列,人工合成免疫原性多肽并连接到载体蛋白后制成的疫苗。该类疫苗无病原性、性质稳定、能够激发动物的免疫保护性反应。如猪口蹄疫 O 型合成肽疫苗。

知识链接

基因工程疫苗

①重组抗原疫苗。利用 DNA 重组技术制备的只含保护性抗原的纯化疫苗。如重组禽流感病毒灭活疫苗(H5N1 亚型,Re-6 株)。

②基因缺失疫苗。利用现代生物学技术,去除病原体毒力基因后制成的疫苗。这种疫苗保持复制能力和免疫原性,不易返祖恢复成自然毒,安全性能高。如猪伪狂犬病活疫苗(HB-98 株)。

③基因工程活载体疫苗。利用基因工程技术把病原体的保护性抗原基因插入活载体病毒的基因组或细菌的质粒,形成重组病毒或重组细菌再经培养后制成的疫苗。如禽流感、新城疫重组二联活疫苗、禽流感重组鸡痘病毒载体活疫苗。

④空衣壳复合型疫苗。利用基因工程技术合成病毒空衣壳，纯化后加到灭活抗原中，促进T细胞应答，提高免疫力。如口蹄疫O型、亚洲Ⅰ型空衣壳复合型二价疫苗。

⑤DNA疫苗（核酸疫苗、基因疫苗）。将病原体抗原基因插入载体（细菌质粒），直接给动物注射，通过动物自身细胞合成抗原蛋白，诱导机体产生特异性免疫。DNA疫苗不用完整病原微生物，也没有经过灭活，所以既有亚单位疫苗、灭活疫苗的安全性，又兼备弱毒活疫苗在体内维持时间长，免疫效果好的特点。很多DNA疫苗正在研制中，如口蹄疫核酸疫苗、伪狂犬病核酸疫苗、猪圆环病毒2型基因疫苗。

3. 单价疫苗、多价疫苗、多联疫苗

传统疫苗和新型疫苗都有单苗、多价苗和多联苗。

（1）单价疫苗。简称单苗，指仅含一种病原体或一种病原体的单一血清型的疫苗。如鸭瘟活疫苗、猪口蹄疫（O型）灭活疫苗。单价疫苗仅对单一病原体或单一血清型微生物所导致的疫病有免疫保护作用。

（2）多价疫苗。简称多价苗，指用同一种病原体的若干血清型生产的疫苗。如禽流感二价灭活疫苗（H5N1Re-6株＋H9N2Re-2株）、猪胸膜肺炎放线杆菌三价灭活疫苗。

（3）多联疫苗。简称联苗，是由两种或两种以上的病原体联合制成的疫苗。联苗具有减少接种次数及使用方便等优点，能够一针防多病。如猪传染性胃肠炎、猪流行性腹泻二联活疫苗；鸡新城疫、传染性支气管炎、减蛋综合征、禽流感（H9亚型）四联灭活疫苗（LaSota株＋M41株＋AV127株＋HL株）。

4. 固体疫苗、液体疫苗

疫苗按剂型可以分为固体疫苗（冻干疫苗）、液体疫苗（湿苗）。

（1）固体疫苗。利用致病微生物经传代或基因改造的方式，在不破坏原有免疫原性基础上使微生物变得无致病性，将失去致病性的微生物经过扩增培养液注入冻干机，经低温增加冻干机内的真空度，使培养液中水分升华、分离，并保持原有微生物免疫原性制成干粉。由于冻干疫苗是冻干粉剂，使用不方便，必须用注射用水或生理盐水稀释。

（2）液体疫苗。液体疫苗是将病毒在细胞内培养，培养后收获病毒液，经灭活病毒、浓缩、纯化，加入适宜的稳定剂，并加入氢氧化铝佐剂而制成。液体疫苗使用起来更加方便，不需要用注射用水、生理盐水稀释，可以直接皮下注射。

（二）弱毒活疫苗与灭活疫苗的优、缺点

1. 弱毒活疫苗的特性、优点和缺点

（1）特性。弱毒活疫苗接种后减毒的病原体能在动物体内繁殖使其数量增多，对动物体刺激的时间延长，被接种动物类似隐性或轻度感染，但无症状。

（2）优点。一次接种量小，成本低；接种途径广（口服、滴鼻点眼、气雾免疫和注射），可诱导体液免疫、细胞免疫和黏膜免疫且使用方便；产生免疫力快（3～7 d）且免疫期长；不使用佐剂，不影响动物产品的质量。

（3）缺点。操作不当易散毒；对保存和运输条件要求较高，不易保存；如减毒不够可能在体内有回复突变、毒力增强的危险；给初生畜禽接种时易受母源抗体的干扰而抑制初次免疫应答。

2. 灭活疫苗的特性、优点和缺点

(1)特性。病原体被灭活，接种后不能进入宿主细胞内繁殖，难以通过内源性抗原加工提呈，并且灭活的病原体数量不变，对动物体刺激维持时间短。

(2)优点。使用安全不散毒；制品稳定好保存；不受母源抗体干扰；有利于制备多价苗或多联苗。

(3)缺点。免疫剂量大，为维持血清抗体水平常需多次免疫，成本高；仅能皮下或肌内注射诱导体液免疫，没有局部黏膜免疫，细胞免疫作用弱；产生免疫力缓慢(2～3 周)，不适用于紧急免疫接种。

(三)免疫血清

免疫血清用于早期治疗或紧急预防对应的传染病，动物接种后可立即得到保护，但维持时间较短(1～3 周)。常用的免疫血清主要有以下几种：

(1)抗血清。指用病原微生物或疫苗等抗原物质多次免疫动物而获得的免疫血清。如抗猪瘟血清、抗炭疽血清等。

(2)抗毒素。指用毒素或类毒素为抗原多次免疫动物(马)而获得的免疫血清。如破伤风抗毒素。

(3)卵黄抗体。指用病原微生物或疫苗等抗原物质接种健康产蛋鸡，从蛋黄中提取抗体精制而成。如鸡传染性法氏囊病精制卵黄抗体、小鹅瘟精制蛋黄抗体等。

(四)疫苗、免疫血清的保存与运输

疫苗和免疫血清从生产到使用，严格按说明书进行物流冷链管理。

1. 疫苗、免疫血清的保存

(1)活疫苗。冻干活疫苗通常在－15 ℃及以下冷冻保存。鸡马立克病细胞结合疫苗在－196 ℃液氮中保存。加有耐热保护剂的冻干活疫苗在 2～8 ℃保存，如鸡痘耐热保护剂活疫苗。液体活疫苗在 2～8 ℃保存，忌冻结，如鸡球虫病三价、四价活疫苗。

(2)灭活疫苗、类毒素。在 2～8 ℃保存，忌冻结。冻结后的疫苗严禁使用。

(3)免疫血清、卵黄抗体。在 2～8 ℃保存。单克隆抗体在－20 ℃以下保存。

2. 疫苗、免疫血清的运输

(1)严格按保存时的要求在同温度下运送。夏季防晒，冬季运送液体制品防冻结。大量运输疫苗应用冷藏车，少量可用盛有冰块的广口瓶，严禁放入衣袋。

(2)采用最快的运输方法，尽量缩短运输时间。

(3)妥善包装，严防碰坏疫苗瓶及散播弱毒病原体。

特别关注

废弃疫苗的处理

疫苗在保存、运输和使用过程中，凡过期失效、物理性状改变等一切不符合使用要求的均应废弃。对废弃的疫苗及其包装必须安全处理。

①活疫苗。采用高压蒸汽消毒或煮沸消毒之后深埋。残余少量活疫苗也可直接倒入火中焚烧。用过的活疫苗瓶，必须进行高压蒸汽消毒、煮沸消毒或在有效消毒液中浸泡消毒 12 h 以上，方可废弃。凡被活疫苗污染的用具、衣物、物品等进行高压蒸汽消毒或煮沸消毒。被活疫苗污染的环境应喷洒有效消毒液。

②灭活疫苗、免疫血清。对灭活疫苗、免疫血清及其用过的空瓶，倒入小坑内，加生石灰、漂白粉或喷洒有效消毒液后掩埋。也可随同处理的动物尸体一起深埋。废弃的诊断液可用此法处理。

专家寄语

疫苗选购的原则

兽用疫苗生产企业很多，国家强制免疫计划所需疫苗由农业农村部指定的企业生产，依法实行政府采购，组织分发。其他疫苗要选择通过兽药生产质量管理规范（兽药GMP）认证的企业的产品，有产品批准文号；进口疫苗有进口兽药注册证书号；经过实践检验普遍认可效果好的产品，确保疫苗质量。对血清型较多的病原体，彼此交互免疫效果差，应选用与当地流行毒株一致的疫苗或选用多价疫苗进行免疫。

二、疫苗的接种

(一)疫苗使用原则

1. 疫苗检查

任何疫苗使用前都应逐瓶检查并作书面记录。重点检查产品名称、生产厂家、产品批准文号、生产日期、有效期等。进口疫苗检查进口兽药注册证书号。凡标签内容不清、无产地、无批号、过期失效、疫苗破损；灭活疫苗破乳分层、冻干疫苗干缩、潮解等均不能使用。

2. 待免动物检查

免疫接种前对被接种畜禽的健康状况进行详细了解，健康动物实施免疫接种。对于瘦弱、有慢性疾病、孕晚期、疑似病畜及饲养管理不良的畜禽暂不接种，以后补免。

3. 制定免疫程序

使用疫苗避免盲目性，要根据动物种类、品种、用途、季节等制定合理的免疫程序，严格按免疫程序进行免疫。

4. 规范使用疫苗

所有疫苗严格按厂家说明书使用。冻干疫苗稀释要规范，灭活疫苗从冰箱取出后恢复到室温再接种。接种疫苗前后10 d不使用抗生素。接种后残余疫苗按规定处理。

5. 做好人员防护

工作人员需要穿工作服及胶鞋，必要时要戴口罩，接种前后均应认真洗手消毒，工作中禁止吸烟、吃零食。

(二)免疫接种途径

1. 经口免疫

有饮水免疫、拌料免疫和滴口免疫。即将疫苗按稀释倍数稀释，混入饮水或饲料中，动物通过饮水、采食或人工滴口而获得免疫，适用于活疫苗的接种。

2. 注射免疫

有肌内、皮下、皮内、胸腔和穴位注射等途径，最常用的是皮下或肌内注射，适用于灭活疫苗、活疫苗，免疫血清、卵黄抗体和单克隆抗体的接种。

3. 气雾免疫

适用于活疫苗的接种，常用于大群动物免疫。将稀释好的疫苗经气雾发生器(图 2-7)或超低容量疫苗专用喷雾器、喷雾机喷射出去，使疫苗形成雾化粒子，均匀地浮游在空气中，通过动物自然呼吸，将疫苗吸入呼吸道达到免疫的目的。

4. 点眼、滴鼻

适用于活疫苗的接种，常用于幼龄畜禽免疫。使用滴管、滴瓶(图 2-8)或滴鼻器，将稀释好的疫苗滴入眼中或鼻孔内进行免疫。注意点眼、滴鼻速度不能过快，否则畜禽不能很好地吸收疫苗。

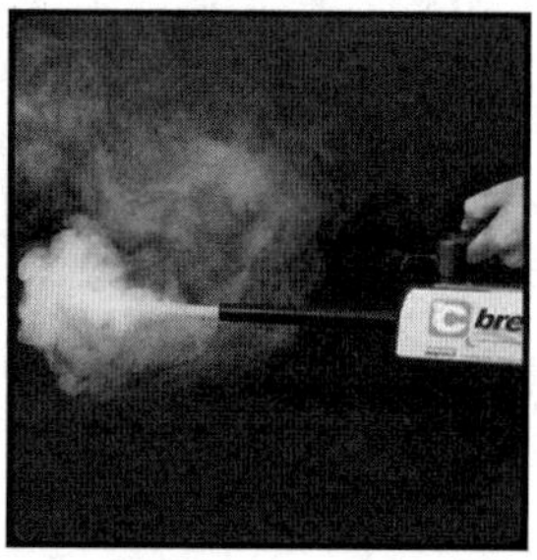

图 2-7　JM 气雾发生器外形示意图

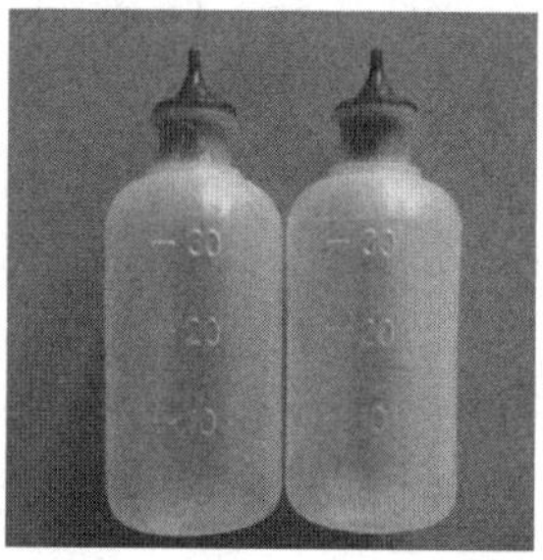

图 2-8　雏鸡用 30 mL 滴瓶

5. 皮肤刺种

适用于鸡痘疫苗、鸡新城疫Ⅰ系疫苗的免疫接种。用刺种针或蘸笔头接种，接种部位在翅内侧三角区。

6. 毛囊涂擦

多用于鸡痘苗接种，接种时在鸡腿上拔掉 3～5 根羽毛，然后用蘸有稀释好的疫苗的棉签逆羽毛方向擦拭几下即可。

7. 滴肛或擦肛

用于强毒型传染性喉气管炎疫苗的免疫接种。接种时将 1 000 头份疫苗稀释于 25～30 mL的生理盐水中，将鸡的头部朝下，肛门向上抓起，用消毒棉签蘸取疫苗于鸡的肛门黏膜上刷动 3～4 次即可。

知识链接

蛋内接种(鸡胚免疫)

蛋内接种技术是指利用蛋内注射系统给第 17～18 日龄的鸡胚接种疫苗，使雏鸡出壳时至出壳后几天就具有对某种疫病的免疫力，避免雏鸡早期感染。目前接种的疫苗主要有鸡马立克病疫苗、鸡传染性法氏囊病疫苗等，注射速度可达每小时 20 000～50 000 个鸡胚。与传统方法比较，蛋内接种具有速度快、疫苗污染少、接种量准确、不会漏免、没有应激、能提早产生抵抗力等优点，是家禽免疫接种的发展趋势。

实践操作　免疫接种

【目的要求】

会稀释冻干疫苗；能正确进行免疫接种操作；会填写免疫档案。

【材料用品】

1. 待免动物

根据当地生产实际，选择禽、猪、牛、羊或其他动物养殖场。

2. 疫苗

禽或猪、牛、羊及其他动物常用弱毒冻干疫苗、相应稀释液；灭活疫苗。

3. 器材

75%乙醇、5%碘酊、来苏尔或菌毒敌、新洁尔灭等消毒剂；消毒锅、脱脂棉、纱布、镊子、剪刀、毛剪；金属注射器、玻璃注射器、连续注射器；兽用皮下注射针头（7 号）、肌内注射针头（7 号、9 号、12 号、14 号、16 号等）；滴瓶、乳头滴管；体温计、带盖搪瓷盘、桶、脸盆；肥皂、毛巾、工作服、帽、胶靴；登记册或卡、免疫档案等。

【方法步骤】

1. 器械准备和消毒

识别常用注射器和注射针，注射器和针头等用洁净水反复清洗干净后，用无菌纱布将所用器械分件包裹，在消毒锅内煮沸消毒 30～60 min，自然冷却后待用。注射器械禁用化学药品消毒。

2. 冻干疫苗的稀释

各种疫苗使用的稀释液、稀释倍数和稀释方法都有明确规定，必须严格按生产厂家的使用说明书进行操作。

（1）检查疫苗。查看疫苗包装、外观性状，标签信息等，看是否过期失效。

（2）计算稀释液用量。每瓶疫苗稀释液用量＝每瓶接种畜禽数×每头（只）接种量。

（3）注射用疫苗（马立克病疫苗）的稀释。先除去疫苗瓶盖铝箔或石蜡，用酒精棉球擦拭消毒疫苗瓶和稀释液瓶盖，然后用带针灭菌注射器吸取少量稀释液注入疫苗瓶，充分振摇溶解后，再加入其余的稀释液。但往往疫苗瓶较小，不能容纳全量的稀释液，则需把疫苗吸出放入另一干净的容器，再用稀释液把疫苗瓶冲洗 2～3 次，使全部疫苗被冲洗下来。

（4）饮水用疫苗（传染性法氏囊病活疫苗）的稀释。饮水免疫时，疫苗最好用蒸馏水或去离子水稀释，也可用洁净的深井水或泉水，不直接用自来水，因为自来水中的消毒剂会把疫苗病毒杀死，使疫苗失效。稀释前先用酒精棉球消毒疫苗瓶盖，然后用灭菌注射器吸取少量的蒸馏水注入疫苗瓶中，充分振摇溶解后，抽取溶解的疫苗放入干净的容器，再用蒸馏水把疫苗瓶冲洗几次，使全部疫苗所含病毒（或细菌）都被冲洗下来。饮水量视鸡的日龄、品种和季节而定，一般情况下按表 2-5 加入蒸馏水。

表 2-5　鸡饮水免疫用水量　L

鸡数/只	周数		
	0～4 周龄	5～10 周龄	10 周龄以上
100	1	2	4
500	5	10	20
1 000	10	20	40

3. 灭活疫苗的使用

灭活疫苗从冰箱取出后，在室温下(22 ℃左右)预温 2 h，摇匀，直接使用，在接种过程中要经常摇动疫苗瓶，以保持疫苗液均匀。

4. 免疫接种操作要领

(1)肌内注射。

注射针：通常仔猪使用 9 号、12 号，成年猪使用 12 号、16 号；牛使用 16 号、20 号；羊使用 12 号、14 号或 16 号；家禽用 7 号、9 号或 12 号。

注射部位：马、牛等大型动物和羊在颈侧、臀部；猪在耳根后(图 2-9)、臀部；禽类多在胸部。

操作要领：左手固定注射部位，右手拿注射器，针头垂直刺入肌内，然后左手固定注射器，右手将针芯回抽一下，如无回血，将药液慢慢注入。若发现有血，应变更位置。如动物不安或皮厚不易刺入，可将注射针头取下，右手拇指、食指和中指紧持针尾，对准注射部位迅速刺入肌内，然后安上注射器，注入疫苗。

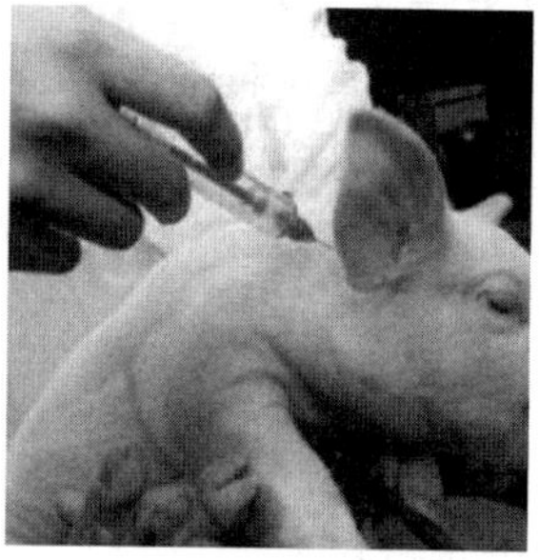
图 2-9　猪肌内注射部位示意图

(2)皮下注射。

注射部位：马、牛等大型动物多在颈侧；猪在耳根后或股内侧；羊在颈侧、股内侧或肘后；家禽在颈背部或大腿内侧；兔在耳后或股内侧。

操作要领：左手拇指与食指捏起皮肤成皱褶，右手持注射器由皱褶底部刺入皮肤 2 cm(如针头刺入皮下则可自由拨动)，缓缓推药。注射完毕，将针拔出，立即以药棉揉擦。

(3)皮内注射。羊痘弱毒疫苗采用皮内注射。

注射部位：尾根或尾内侧。

操作要领：常规消毒，用左手的拇指与食指捏起皮肤成皱褶，右手持针从皱褶顶部与之呈 20°～30°角向下刺入皮肤，缓慢注入疫苗。

(4)饮水免疫。免疫前准备充足的非金属饮水器；饮水器、饮水管道要干净无污染。免疫前应限制饮水，夏季一般为 2 h，冬季一般为 4 h。疫苗一旦配好，尽快供畜禽饮用，并在 2 h 内饮完。饮水中加入 0.2%奶粉或 2%鲜奶可延长疫苗活性。由于畜禽的饮水量有多有少，饮水免疫时应分 2 次完成，即连续 2 d，每天饮 1 次，这样可缩小个体间饮苗量的差距。

(5)刺种。

刺种部位：在翅内侧三角区，避开血管。

操作要领：用刺种针或蘸水笔尖蘸取疫苗刺入皮下，为可靠起见，最好刺两下，如鸡新城疫Ⅰ系疫苗经10倍稀释后进行刺种。注意在接种后1周检查接种部位，看到痘痂说明免疫成功。

(6)滴鼻、点眼。用滴瓶，也可用乳头滴管。雏鸡滴鼻时用食指堵住一侧鼻孔，鸡头部稍向后倾斜，将疫苗滴入另一侧鼻孔。点眼时将疫苗直接滴入眼内。

(7)气雾免疫。宜在清晨或晚上进行。喷雾前用清水清洗喷雾器并试喷一下，以掌握喷雾的速度、流量和雾滴的大小。鸡群免疫雾粒直径成年鸡在10～30 μm，雏鸡在30～100 μm为好(雾粒过小，易吸入深部呼吸道而诱发鸡的慢性呼吸道疾病)。每1 000只鸡疫苗的喷雾量：2～4周龄为250～500 mL；5～10周龄为1 000 mL；10周龄以上为1 500～2 000 mL。

接种时关闭门窗以减少空气流动。在鸡群上方50 cm处进行喷雾，边走边喷，往返2～3次，将疫苗喷完，此时鸡的头背部羽毛略有潮湿。喷雾免疫20～30 min后打开门窗。

注意：鸡支原体感染的鸡群，禁用喷雾免疫；喷雾免疫不能用生理盐水稀释疫苗，因为喷出的雾粒容易结晶干燥，不利于动物吸入。

【注意事项】

(1)所有工作人员做好防护。做好动物保定，注意安全。

(2)接种的各个环节均应无菌操作。疫苗瓶上固定一个消毒针头专供吸取药液，吸液后不拔出，用干燥的酒精棉球包好，以便再次吸取；针筒排气时吸积在棉球上，防止污染环境；吸出的疫苗不可再回注疫苗瓶。

(3)使用金属注射器应调节好活塞，过松容易漏药，过紧不易推动。使用连续注射器要调试好剂量，注射中经常摇动疫苗瓶使其均匀。大中型动物一畜一针头。保证注射部位确实，并防止折断针头。

(4)接种工作完成后，做好器材整理、废弃品处理等工作。尤其对开启稀释后当天未用完的疫苗、用完的疫苗空瓶、用过的酒精棉球等废弃物要充分消毒后深埋。动物接种后，应注意观察和加强护理，如有不良反应，可根据情况及时处理。

【实践报告】鸡或其他动物免疫接种(接种后完成表2-6)。

表2-6　畜禽养殖场免疫接种记录表

养殖场名称及代码		动物种类	猪□牛□羊□鸡□鸭□
进栏日期		存栏数	
已免疫数		未免疫数	
疫苗名称		生产厂家及批号	
接种途径		疫苗用量	
免疫日期		免疫人员	
畜禽标识码			
备注			

特别关注

疫苗接种反应

①正常反应。由疫苗本身的特性而引起。大多数疫苗接种后没有明显可见的反应,少数疫苗可能出现一过性精神沉郁、食欲下降、注射部位短时轻度炎症等局部或全身性异常表现,这些反应程度轻,经数小时或1～2 d完全消失,不影响正常生产过程。

②严重反应。指与正常反应在性质上相似,但反应较重或发生反应的动物数量超过正常比例。这可能与疫苗的质量、使用方法、接种剂量与接种途径等有关。这种反应通过严格控制疫苗的质量和遵照使用说明书操作,可以减少到最低限度。

③合并症。指与正常反应性质不同的反应,主要包括超敏感(血清病、过敏性休克、变态反应等)和诱发潜伏感染(如鸡新城疫疫苗气雾免疫时能诱发慢性呼吸道病)。出现过敏反应可使用盐酸肾上腺素等药物救治。

三、免疫程序

免疫程序是针对特定的动物群体和动物疫病,有计划按顺序安排的疫苗接种方案。它可以是针对一种病的"单病免疫程序",也可以是针对多种病的"多病免疫程序"。其主要内容包括疫苗名称、接种对象、接种方法、接种时间、接种剂量等。

(一)规模化养殖场免疫程序举例

种鸡、蛋鸡高致病性禽流感参考免疫程序见表2-7。

表2-7 种鸡、蛋鸡高致病性禽流感参考免疫程序

接种时间	疫苗名称	接种方法
7～14日龄	H5N1亚型禽流感灭活疫苗或禽流感-新城疫重组二联活疫苗(rLH5-6株)	皮下或肌内注射 点眼、滴鼻或肌内注射
28～35日龄	H5N1亚型禽流感灭活疫苗或禽流感-新城疫重组二联活疫苗(rLH5-6株)	皮下或肌内注射 饮水或肌内注射
开产前	H5N1亚型禽流感灭活疫苗	皮下或肌内注射
以后检测免疫抗体,每隔4～6个月免疫1次	H5N1亚型禽流感灭活疫苗	皮下或肌内注射

注:H5N1亚型禽流感灭活疫苗有重组禽流感病毒H5亚型二价灭活疫苗(Re-6株+Re-4株)、重组禽流感病毒灭活疫苗(H5N1亚型,Re-6株)、重组禽流感病毒灭活疫苗(H5N1亚型,Re-4株),各地可根据生产实际和有关要求选择应用。

商品肉鸡参考免疫程序见表 2-8。

表 2-8　商品肉鸡参考免疫程序

接种时间	疫苗名称	接种方法
1 日龄	鸡马立克病弱毒活疫苗颈部	皮下注射
3 日龄	鸡新城疫 V 系-传染性支气管炎 H120 二联弱毒苗	滴鼻、点眼
7～10 日龄	禽流感-新城疫重组二联活疫苗(rLH5-6 株)或鸡新城疫Ⅳ系-传染性支气管炎 H120 二联弱毒苗	滴鼻、点眼或饮水
14 日龄	鸡法氏囊病弱毒活疫苗	饮水
20～25 日龄	鸡法氏囊病弱毒活疫苗禽流感-新城疫重组二联活疫苗(rLH5-6 株)	滴鼻、点眼或饮水

注:7～10 日龄鸡根据本地情况任选 1 种疫苗接种。

(二)制定免疫程序的步骤

1. 计划免疫的病种

了解本地区、本养殖场及周边地区疫情,针对不同的动物群体,对其常见、频发、危害大、有疫苗的疫病以及国家强制免疫的疫病实施免疫。

2. 确定免疫次数

在一个饲养周期内,一种病免疫的次数主要由疫病和疫苗特性来决定。大多数疫病都需要多次免疫才能获得坚强免疫力,发病不分年龄大小的疫病则需要终生免疫,如鸡新城疫、猪蓝耳病等。

3. 确定首免日龄

新生动物首次免疫,一是检测母源抗体决定接种时间,使母源抗体与疫苗抗体有效对接;二是考虑疫病最早发病日龄,疫苗接种要在动物发病前产生保护。确定两次免疫的间隔时间,以通过抗体检测最科学,避免盲目性,同时也要考虑疫苗免疫期的长短。

4. 选择疫苗

一种疫病有多种疫苗时需要慎重选择(国家强制免疫计划确定的疫苗例外)。通常根据待免动物年龄、疫苗特性、用苗目的以及使用效果来进行选择。

5. 季节性疾病的免疫

常发生于一定季节的疫病,应在流行季节到来之前一定时间进行免疫接种。如猪传染性胃肠炎和流行性腹泻,常发生于秋末、冬季和春季,每年 9 月底猪场应根据实际进行全场免疫或仅免疫母猪和仔猪。

四、免疫效果评价

(一)免疫成功的标志

1. 生产指标

通过疫苗接种,动物的生产性能明显改观,增重率提高或动物的发病率、死亡率明显降低或停止。也可用流行病学调查的方法随机抽样，检查免疫动物和未免疫动物的患病率，从而计算其保护率，保护率越高，免疫效果越好。

保护率＝[（对照组患病率－接种组患病率）/对照组患病率]×100％

2. 抗体检测

动物接种疫苗后，机体产生特异性抗体。用免疫学方法随机抽样，检查免疫畜禽的血清抗体阳性率和抗体合格率，评价免疫效果。由血清抗体阳性率可以看出该病的免疫密度；由抗体合格率可以看出群体抗体水平高低，说明实际保护能力。血清抗体阳性率和抗体合格率计算方法如下。

血清抗体阳性率＝（血清抗体阳性畜禽数/被检畜禽总数）×100％

抗体合格率＝（抗体合格畜禽数/被检畜禽总数）×100％

3. 攻毒保护试验

从被免疫动物中随机抽取一定数量的动物，用相应的强毒病原体对其进行人工感染，如果动物不发病，则说明免疫效果良好。

（二）免疫失败的表现

（1）动物接种疫苗后仍然发生相应的疫病。

（2）动物虽不发病，但生产性能显著降低，如产蛋率下降、生长发育迟缓。

（3）虽不发病，但存在隐性感染或抵抗力明显降低，导致混合感染的疾病增多。

知识链接

免疫失败的原因分析

①环境因素。各种不良刺激如寒冷、断奶、断喙等均可造成动物抵抗力下降，免疫应答能力降低，影响免疫效果。当环境中存在大量病原体，动物在接种疫苗前可能被感染，疫苗接种则导致更快发病，造成免疫失败，所以要重视环境消毒。

②动物因素。

母源抗体的影响：新生动物能通过初乳或卵黄被动获得一定量的母源抗体，这对于防止新生动物早期感染有重要意义。如果首免时间不当，未避开母源抗体高峰期，会使疫苗抗原被高水平母源抗体中和，影响疫苗免疫效果。

免疫抑制性疾病：有些疾病能损害动物免疫器官或免疫系统，导致疫苗接种的应答能力下降，造成免疫失败。免疫抑制性疾病较多，主要有鸡传染性贫血、鸡传染性法氏囊病、禽白血病、鸡网状内皮组织增生病；猪蓝耳病、猪圆环病毒病等。

营养因素：饲料中蛋白质、氨基酸的缺乏，使抗体产生受到影响；维生素E、必需微量元素铁、锌、硒等缺乏时可导致家禽免疫器官萎缩。而饲料中的有毒成分如黄曲霉毒素可损害免疫器官，使免疫失败。

③人为因素。疫苗质量不合格，如疫苗中抗原含量不足，疫苗免疫原性不好；疫苗保存不当、使用过期失效疫苗；给动物滥用药物；免疫接种操作不当；免疫程序不合理等。以上因素均可影响免疫效果，导致免疫失败。

任务四　药物保健

药物保健即药物预防，是指在正常的饲养管理状态下，给动物群体用药以预防疫病的发生，促进畜禽生长。广义的药物保健包括患病动物的治疗，也包括免疫接种。药物保健是现代集约化养殖预防疫病的措施之一。

一、常用保健药物简介

1. 微生态制剂

微生态制剂又称益生菌、活菌制剂，是利用对畜禽有益的微生物，经过培养后加入保护剂或辅料制成。微生态制剂能够在动物消化道中大量生长繁殖，维持肠道菌群平衡，主要用于预防和治疗幼龄畜禽大肠杆菌、沙门氏菌引起的腹泻，起到防病促生长和提高机体免疫力的作用。幼龄畜禽使用越早效果越好。

常用的活菌制剂有：蜡样芽孢杆菌活菌制剂、酪酸梭菌活菌制剂、枯草杆菌活菌制剂以及双歧杆菌、乳酸杆菌、粪链球菌、酵母菌复合活菌制剂等。其剂型有粉剂、片剂和溶液剂。

特别关注

活菌制剂的使用与保存

活菌制剂与饲料混合后口服；若饮水用药，用凉开水稀释且水温不超过 30 ℃。活菌制剂严禁注射。活菌制剂不得与抗菌药或抗菌药物添加剂同时使用。室温、干燥、避光保存，现配现用。

2. 中草药制剂

中草药种类、剂型繁多，作用各异。保健用药主要是成方制剂且大多为散剂（将处方中的各味药粉碎、过筛、混匀制得），混饲给药最方便。其保健作用有增强免疫、增肥促生长，如肥猪散、蛋鸡宝、黄芪多糖；清热解毒抗病毒，如清瘟败毒散、银翘散、禽瘟康；抗应激，如解暑抗热散（治疗鸡热应激）。也有针对具体疾病的喉炎净散（治疗鸡喉气管炎）、鸡球虫散等。

3. 免疫调节剂

此类制剂具有增强畜禽免疫力、提高生产性能和抗病毒的作用。目前市售主要有细胞因子和免疫球蛋白两大类。免疫球蛋白有抗菌肽、排疫肽等，细胞因子有猪白细胞干扰素、白细胞介素、羊胎盘素。细胞因子结合中药制剂防治疾病，在兽医临诊应用中已取得明显成效，特别对混合感染病症疗效显著。

4. 调节机体代谢药物

包括维生素类药；钙、磷与微量元素；甜菜碱、氯化胆碱等。它们是维持动物机体正常代谢和机能所必需的物质，缺乏时可引起各种疾病，并影响动物生产性能、繁殖力和抗病力。过量应用也会导致中毒。

5. 抗菌药

包括各类抗生素和合成抗菌药。抗生素如氨苄西林、氟苯尼考、林可霉素等。合成抗菌药如恩诺沙星、乙酰甲喹等。抗菌药是目前我国兽医临诊广泛使用的一类药物，对控制畜禽细菌性传染病、保证养殖业正常生产起着重要作用。长期使用抗菌药容易产生耐药性菌株，也易造成药物残留，所以合理用药至关重要。

6. 抗寄生虫药

有抗蠕虫药、抗原虫药和杀虫药。抗蠕虫药如阿苯达唑、伊维菌素等；抗球虫药如尼卡巴嗪、二硝托胺等；杀虫药如溴氰菊酯、二嗪农等。多数驱虫药对寄生虫的驱杀有较严格的选择性，且多数药物有毒性，须正确应用。

二、用药原则与方案

(一)用药原则

1. 规范用药

规范用药是指用药要符合兽药国家标准，保证用药安全。《中华人民共和国兽药典》(2020年版)和《兽药国家标准(化学药品、中药卷)第一册》(2013年)为兽药国家标准。兽药只有国家标准，没有地方标准。《兽药管理条例》(2004年公布，2020年第三次修订)规定，禁止使用假、劣兽药以及国务院兽医行政管理部门规定食品动物中禁止使用的药品和其他化合物(表2-9)。2010年，农业部发布了禁止在饲料和动物饮水中使用的物质(表2-10)。

表 2-9　食品动物中禁止使用的药品及其他化合物清单
(2019年12月27日农业农村部公告第250号)

序号	药品及其他化合物名称
1	酒石酸锑钾
2	β-兴奋剂类及其盐、酯
3	汞制剂：氯化亚汞(甘汞)、醋酸汞、硝酸亚汞、吡啶基醋酸汞
4	毒杀芬(氯化烯)
5	卡巴氧及其盐、酯
6	呋喃丹(克百威)
7	氯霉素及其盐、酯
8	杀虫脒(克死螨)
9	氨苯砜
10	硝基呋喃类：呋喃西林、呋喃妥因、呋喃它酮、呋喃唑酮、呋喃苯烯酸钠
11	林丹
12	孔雀石绿
13	类固醇激素：醋酸美仑孕酮、甲基睾丸酮、群勃龙(去甲雄三烯醇酮)、玉米赤霉醇
14	安眠酮
15	硝呋烯腙

续表 2-9

序号	药品及其他化合物名称
16	五氯酚酸钠
17	硝基咪唑类:洛硝哒唑、替硝唑
18	硝基酚钠
19	己二烯雌酚、己烯雌酚、己烷雌酚及其盐、酯
20	锥虫砷胺
21	万古霉素及其盐、酯

表 2-10　禁止在饲料和动物饮水中使用的物质

(2010 年 12 月 27 日农业部公告第 1519 号)

序号	禁用物质	类别
1	苯乙醇胺 A	β-肾上腺素受体激动剂
2	班布特罗	β-肾上腺素受体激动剂
3	盐酸齐帕特罗	β-肾上腺素受体激动剂
4	盐酸氯丙那林	β-肾上腺素受体激动剂(药典 2010 版二部)
5	马布特罗	β-肾上腺素受体激动剂
6	西布特罗	β-肾上腺素受体激动剂
7	溴布特罗	β-肾上腺素受体激动剂
8	酒石酸阿福特罗	长效型 β-肾上腺素受体激动剂
9	富马酸福莫特罗	长效型 β-肾上腺素受体激动剂
10	盐酸可乐定	抗高血压药(药典 2010 版二部)
11	盐酸赛庚啶	抗组胺药(药典 2010 版二部)

2. 准确用药

使用兽药必须对动物、疾病和药物三者有全面的了解。正确诊断是准确用药的前提,在病原体确定的情况下,根据药物的抗菌谱和适应证选择药物。当有几种药物可供选择时,选用病原体敏感而不易产生耐药性的药物,有条件的应进行药敏试验,确定首选药和替代药。

3. 合理用药

合理用药有很多含义,主要指剂量合理、途径合理、疗程合理并遵守休药期,不滥用药物。这要求使用者按标签或说明书用药。食品动物禁止标签外用药,因其往往采用群体给药,如果超量超疗程给药则可能造成大批动物源性食品兽药残留,给消费者健康带来威胁。

4. 用药记录

兽药使用人员应对用药品种、剂型、剂量、给药途径、疗程进行如实登记。主要目的一方面是核实是否按规定用药,按规定停药;另一方面是若出现假劣兽药或其他使用问题时能及时溯源。

知识链接

休药期(弃蛋期、弃奶期)

食品动物使用兽药后,为使肉、蛋、奶中残留的药物有足够的时间排出,国家规定了不同动物的休药期,即从最后一次给药到许可屠宰或其产品(蛋、奶)许可上市的间隔时间。严格执行休药期是减少兽药残留的关键措施,达不到休药期规定可能导致动物源性食品兽药残留超标。

(二)用药方案

用药方案包括给药途径、剂量、给药间隔和疗程。制定用药方案是为了计划用药、合理用药,避免盲目性。

特别关注

药物的剂量及其计算

剂量通常指药物的用量。药物用量的表示单位有:g、mg、mL、IU(国际单位)等。

用药量的计算:个体给药,通常以每千克体重计算一次的用药量;禽、兔和幼龄动物以每只(头)计算一次给药量。群体给药,混饲给药通常以每吨饲料计算用药量;混饮给药通常以每升水计算用药量。

三、动物群体给药方法

(一)混饲给药

混饲给药是将药物均匀混入饲料,让畜禽自由采食吃进药物,适于大群畜禽长期给药。混饲给药首选预混剂(由一种或一种以上的药物与适宜的辅料均匀混合制成的粉末状或颗粒状制剂)。

几种预混剂的用量、疗程和休药期见表 2-11。

表 2-11 几种预混剂的用量、疗程与休药期

药物(预混剂)	用量(每吨饲料)	疗程/d	休药期/d
硫酸新霉素	以新霉素计:猪、鸡 77～154 g		猪 0;鸡 5
磷酸泰乐菌素	以磷酸泰乐菌素计:猪 10～100 g;鸡 4～154 g		猪 5;鸡 5
磷酸替米考星	以磷酸替米考星计:猪 400 g	15	猪 14
吉他霉素	以吉他霉素计: 促生长,猪 5～50 g;鸡 5～10 g 治疗,猪 80～300 g;鸡 100～300 g	5～7	猪、鸡 7
氟苯尼考	以氟苯尼考计:猪 1 000～2 000 g	7	猪 14

续表 2-11

药物(预混剂)	用量(每吨饲料)	疗程/d	休药期/d
杆菌肽锌	以杆菌肽锌计:3 月龄以下犊牛 10～100 g; 3～6 月龄犊牛、6 月龄以下猪和 16 周龄以下禽 4～40 g		0
喹乙醇	以喹乙醇计:仅用 35 kg 以下猪 1 000～2 000 g		猪 35
伊维菌素	以伊维菌素计:猪 2 g	7	猪 5
亚硒酸钠维生素 E	以亚硒酸钠维生素 E 计:畜、禽 500～1 000 g		牛、羊、猪 28
盐酸甜菜碱	以盐酸甜菜碱计:畜、禽 1 500～4 000 g		0

注:引自 2020 年版《中华人民共和国兽药典兽药使用指南·化学药品卷》。

混饲给药注意事项:准确计算用药量及饲料量,牛羊混饲将药物混入精料。药物与饲料必须混合均匀,一般需要采用“等量递升”法,即先取与预混剂等量的饲料,使二者混合均匀,再逐渐递增饲料混合,直至完全加入饲料量并反复混匀。要了解饲料药物添加情况,避免重复用药引起动物中毒或其他不良反应。

(二)混饮给药

混饮给药是将药物溶解于畜禽饮水,让畜禽自由饮水而获得药物。混饮给药首选可溶性粉(由一种或一种以上的药物配制而成,多数配有辅料)。

几种可溶性粉的混饮用量、疗程和休药期见表 2-12。

表 2-12　几种可溶性粉的混饮用量、疗程与休药期

药物(可溶性粉)	用量(每升水)	疗程/d	休药期/d
阿莫西林	以阿莫西林计:鸡 60 mg	3～5	鸡 7
盐酸大观霉素	以盐酸大观霉素计:鸡 1～2 g	3～5	鸡 5
盐酸林可霉素	以林可霉素计: 猪 40～70 mg 鸡 17 mg		猪 5 鸡 5
酒石酸泰万菌素	以泰万菌素计: 猪 50～85 mg 鸡 200 mg	5 3～5	猪 3 鸡 5
恩诺沙星	以恩诺沙星计:鸡 25～75 mg	3～5	鸡 8
延胡索酸泰妙菌素	以泰妙菌素计: 猪 45～60 mg 鸡 125～250 mg	5 3	猪 7 鸡 5
磺胺氯吡嗪钠	以磺胺氯吡嗪钠计:肉鸡、火鸡 1 g	3	火鸡 4
盐酸氨丙啉	以盐酸氨丙啉计:鸡 1.2 g	5～7	肉鸡 1

注:引自 2020 年版《中华人民共和国兽药典兽药使用指南·化学药品卷》。

混饮给药注意事项：准确计算用水量和用药量，对难溶于水的药可配成混悬液；准备充足的饮水器或饮水槽，让每只畜禽在规定时间内均能饮到足够量的药水；混饮给药前要停饮一定时间，通常夏天为 2 h，冬天为 4 h。

(三)药浴

药浴是将药物溶解于水中，配成一定浓度的药液，然后将动物置于药液中一定时间或进行喷淋、喷雾，使药液与动物体表充分接触，以驱杀绵羊及其他家畜体表的疥螨、痒螨、蜱和虱。家畜药浴常用的药物有二嗪农溶液、巴胺磷溶液、精制马拉硫磷溶液、氰戊菊酯溶液和溴氰菊酯溶液等。

羊的药浴注意事项如下：

(1)药浴应在绵羊剪毛和山羊抓绒后 7～10 d 晴朗无风的天气下进行。

(2)浴前对羊群进行检查，病羊和身体有伤口的羊不能药浴。

(3)大群药浴前先用小群(10～20 只)试浴，以保证安全。

(4)浴前停止放牧 3～4 h，让羊充分休息、充足饮水，以免误饮药液中毒。

(5)药液按使用浓度当天配制，在药浴过程中随药液损耗随时补加药液。

(6)药浴时先浴健壮的羊，后浴瘦弱的羊和幼龄羊。

(7)每只羊药浴 1 min。药浴时头部要露出水面，但需用压扶杆把头压入药液 2～3 次。对严重感染的羊，最好辅助人工擦洗。

(8)药浴后让羊在滴流台上停留 20 min，待身上药液滴流干净，再在向阳背风处休息。注意观察羊群，发现中毒及时解救。

(9)工作人员在配药和药浴过程中做好个人防护。

特别关注

药浴液的配制方法

步骤：计算药浴池容积(m^3)→计算药浴池水量(kg)→计算用药量(kg)。

药浴池容积(m^3)＝(水面长＋池底长)/2×(水面宽＋池底宽)/2×(入口水深＋出口水深)/2

药浴池水量(kg)＝药浴池容积(m^3)×1 000(水在 4 ℃时 1 m^3 的质量为 1 000 kg)

用药量(kg)＝(药浴池水量×所需药液浓度)/原药浓度

实践操作　动物驱虫技术

【目的要求】

学会动物驱虫的准备和组织工作；掌握药物配制与给药方法。

【材料用品】

1. 动物

羊或猪、鸡、牛。

2. 器材

各种给药用具、称重用具、粪便检查用具等。

3. 药品

常用的各种驱虫药，如阿苯达唑、左旋咪唑、伊维菌素、解毒药品等。

4. 防护及记录用品

工作服、各种记录表格等。

【方法步骤】

1. 虫卵检查

驱虫前应先进行粪便检查，以了解动物寄生虫感染情况。

2. 制定驱虫方案

根据粪检、流行病学调查、药物临诊资料和用药动物情况制定驱虫方案：确定驱虫药、剂量、给药途径等。

3. 动物称重或估重

动物称重或估重后，计算用药量。

4. 给药

根据实际选择最适宜的给药途径即可。

(1)混饲。将一定量的驱虫药拌入饲料投服，适合动物群体驱虫。

(2)饮水。多数驱虫药不溶于水，需配成悬浮液：先把淀粉、面粉或细玉米面加至少量水中，搅匀(成糊状)再加入药粉，继续搅匀，再加水即成悬浮液，让畜禽饮用。悬浮液使用时要不断搅拌，以防上清下稠。

(3)注射。注射部位剪毛消毒后，按剂量注入皮下。

(4)涂擦。适用于畜禽体表寄生虫的驱虫，以及部分体内寄生虫的驱治，如用驱虫擦就灵涂擦于猪耳后皮肤上驱除蛔虫。

(5)药浴。利用药浴池或喷淋法对羊进行药浴。

5. 驱虫效果评定

(1)畜禽群体中驱虫前后发病与死亡情况，驱虫后的生长速度及临诊症状的减轻与消失情况。

(2)寄生虫感染情况，一般通过虫卵减少率和虫卵转阴率确定。

虫卵减少率=[(投药前 1 g 粪便中某虫卵数－投药后虫卵数)/投药前 1 g 粪便中某虫卵数]×100%

虫卵转阴率=[(投药前某虫感染率－投药后感染率)/投药前某虫感染率]×100%

【注意事项】

(1)记录所用驱虫药的生产厂家、批号等。

(2)在进行大群驱虫前，选少部分畜禽先做药敏试验及安全实验，观察药物效果及安全性。注意给药后的变化(特别是驱虫后 3～5 h)，发现中毒立即急救。

(3)驱虫后的粪便进行堆积发酵，放牧家畜适时轮放。

【实践报告】

写出一种畜禽的驱虫步骤。

防治员信箱

读者:兽药产品批号与兽药产品批准文号是不是一回事?

防治员:两者不同。兽药产品批准文号具有农业农村部规定的统一格式,不允许随意更改。兽药在使用说明书和包装上都注有该产品的批准文号,没有批准文号的产品可视为假药。而兽药产品批号是兽药厂家对其所生产的兽药产品的编号。批号表示生产日期和批次,由各企业自行决定。国内兽药产品批号一般用6位阿拉伯数字表示,前2位表示年份,中间2位表示月份,末尾2位表示日期。比如某一兽药的批号是130302,表示这批药是2013年3月2日生产。根据兽药产品批号,可追查该批兽药的生产情况,同时有利于掌握兽药的贮存期限。

读者:如何能查询到不合格兽药的通报信息?

防治员:农业农村部每季度在农业农村部网站、中国兽药信息网网站分批次公布兽药质量抽检情况,一些兽医方面的杂志如《中国兽药杂志》《中国动物保健》等也有登载,可以查看。

读者:兽用注射针是不是型号越大针头越长?

防治员:不是。注射针的型号是指针管外径大小,同一型号注射针可有不同长度。如9号注射针有0.9 mm×13 mm、0.9 mm×20 mm、0.9 mm×25 mm,前者指针管外径,后者指针头长度。使用时可据动物大小、注射要求和使用目的灵活选用。

能力测验

一、名词解释

消毒　免疫接种　疫苗　微生态制剂　休药期

二、单选题

1. 空气消毒的方法(　　)。

A. 通风换气　　B. 紫外线照射　　C. 消毒药喷雾或熏蒸　　D. 以上均是

2. 配制75%的乙醇溶液1000 mL,需用100%乙醇(　　)mL。

A. 700　　B. 750　　C. 800　　D. 900

3. 下列消毒药品中,对芽孢有效的是(　　)。

A. 生石灰　　B. 乙醇　　C. 5%氢氧化钠　　D. 来苏尔

4. 灭活疫苗及类毒素应保存在(　　)的环境中以防止冻结。

A. 2~8 ℃　　B. −15 ℃以下　　C. −196 ℃液氮　　D. −15 ℃

5. 青霉素与(　　)联合应用可起到协同作用增强疗效。

A. 链霉素　　B. 红霉素　　C. 土霉素　　D. 氟苯尼考

6. 下列(　　)属于氯制剂。

A. 漂白粉　　B. 三氯异氰尿酸钠　　C. 次氯酸钠　　D. 以上均是

7. 冻干疫苗的稀释，不能直接用(　　)。

A. 蒸馏水　　B. 含氯自来水　　C. 冷开水　　D. 生理盐水

8. 鸡新城疫Ⅳ系苗(每瓶 500 羽)，2 周龄雏鸡饮水免疫(免疫剂量加倍)，每只鸡饮用 10 mL/瓶需蒸馏水(　　)mL。

A. 25　　B. 250　　C. 2 500　　D. 5 000

9. 鸡新城疫油乳剂灭活苗(50 羽/瓶，10 mL)，每只鸡皮下注射(　　)mL。

A. 0.1　　B. 0.2　　C. 0.3　　D. 0.4

10. 下列(　　)是食品动物禁用的兽药。

A. 盐酸克仑特罗　　B. 痢特灵　　C. 氯霉素　　D. 三者都是

三、判断题

1. 生物热消毒法可杀死病毒、寄生虫卵和细菌芽孢。(　　)

2. 恩诺沙星是动物专用抗菌药。(　　)

3. 群体动物混饲给药通常以每吨饲料计算用药量。(　　)

4. 高免血清或卵黄抗体常用来紧急预防或治疗。(　　)

5. 微生态制剂只能口服，严禁注射。(　　)

6. 药物的剂量通常指用药量。(　　)

7. 猪的产房不可用福尔马林熏蒸消毒。(　　)

8. 伊维菌素对虾、鱼及水生生物有剧毒，残存药物的包装品切勿污染水源。(　　)

9. 橡胶制品不能煮沸消毒。(　　)

10. 福尔马林即 36%～40%的甲醛水溶液。(　　)

11. 用过的疫苗空瓶应先消毒再深埋。(　　)

四、小论坛(各抒己见、相互评价、集思广益)

1. 预防禽流感有哪些疫苗？如何使用？

2. 为禽流感、口蹄疫、猪蓝耳病、猪瘟、布鲁氏菌病选择合适的消毒剂。

3. 从 2006 年 1 月 1 日起，我国所有兽药生产企业开始实施兽药 GMP，逐步淘汰非 GMP 企业。兽药 GMP 是什么意思？

4. 怎样给猪接种猪瘟兔化弱毒疫苗？

五、算一算

注射用青霉素钠，规格：0.24 g(40 万 IU)，治疗猪(体重 40 kg)链球菌病。肌内注射，1 次量，猪每千克体重 3 万 IU，每天 2 次，连用 2～3 d。请计算 1 次用药量。

项目三　动物检疫基础

项目目标

1.知识　掌握全国动物检疫对象，动物检疫出证和检疫处理；了解动物检疫的范围、分类及进境动物检疫对象。

2.德育　熟悉动物检疫的法律法规，具有认真负责的工作态度。

知识准备

任务一　动物检疫的范围、对象、分类

一、动物检疫的范围

动物检疫的范围是指动物检疫的责任界限。按照动物检疫实物的类别，动物检疫的范围有两种情况。

1.国内动物检疫的范围

国内动物检疫的范围包括动物和动物产品。动物是指家畜、家禽和人工饲养、合法捕获的其他动物。家畜包括猪、牛、羊、马、驴、骡、骆驼、鹿、兔、犬等；家禽包括鸡、鸭、鹅、鸽等；人工饲养、合法捕获的其他动物指各种实验动物、观赏动物、演艺动物、伴侣动物、水生动物和人工驯养繁殖、捕获的野生动物。动物产品，是指供人食用、饲料用、药用、农用或工业用的动物源性产品。如动物的肉、生皮、原毛、绒、脏器、脂、血液、精液、卵、胚胎、骨、蹄、头、角、筋以及可能传播动物疫病的奶、蛋等。

2.进出境动物检疫的范围

进出境动物检疫的范围包括动物、动物产品和其他检疫物，装载动物、动物产品和其他检疫物的装载容器、包装物、铺垫材料以及来自动物疫区的运输工具。动物是指饲养、野生的活动物，如畜、禽、兽、蛇、龟、虾、蟹、贝、蚕、蜂等。动物产品是指来源于动物未经加工或经加工但仍有可能传播疫病的产品，如生皮张、毛类、肉类、脏器、油脂、动物水产品、奶制品、蛋类、血液、精液、胚胎、骨、蹄、角等。其他检疫物是指动物疫苗、血清、诊断液、动物性废弃物等。

二、动物检疫的对象

专家寄语

确定动物检疫对象的依据

动物检疫对象是指动物检疫中政府规定的动物疫病。动物检疫并不是把所有的动物疫病都作为检疫对象,而是根据国内外疫情动态、对养殖业生产和人体健康的危害程度及疫病净化等需要来确定。列入名录的疫病,一是人兽共患病,二是危害性大而目前预防控制困难的动物疫病,三是急性烈性动物传染病,四是我国尚未发现的动物疫病。

在我国,动物检疫对象是动态变化的。全国动物检疫对象由国务院农业农村主管部门制定并公布,各省(自治区、直辖市)的兽医主管部门可从本地区实际出发,根据国家规定的检疫对象适当增减,制定本地区的动物检疫对象。进出境动物的检疫对象由农业农村部和海关总署组织规定、联合公布,贸易双方国家签订的有关协定或贸易合同中也可以规定某种动物疫病为检疫对象。

(一)一、二、三类动物疫病病种名录

农业农村部公告第573号公布一、二、三类动物疫病病种名录,共174种。

1.一类动物疫病(11种)

口蹄疫、猪水疱病、非洲猪瘟、尼帕病毒性脑炎、非洲马瘟、牛海绵状脑病、牛瘟、牛传染性胸膜肺炎、痒病、小反刍兽疫、高致病性禽流感。

2.二类动物疫病(37种)

(1)多种动物共患病(7种)。狂犬病、布鲁氏菌病、炭疽、蓝舌病、日本脑炎、棘球蚴病、日本血吸虫病。

(2)牛病(3种)。牛结节性皮肤病、牛传染性鼻气管炎(传染性脓疱外阴阴道炎)、牛结核病。

(3)绵羊和山羊病(2种)。绵羊痘和山羊痘、山羊传染性胸膜肺炎。

(4)马病(2种)。马传染性贫血、马鼻疽。

(5)猪病(3种)。猪瘟、猪繁殖与呼吸综合征、猪流行性腹泻。

(6)禽病(3种)。新城疫、鸭瘟、小鹅瘟。

(7)兔病(1种)。兔出血症。

(8)蜜蜂病(2种)。美洲蜜蜂幼虫腐臭病、欧洲蜜蜂幼虫腐臭病。

(9)鱼类病(11种)。鲤春病毒血症、草鱼出血病、传染性脾肾坏死病、锦鲤疱疹病毒病、刺激隐核虫病、淡水鱼细菌性败血症、病毒性神经坏死病、传染性造血器官坏死病、流行性溃疡综合征、鲫造血器官坏死病、鲤浮肿病。

(10)甲壳类病(3种)。白斑综合征、十足目虹彩病毒病、虾肝肠胞虫病。

3.三类动物疫病(126种)

(1)多种动物共患病(25种)。伪狂犬病、轮状病毒感染、产气荚膜梭菌病、大肠杆菌病、巴氏杆菌病、沙门氏菌病、李斯特菌病、链球菌病、溶血性曼氏杆菌病、副结核病、类鼻疽、支原体

病、衣原体病、附红细胞体病、Q 热、钩端螺旋体病、东毕吸虫病、华支睾吸虫病、囊尾蚴病、片形吸虫病、旋毛虫病、血矛线虫病、弓形虫病、伊氏锥虫病、隐孢子虫病。

(2)牛病(10 种)。牛病毒性腹泻、牛恶性卡他热、地方流行性牛白血病、牛流行热、牛冠状病毒感染、牛赤羽病、牛生殖道弯曲杆菌病、毛滴虫病、牛梨形虫病、牛无浆体病。

(3)绵羊和山羊病(7 种)。山羊关节炎/脑炎、梅迪-维斯纳病、绵羊肺腺瘤病、羊传染性脓疱皮炎、干酪性淋巴结炎、羊梨形虫病、羊无浆体病。

(4)马病(8 种)。马流行性淋巴管炎、马流感、马腺疫、马鼻肺炎、马病毒性动脉炎、马传染性子宫炎、马媾疫、马梨形虫病。

(5)猪病(13 种)。猪细小病毒感染、猪丹毒、猪传染性胸膜肺炎、猪波氏菌病、猪圆环病毒病、格拉瑟病、猪传染性胃肠炎、猪流感、猪丁型冠状病毒感染、猪塞内卡病毒感染、仔猪红痢、猪痢疾、猪增生性肠病。

(6)禽病(21 种)。禽传染性喉气管炎、禽传染性支气管炎、禽白血病、传染性法氏囊病、马立克病、禽痘、鸭病毒性肝炎、鸭浆膜炎、鸡球虫病、低致病性禽流感、禽网状内皮组织增殖病、鸡病毒性关节炎、禽传染性脑脊髓炎、鸡传染性鼻炎、禽坦布苏病毒感染、禽腺病毒感染、鸡传染性贫血、禽偏肺病毒感染、鸡红螨病、鸡坏死性肠炎、鸭呼肠孤病毒感染。

(7)兔病(2 种)。兔波氏菌病、兔球虫病。

(8)蚕、蜂病(8 种)。蚕多角体病、蚕白僵病、蚕微粒子病、蜂螨病、瓦螨病、亮热厉螨病、蜜蜂孢子虫病、白垩病。

(9)犬猫等动物病(10 种)。水貂阿留申病、水貂病毒性肠炎、犬瘟热、犬细小病毒病、犬传染性肝炎、猫泛白细胞减少症、猫嵌杯病毒感染、猫传染性腹膜炎、犬巴贝斯虫病、利什曼原虫病。

(10)鱼类病(11 种)。真鲷虹彩病毒病、传染性胰脏坏死病、牙鲆弹状病毒病、鱼爱德华氏菌病、链球菌病、细菌性肾病、杀鲑气单胞菌病、小瓜虫病、粘孢子虫病、三代虫病、指环虫病。

(11)甲壳类病(5 种)。黄头病、桃拉综合征、传染性皮下和造血组织坏死病、急性肝胰腺坏死病、河蟹螺原体病。

(12)贝类病(3 种)。鲍疱疹病毒病、奥尔森派琴虫病、牡蛎疱疹病毒病。

(13)两栖与爬行类病(3 种)。两栖类蛙虹彩病毒病、鳖腮腺炎病、蛙脑膜炎败血症。

(二)进境动物检疫疫病名录

农业农村部会、海关总署联合公告第 256 号公布进境动物检疫疫病名录,共 211 种。

1.一类传染病、寄生虫病(16 种)

口蹄疫、猪水疱病、猪瘟、非洲猪瘟、尼帕病、非洲马瘟、牛传染性胸膜肺炎、牛海绵状脑病、牛结节性皮肤病、痒病、蓝舌病、小反刍兽疫、绵羊痘和山羊痘、高致病性禽流感、新城疫、埃博拉出血热。

2.二类传染病、寄生虫病(154 种)

(1)共患病(29 种)。狂犬病、布鲁氏菌病、炭疽、伪狂犬病、魏氏梭菌感染、副结核病、弓形虫病、棘球蚴病、钩端螺旋体病、施马伦贝格病、梨形虫病、日本脑炎、旋毛虫病、土拉杆菌病、水泡性口炎、西尼罗热、裂谷热、结核病、新大陆螺旋蝇蛆病(嗜人锥蝇)、旧大陆螺旋蝇蛆病(倍赞氏金蝇)、Q 热、克里米亚刚果出血热、伊氏锥虫感染(包括苏拉病)、利什曼原虫病、巴氏杆菌病、心水病、类鼻疽、流行性出血病感染、小肠结肠炎耶尔森菌病。

(2)牛病(11 种)。牛传染性鼻气管炎/传染性脓疱性阴户阴道炎、牛恶性卡他热、牛白血病、牛无浆体病、牛生殖道弯曲杆菌病、牛病毒性腹泻/黏膜病、赤羽病、牛皮蝇蛆病、牛巴贝斯虫病、出血性败血症、泰勒虫病。

(3)马病(11 种)。马传染性贫血、马流行性淋巴管炎、马鼻疽、马病毒性动脉炎、委内瑞拉马脑脊髓炎、马脑脊髓炎(东部和西部)、马传染性子宫炎、亨德拉病、马腺疫、溃疡性淋巴管炎、马疱疹病毒-1 型感染。

(4)猪病(16 种)。猪繁殖与呼吸道综合征、猪细小病毒感染、猪丹毒、猪链球菌病、猪萎缩性鼻炎、猪支原体肺炎、猪圆环病毒感染、革拉泽氏病(副猪嗜血杆菌)、猪流行性感冒、猪传染性胃肠炎、猪铁士古病毒性脑脊髓炎(原称猪肠病毒脑脊髓炎、捷申或塔尔凡病)、猪密螺旋体痢疾、猪传染性胸膜肺炎、猪带绦虫感染/猪囊虫病、塞内卡病毒病、猪 δ 冠状病毒(德尔塔冠状病毒)。

(5)禽病(21 种)。鸭病毒性肠炎(鸭瘟)、鸡传染性喉气管炎、鸡传染性支气管炎、传染性法氏囊病、马立克病、鸡产蛋下降综合征、禽白血病、禽痘、鸭病毒性肝炎、鹅细小病毒感染(小鹅瘟)、鸡白痢、禽伤寒、禽支原体病(鸡败血支原体、滑液囊支原体)、低致病性禽流感、禽网状内皮组织增殖症、禽衣原体病(鹦鹉热)、鸡病毒性关节炎、禽螺旋体病、住白细胞原虫病(急性白冠病)、禽副伤寒、火鸡鼻气管炎(禽偏肺病毒感染)。

(6)羊病(4 种)。山羊关节炎/脑炎、梅迪-维斯纳病、边界病、羊传染性脓疱皮炎。

(7)水生动物病(43 种)。鲤春病毒血症、流行性造血器官坏死病、传染性造血器官坏死病、病毒性出血性败血症、流行性溃疡综合征、鲑鱼三代虫感染、真鲷虹彩病毒病、锦鲤疱疹病毒病、鲑传染性贫血、病毒性神经坏死病、斑点叉尾鮰病毒病、鲍疱疹样病毒感染、牡蛎包拉米虫感染、杀蛎包拉米虫感染、折光马尔太虫感染、奥尔森派琴虫感染、海水派琴虫感染、加州立克次体感染、白斑综合征、传染性皮下和造血器官坏死病、传染性肌肉坏死病、桃拉综合征、罗氏沼虾白尾病、黄头病、螯虾瘟、箭毒蛙壶菌感染、蛙病毒感染、异尖线虫病、坏死性肝胰腺炎、传染性脾肾坏死病、刺激隐核虫病、淡水鱼细菌性败血症、鮰类肠败血症、迟缓爱德华氏菌病、鱼链球菌病、蛙脑膜炎败血金黄杆菌病、鲑鱼甲病毒感染、蝾螈壶菌感染、鲤浮肿病毒病、罗非鱼湖病毒病、细菌性肾病、急性肝胰腺坏死、十足目虹彩病毒 1 感染。

(8)蜂病(6 种)。蜜蜂盾螨病、美洲蜂幼虫腐臭病、欧洲蜂幼虫腐臭病、蜜蜂瓦螨病、蜂房小甲虫病(蜂窝甲虫)、蜜蜂亮热厉螨病。

(9)其他动物病(13 种)。鹿慢性消耗性疾病、兔黏液瘤病、兔出血症、猴痘、猴疱疹病毒Ⅰ型(B 病毒)感染症、猴病毒性免疫缺陷综合征、马尔堡出血热、犬瘟热、犬传染性肝炎、犬细小病毒感染、水貂阿留申病、水貂病毒性肠炎、猫泛白细胞减少症(猫传染性肠炎)。

3.其他传染病、寄生虫病(41 种)

(1)共患病(9 种)。大肠杆菌病、李斯特菌病、放线菌病、肝片吸虫病、丝虫病、附红细胞体病、葡萄球菌病、血吸虫病、疥癣。

(2)牛病(5 种)。牛流行热、毛滴虫病、中山病、茨城病、嗜皮菌病。

(3)马病(3 种)。马流行性感冒、马媾疫、马副伤寒(马流产沙门氏菌)。

(4)猪病(2 种)。猪副伤寒、猪流行性腹泻。

(5)禽病(5 种)。禽传染性脑脊髓炎、传染性鼻炎、禽肾炎、鸡球虫病、鸭疫里默氏杆菌感染(鸭浆膜炎)。

(6)绵羊和山羊病(7 种)。羊肺腺瘤病、干酪性淋巴结炎、绵羊地方性流产(绵羊衣原体病)、传染性无乳症、山羊传染性胸膜肺炎、羊沙门氏菌病(流产沙门氏菌)、内罗毕羊病。

(7)蜂病(2种)。蜜蜂孢子虫病、蜜蜂白垩病。

(8)其他动物病(8种)。兔球虫病、骆驼痘、家蚕微粒子病、蚕白僵病、淋巴细胞性脉络丛脑膜炎、鼠痘、鼠仙台病毒感染症、小鼠肝炎。

三、动物检疫的分类

根据《中华人民共和国动物防疫法》《中华人民共和国进出境动植物检疫法》等规定,我国动物检疫分为国内检疫和国境检疫两大类,见图3-1。

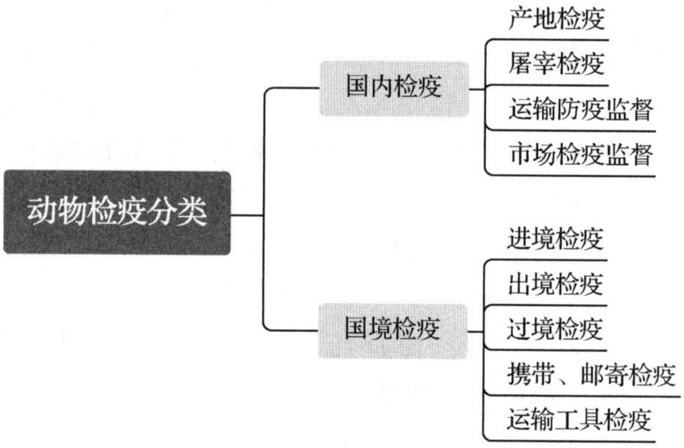

图3-1 动物检疫的分类

1. 国内检疫

对国内动物及动物产品进行的检疫称国内检疫,简称内检,由农业农村部主管。县级以上地方人民政府设立的动物卫生监督机构,负责动物、动物产品的检疫和其他有关动物防疫的监督管理执法工作,如运输防疫监督和市场防疫监督。军队和武装警察部队及动物卫生监督职能部门分别负责军队和武装警察部队现役动物及饲养自用动物的防疫工作。

2. 国境检疫

对出入国境的动物及动物产品进行的检疫称国境检疫,又称进出境检疫或口岸检疫,简称外检。其目的是保护国家不受外来动物疫病的侵袭和防止国内动物疫病的传出。国境检疫由海关总署主管,在对外开放的口岸和进出境动物检疫业务集中的地点设进出境检验检疫机构,实施进出境动植物检疫。

任务二 动物检疫的方式、方法

一、动物检疫的方式

1. 现场检疫

现场检疫是官方兽医在动物集中的现场进行的检疫工作。它是内检、外检中常用的方式,如产地到场入户检疫,进境口岸登机、登轮检疫等。

现场检疫的内容是验证查物和三观一检。

(1)验证查物。验证即查验检疫证明、检疫标志和畜禽标识。产地检疫时还要查《动物防疫条件合格证》和养殖档案、免疫档案。省内或跨省调运乳用、种用动物的,还应查验《种畜禽生产经营许可证》。进出境动物、动物产品还要看贸易单据、合同及其他有关证明。查物就是核对被检动物的种类、品种、数量等,必须做到证物相符。

(2)三观一检。三观是指临诊检疫中对群体动物静态、动态和饮食状态的观察,一检是指个体检疫。这是动物检疫中常用的方法,即通过"三观"发现可疑病态动物,再对可疑病态动物进行个体检疫,以确定动物是否健康。

2. 实验检疫

实验检疫是在实验室进行的检疫工作。实验检疫针对的是送检病料,其检疫结果是对动物疫病定性的主要依据。

实验检疫的内容包括病料接诊、处理病料、实验检查和结果报告。

3. 隔离检疫

隔离检疫是指动物在一定条件下的隔离场内进行的检疫,包括临诊检查和实验检查。主要用于进出境动物、种畜禽调运前后的检疫;现场检疫发现的可疑染疫动物的检疫或建立健康畜群时的检疫。进境动物往往是在指定的隔离场内,在正常饲养管理条件下进行经常性的临诊检查,同时按照有关法规、贸易合同或两国政府签订的条款进行规定项目的实验室检查。

二、动物检疫的方法

1. 现场检疫方法

是指简单方便、能够在检疫现场应用的方法,主要有疫情调查、临诊检查和病理剖检,这是产地检疫和屠宰检疫工作中常用的方法。目前,金标层析快速检测技术也在现场检疫中广泛应用,使猪瘟、禽流感、猪蓝耳病等许多疫病能在现场快速测其抗原或抗体,结果判定形象直观。

2. 实验检疫方法

是指利用各种实验手段和设备对送检病料进行检查定性,主要有病原学检查、核酸检测、免疫学检查及病理组织学检查等。实验检疫用于患病动物临诊症状及病变不典型,现场检疫不能确诊或某些法定传染病必须通过实验检查时采用。

以上方法各有优缺点,检疫中应据检疫要求和实际条件恰当选择,以得到准确的检疫结果。

任务三　动物检疫结果

动物检疫结果有合格与不合格两种情况。对合格动物、动物产品出证放行;对不合格动物、动物产品依法采取强制性处理措施,以达到防疫要求。

一、动物检疫出证

1. 国内检疫出证

经检疫确定为无检疫对象的动物、动物产品属于合格的动物、动物产品。合格的动物、动物产品由官方兽医出具检疫证明，动物产品同时加盖检疫标志。动物、动物产品凭检疫证明、检疫标志进入流通环节。

特别关注

动物检疫证明

我国目前使用的动物检疫证明是农业部于2010年11月制定的，包括《动物检疫合格证明》(动物A)、《动物检疫合格证明》(动物B)、《动物检疫合格证明》(产品A)和《动物检疫合格证明》(产品B)四种。A证适用于跨省境出售或运输动物、动物产品；B证限省境内使用。

目前使用的检疫标志分为检疫滚筒印章(用在带皮猪肉上)和检疫粘贴标志(用在动物产品包装箱和包装袋上)。检疫证明和检疫标志式样详见项目六。

2. 国境检疫出证

出境动物经检疫合格，由出入境检验检疫机关出具《动物卫生证书》；出境动物产品经检疫合格，出具《兽医卫生证书》。

输入动物、动物产品和其他检疫物，经检疫合格的，由出入境检验检疫机关签发单证或在报关单上加盖印章，准予入境。经现场检疫未发现异常，需调离海关监管区进行隔离检疫的，由出入境检验检疫机关签发《检疫调离通知单》，运至动物隔离场进行隔离检疫。

二、动物检疫处理

(一)国内检疫处理

1. 不合格动物、动物产品的处理

经检疫确定患有检疫对象的动物、疑似患病动物及染疫动物产品为不合格动物、动物产品。对不合格动物、动物产品，官方兽医出具《检疫处理通知单》，货主在动物卫生监督机构的监督下按照有关规定进行无害化处理，处理费用由货主承担。

2. 对依法应当检疫而未经检疫的动物、动物产品的处理

对动物进行补检，补检合格的出具检疫证明，不合格的按规定处理。对具备补检条件的动物产品实施检疫，检疫合格的出具检疫证明，不合格的按规定处理；不具备补检条件的予以没收销毁。

依法应当检疫而未经检疫的行为是违法行为，对违法行为人应当实施行政处罚。

3. 各类动物疫病的检疫处理

(1)一类动物疫病的处理。所在地县级以上地方人民政府农业农村主管部门应当立即派人到现场，划定疫点、疫区、受威胁区，调查疫源，及时报请本级人民政府对疫区实行封锁。疫区范围涉及两个以上行政区域的，由有关行政区域共同的上一级人民政府对疫区实行封锁，或者由各有关行政区域的上一级人民政府共同对疫区实行封锁。必要时，上级人民政府可以责成下级人民政府对疫区实行封锁；县级以上地方人民政府应当立即组织有关部门和单位采取封锁、隔离、扑杀、销毁、消毒、无害化处理、紧急免疫接种等强制性措施；在封锁期间，禁止染疫、疑似染疫和易感染的动物、动物产品流出疫区，禁止非疫区的易感染动物进入疫区，并根据

需要对出入疫区的人员、运输工具及有关物品采取消毒和其他限制性措施。

(2)二类动物疫病的处理。所在地县级以上地方人民政府农业农村主管部门应当划定疫点、疫区、受威胁区；县级以上地方人民政府根据需要组织有关部门和单位采取隔离、扑杀、销毁、消毒、无害化处理、紧急免疫接种、限制易感染的动物和动物产品及有关物品出入等措施。

(3)三类动物疫病的处理。所在地县级、乡级人民政府应当按照国务院农业农村主管部门的规定组织防治。

(4)二、三类疫病呈暴发性流行时，按一类动物疫病处理。

(5)人兽共患病的处理。卫生健康主管部门应当组织对疫区易感人群进行监测，并采取相应的预防、控制措施。

(二)国境检疫处理

1. 出境检疫处理

出境动物、动物产品和其他检疫物，经检疫不合格的，不准出境。

2. 进境检疫处理

输入动物经检疫不合格的由口岸动植物检疫机关签发《检疫处理通知单》，通知货主或其代理人做如下处理。

(1)一类动物疫病。患病动物及其同群动物全群退回或全群扑杀，并销毁尸体。

(2)二类动物疫病。退回或扑杀该患病动物，同群其他动物在隔离场或其他指定地点隔离观察。

输入动物产品和其他检疫物经检疫不合格的由口岸动植物检疫机关签发《检疫处理通知单》，通知货主或其代理人做除害、退回或销毁处理。经除害处理合格的，准予入境。

知识链接

世界动物卫生组织疫病名录

陆生动物疫病名录

(1)多种动物疫病、感染和侵染病(23种)。炭疽、克里米亚刚果出血热、(东部)马脑脊髓炎、心水病、伪狂犬病病毒感染、蓝舌病、(流产、马耳他、猪)布鲁氏杆菌感染、细粒棘球蚴感染、多房棘球蚴感染、流行性出血病、口蹄疫病毒感染、狂犬病病毒感染、裂谷热病毒感染、牛瘟病毒感染、旋毛虫感染、日本脑炎、新大陆螺旋蝇蛆病、旧大陆螺旋蝇蛆病、副结核病、Q热、苏拉病(伊氏锥虫病)、土拉菌病、西尼罗热。

(2)牛疫病和感染(14种)。牛无浆体病、牛巴贝氏虫病、牛生殖道弯曲菌病、牛海绵状脑病、牛结核病、牛病毒性腹泻、地方流行性牛白血病、出血性败血症、丝状支原体丝状亚种SC感染(牛传染性胸膜肺炎)、牛传染性鼻气管炎/传染性脓疱外阴阴道炎、疙瘩皮肤病、泰勒氏虫病、滴虫病、伊氏锥虫病(采采蝇传播)。

(3)绵阳、山羊疫病和感染(11种)。山羊关节炎/脑炎、传染性无乳症、山羊传染性胸膜肺炎、流产型衣原体感染(母羊地方性流产)、小反刍兽疫病毒感染、梅迪-维斯那病、内罗毕羊病、绵羊附睾炎(绵羊布鲁氏菌)、沙门氏菌病(流产沙门氏菌)、痒病、绵羊痘和山羊痘。

(4)马疫病和感染(11种)。马传染性子宫炎、马媾疫、马脑脊髓炎(西部)、马传染性贫血、马流感、马梨形虫病、马鼻疽、非洲马瘟病毒感染、马疱疹病毒1型感染、马动脉炎病毒感染、委内瑞拉马脑脊髓炎。

(5)猪疫病和感染(6种)。非洲猪瘟、古典猪瘟病毒感染、猪繁殖与呼吸综合征、猪带绦虫病(猪囊虫病)、尼帕病毒性脑炎、传染性胃肠炎。

(6)禽疫病和感染(13种)。禽衣原体病、禽传染性支气管炎、禽传染性喉气管炎、禽支原体病(鸡败血支原体)、禽支原体病(滑液囊支原体)、鸭病毒性肝炎、禽伤寒、禽流感病毒感染、鸟类(包括野生鸟类)高致病性A型流感病毒感染、新城疫病毒感染、传染性法氏囊病(甘布罗病)、鸡白痢、火鸡鼻气管炎。

(7)兔疫病和感染(2种)。黏液瘤病、兔病毒性出血症。

(8)蜜蜂疫病、感染和侵染(6种)。蜜蜂蜂房蜜蜂球菌感染(欧洲蜜蜂幼虫腐臭病)、蜜蜂幼虫芽孢杆菌感染(美洲蜜蜂幼虫腐臭病)、蜜蜂武氏螨侵染、蜜蜂热厉螨属侵染、蜜蜂瓦螨属侵染、小蜂窝甲虫侵染。

(9)其他疫病和感染(2种)。骆驼痘、利什曼病。

水生动物疫病名录

(1)鱼疫病、感染(10种)。丝囊霉菌感染(流行性溃疡综合征)、流行性造血器官坏死病病毒感染、鲑鱼三代虫感染、HPR缺失型或HPRO型鲑鱼传染性贫血症病毒感染、鲑鱼甲病毒感染、传染性造血器官坏死病、锦鲤疱疹病毒感染、真鲷虹彩病毒感染、鲤春病毒血症病毒感染、病毒性出血性败血病病毒感染。

(2)软体动物疫病、感染(7种)。鲍鱼疱疹样病毒感染、包拉米虫原虫感染、牡蛎包拉米虫感染、折光马尔太虫感染、海水派琴虫感染、奥尔森派琴虫感染、加州立克次氏体感染。

(3)甲壳类动物疫病、感染(9种)。急性肝胰腺坏死病、变形藻丝囊霉菌感染(螯虾瘟)、对虾肝炎杆菌感染(坏死性肝胰腺炎)、传染性皮下及造血组织坏死病毒感染、传染性肌肉坏死病毒感染、罗氏沼虾田村病毒感染(白尾病)、桃拉综合征病毒感染、白斑综合征病毒感染、黄头病毒感染。

(4)两栖动物疫病、感染(3种)。箭毒蛙壶菌感染、沙蜥壶菌感染、蛙病毒感染。

检疫员信箱

读者:对依法应当检疫而未经检疫的动物产品,具备补检条件的实施检疫,其中的补检条件指什么?

检疫员:此处的补检条件与动物产品产地检疫时的出证条件相同。

读者:牛瘟是不是已彻底消灭?

检疫员:联合国粮食及农业组织(FAO)于2010年10月14日在罗马的全球消灭牛瘟研讨会上自豪地宣布:地球上的牛瘟已完全绝迹!我国早在1956年就消灭了牛瘟。

我国国内动物检疫对象修订情况见表 3-1。

表 3-1　国内动物检疫对象修订情况

日期	病种	其中一类疫病	发布文件
1985.8.7	三类 48 种	10 种	农牧渔业部公告第 93 号
1992.4.8	三类 51 种	9 种	农业部令第 10 号
1999.2.12	三类 116 种	14 种	农业部公告第 96 号
2008.12.22	三类 157 种	17 种	农业部公告第 1 125 号
2022.6.23	三类 174 种	11 种	农业农村部公告第 573 号

能力测验

一、单选题

1. 目前我国政府规定检查的动物疫病有(　　)。

A. 三类 174 种　B. 三类 51 种　C. 三类 116 种　D. 三类 157 种

2. 一类疫病的第一个病是(　　)。

A. 高致病性禽流感　B. 口蹄疫　C. 小反刍兽疫　D. 高致病性猪蓝耳病

3. 国内动物检疫对象是由(　　)规定和公布。

A. 商务部　B. 国家市场监督管理总局

C. 卫健委　D. 农业农村部

4. 我国动物检疫分为(　　)。

A. 国内检疫和国境检疫　B. 动物检疫和动物产品检疫

C. 产地检疫和屠宰检疫　D. 市场检疫和运输检疫

5. 人民解放军饲养自用动物，其检疫应由(　　)施行。

A. 军队动物卫生监督机构　B. 当地卫生防疫站

C. 当地动物卫生监督机构　D. 工商行政管理部门

二、判断题

1. 动物检疫的结果分为阳性和阴性两种。　(　　)
2. 参加展览、演出和比赛的动物，不必附有检疫证明。　(　　)
3. 国内检疫对象中，一类疫病都是病毒性传染病。　(　　)
4. 动物检疫对象是指所有的动物疫病。　(　　)
5. 官方兽医具体实施动物、动物产品检疫并对检疫结果负责。　(　　)
6. 国内动物检疫的范围主要是动物和动物产品。　(　　)
7. 我国目前使用的动物检疫合格证明共有 4 种。　(　　)

三、小论坛(各抒己见、相互评价、集思广益)

1. 你知道的管理动物检疫的法律、法规有哪些？请列出具体名称。
2. 国内动物检疫对象先后经过 4 次修订，多次修订说明什么？

项目四　动物检疫技术

项目目标

1. 知识　掌握动物群体检疫、个体检疫的基本方法；掌握病料采集和保存的方法；掌握细菌性传染病和寄生虫病实验室检查的基本方法。

2. 技能　能对动物进行临诊检查；会采集、保持和运送病料，会制备血清，会配制磷酸盐缓冲液；能进行畜禽尸体剖检；能通过光学显微镜观察细菌。

3. 德育　工作中善于沟通合作；不粗暴对待动物；检疫操作规范。

知识准备

任务一　流行病学调查

流行病学调查(俗称疫情调查)，是对动物群体中疫病发生和流行的情况以及有关因素进行调查了解。其主要目的是监测疫情动态，对突发疫情进行诊断，搞清传染源和传播途径，科学制定防控对策。

一、流行病学调查的分类和内容

(一)日常调查

日常调查是在动物群体未暴发疫情时开展的调查工作，以了解和掌握某区域、某时间内动物疫情动态。这种调查是主动调查，它预先制定调查方案，确定专题和范围。如某地绵羊寄生虫区系分布调查，意在了解绵羊寄生虫感染情况，并证实当地存在的寄生虫虫种，根据调查情况进行预警预报，针对性采取预防措施。日常调查是畜禽保健的重要工作。

日常调查包括普查和抽样调查。

1. 普查

普查又称全面调查，是对某区域或某特定动物群体中全部动物进行的调查。如某奶牛场对正在饲养的全部奶牛，每年春季或秋季进行牛结核病和布氏杆菌病的普查；在多雨年份的秋季对全部奶牛进行肝片吸虫病的检查。

2. 抽样调查

抽样调查，是一种非全面调查，它是从某区域内全部调查研究对象中，按随机原则抽选一部分动物个体或群体(样本)进行调查，并据此对该区域疫情作出估计和推断。通过对部分动物的调查了解，取得反映总体疫情的特征性资料，估计某病发生、发展趋向，以少规多，是经常应用的调查方法。

(二)应急调查(暴发调查)

应急调查又称暴发调查、流行调查，是动物群体突发某种疫病时所开展的调查。这种调查是被动调查，是必须进行的工作。其目的是诊断疫情和查明病因。

应急调查是诊断性调查和病因调查。

应急调查的内容：本次发病情况调查，病史调查，养殖场基本情况调查和环境因素调查。本次发病情况调查是重点，要查明疫病在畜间、时间和空间的分布情况，即调查发病畜群的情况、发生的时间和发生的地区，初步得出诊断意见，提出防控对策。

二、调查方式和方法

1. 询问调查

这是疫情调查中简单却重要的方法。检疫人员用通俗易懂的语言与畜主、饲养管理人员及其他知情人员进行沟通，以了解畜禽发病经过、病史及平时的饲养管理、卫生防疫、动物生产性能等内容，从中获得诊断线索。在询问调查过程中，注意尊重客观事实，避免主观诱导。最后，将收集到的材料记入调查表，以备进一步整理、分析与判断。

2. 现场观察

在询问调查的基础上，检疫人员亲临现场，根据可能的疫病倾向，有重点地实地检查，进一步验证和补充询问调查所获得的有限资料。例如在疑似有胃肠道等消化系统疾病时，应该侧重注意观察饲料品质、水源卫生、粪便性状和尸体处理等相关情况；疑似有呼吸系统疾病时，则可以侧重观察圈舍环境卫生、饲养密度、通风换气等相关情况。

3. 查验有关资料

查验养殖档案、用药记录、畜禽标识等，注意免疫接种是否在有效期内，同时注意资料的真伪。

4. 实验室检查

实验室检查是确诊的依据。通过实验室检查，发现传染源、证实传播途径、测定动物群体免疫水平和查找有关病因因素。常用的方法有病原学、血清学、变态反应检查及病理剖检。为了解外界环境因素在疫病传播中的作用，可以对有污染嫌疑的各种材料(如饮水、饲料、土壤、畜产品、昆虫或野生动物)进行病原学和理化学检查，以确定可能的传播媒介或传染来源。

5. 生物统计学调查

在疫情调查时可以应用生物统计学的方法，统计、整理和分析收集到的各种数据，如发病数、死亡数、屠宰量及预防接种头数等，进一步比较，总结出特征性的信息，以便得出相应的结论。

三、流行病学调查常用的数、率、比

(一)数、率、比的概念

1. 数

数即数量，指绝对数。在疫情调查过程中，常用一些具体数据来描述疫情现状，如存栏动物数、动物发病数、死亡数、阳性动物数。

2.率

率指一定时间、范围及其群体内，事件发生的频率，如发病率、致死率等，常用百分率表示。

3.比

比表示事件发生过程中，两个变数之间的对比，常用倍数或百分数表示，与率不同的是分母不包括分子。比与率不能混同使用。

(二)常用的率、比

1.发病率

发病率表示一定动物群体在一定时期内，某病新病例发生的频率。

发病率＝某病发病动物数/同期同群动物总数×100％

2.感染率

感染率是指用临床检查法和各种实验室检验法(如微生物学、血清学、变态反应)检查出来的所有感染动物数(包括隐性感染)占被检查动物总数的百分率。调查统计感染率能客观反映动物群体被病原体污染的情况，特别是在发生某些慢性疫病(如结核病、鸡白痢、布鲁氏菌病等)时，做感染率的调查、统计对疫病净化有实际意义。

感染率＝感染某病的动物数/被检查动物总数×100％

3.患病率

患病率是在某时期、某动物群内，患某病的动物数占同期同群动物总数的百分率。

患病率＝患某病的动物数/同期同群动物总数×100％

患病率与发病率不同，主要区别在于两者的分子，发病率的分子包括某病新病例正在发病数、已经死亡数及痊愈数。患病率的分子只含正在发病数，不包括已经死亡数及痊愈数。

4.死亡率

死亡率是指因患某病死亡的动物数占同期同群动物总数的百分率。

死亡率＝患某病死亡的动物数/同期同群动物总数×100％

5.病死率(致死率)

病死率是指患某病死亡的动物数占患该病动物总数的百分率。它能表示某病在临诊上的严重程度，因此能比死亡率更为精确地反映出某疫病的流行过程。

病死率＝患某病死亡的动物数/患该病动物总数×100％

6.发病比

发病比是指某时期、某动物群内，患某病的动物数与患其他病的动物总数之比。

发病比＝患某病的动物数/同期同群患其他病的动物总数

或:发病比＝患某病的动物数/同期同群患其他病的动物总数×100％

7.死亡比

死亡比是指某时期、某动物群内，患某病死亡的动物数与患其他病而死亡的动物总数之比。

死亡比＝患某病死亡的动物数/同期同群患其他病死亡的动物总数

或:死亡比＝患某病死亡的动物数/同期同群患其他病死亡的动物总数×100％

实践操作　疫情调查

【目的要求】

学会制定疫情调查方案；能根据方案开展实地调查。

【材料用品】

1. 检验材料

某地、某畜禽养殖场或养殖专业户。

2. 记录用品

疫情调查记录本，调查表。

【方法步骤】

1. 制定疫情调查方案

(1)确定调查类型，是日常调查还是暴发调查。

(2)明确调查目的和任务。

(3)确定调查对象、范围和时间。

(4)明确调查方式、方法和内容。

(5)明确调查要求。

2. 实地调查

按照疫情调查方案的具体方法和步骤实施调查。

【注意事项】

(1)做好学生组织安排工作，注意安全。

(2)妥善管理采集的病料、记录资料及调查表等。

【实践报告】

制定一套规模化养殖场疫情调查方案。

某养猪场猪瘟疫情暴发调查方案

1. 调查目的

(1)疫情诊断，核实是否为猪瘟。

(2)查明病因，寻找病因线索及危险因素，确定疫病可能扩散的范围。

(3)预测疫病流行趋势，提出控制措施和建议。

2. 调查任务

(1)对所有病猪进行临床调查。

(2)采集病料，送检。

(3)养猪场周边基本情况调查。

3. 调查方法与内容

用询问、现场观察和查看资料等方法了解:本次发病情况;病史;养殖场基本情况;病料采集;环境因素。按要求填表(表 4-1 至表 4-7)。

表 4-1 猪场概况

猪场名称		启用时间	
法人代表		电话	
地址			

表 4-2 调查简要信息

调查原因	□饲养人员/技术员报告发现可疑病例 □监测发现可疑病例		
调查人员姓名		单位	
调查日期			
发现第一例可疑病例日期			
报告日期			

表 4-3 猪存栏及免疫概况

畜种	日龄	存栏数	免疫密度	疫苗来源	最近一次免疫时间
哺乳仔猪					
断乳仔猪					
哺乳母猪					
妊娠母猪					
空怀母猪					
育肥猪					
种公猪					

表 4-4 病史

病名	日期	详细信息

表 4-5　本次发病情况

指标	哺乳仔猪	哺乳母猪	妊娠母猪	空怀母猪	肉用仔猪	种公猪
现存活数						
发病数						
死亡数						
生物安全处理数						

表 4-6　病畜临床表现及剖检病变

□体温升高至 41 ℃以上　□眼结膜潮红、有分泌物　□皮肤有出血点、斑

□便秘与腹泻交替出现　□公猪包皮积液、恶臭。

□颌下淋巴结　□肠系膜淋巴结　□全身其他淋巴结肿大、出血、切面呈大理石样变

□喉头　□咽部黏膜　□膀胱黏膜　□心外膜　□肺　□胃黏膜　□肠浆膜　□肾脏表面等有出血点

□脾脏出血性梗死

□大肠黏膜有扣状肿及溃疡

其他症状：____

过去两年是否有类似症状发病情况：□是□否

根据临床表现及剖检病变分析，您认为是：□猪瘟□猪丹毒□猪肺疫□猪副伤寒□无病。

表 4-7　采样情况

样品类型	数量	采样时间	采样人	保存方法	送往地点	寄送方式
心						
肝						
脾						
肾						
颌下淋巴结						
扁桃体						
其他						

4. 疫情控制

采取隔离、消毒、扑杀病猪等措施。

5. 组织实施调查

方案制定后，结合实际进行调查。

任务二 临诊检疫技术

标准对接 初、中级动物疫病防治员工作内容(国家职业标准)
动物流行病学调查;临诊症状的观察与检查;护理患病动物;动物尸体剖检。

临诊检疫是动物检疫的最基本方法。官方兽医在检疫现场,采用兽医临床诊断方法,利用人的感官或借助简单的器械(听诊器、体温计等)对动物进行视诊、触诊、叩诊、听诊和体温测定。其方法简单易行,适合各种检疫场所。对于一些有特殊临床表现的疫病,如破伤风、鸡痘等,经过临诊检疫,结合疫情调查资料分析,可以得出初步检疫结论。

临诊检疫分为群体检疫和个体检疫。一般遵循先群体检疫,后个体检疫的原则。

一、群体检疫

群体检疫是对待检动物群体进行现场临诊检查。其目的是通过动物群体检查,对整群动物的健康状况作出初步评价,从群体中把患病动物和可疑患病动物挑出,以便进一步进行个体检疫和处理。

(一)群体检疫的组织

群体检疫的"群"是相对的,一般情况下,将同一地区来源的畜群或同一批的动物划为一群;或将同一圈、舍的动物划为一群;小动物如禽、兔、犬等还可按笼、箱、舍(栏)划群;运输动物时,可以按同一车、船、舱的动物划群。

(二)群体检疫的方法和内容

群体检疫以视检为主,对动物的静态、动态、饮食状态进行观察(三观),以掌握动物的动作、外貌、饮食欲及其精神特征。

1. 静态观察

在不惊扰畜群的情况下,对动物安静状态时的表现进行观察。观察动物的立卧姿势、精神状态、营养程度、呼吸动作、反刍状态。注意有无异常立卧姿势、咳嗽、气喘、呻吟、流涎、战栗、孤立一隅等反常现象,从中发现可疑患病动物。

2. 动态观察

对动物活动时的表现进行观察。在静态观察之后,继续观察动物自然活动和驱赶活动。观察动物的起立动作、运动姿势、精神状态、排泄情况、对外界刺激的反应等。注意有无不愿意站立、站立不稳、行动困难、跛行、运步失调、离群掉队、运动后咳嗽、喘气等反常现象。还应注意观察动物排泄物的性状,从中发现可疑患病动物。

3. 饮食状态观察

对动物采食、饮水时的表现进行观察。观察动物的抢食情况、饮食动作、饮食数量、咀嚼和吞咽时的反应等。看有无不食不饮、少食少饮、光饮水不吃食、吞咽困难、呕吐、退槽、异常鸣叫等反常现象，从中发现可疑患病动物。

经上述群体检疫，发现行为异常的动物，标上记号后隔离，留待个体检疫。

信息窗口

电脑帮你排查猪病

目前，国内外许多规模化养猪场都安装有电脑控制的自动给料系统，由电脑控制每头猪的投料种类和投放量。猪在进入只能容纳一头猪的喂料间时，里面的电子感应仪会扫描猪耳朵上的电脑芯片，根据每头猪的数据信息准确地控制投料种类和饲喂量。通常，如果猪生病，食欲和进食量就会明显下降，检疫员或饲养管理人员每天通过查看电脑就能知道每头猪的进食量，以此判断猪的健康状况，若发现问题，及早采取措施，防止疾病发展。

二、个体检疫

个体检疫是对群体检疫中检出的可疑患病动物进行系统的临诊检查，初步判断被检动物是否患病、所患疫病是否为检疫对象。

(一)对个体检疫的要求

群体检疫中，如果没有发现异常动物，也须抽检 5%～20%进行个体检疫。若个体检疫发现患病动物，应从该群动物中再抽检 10%，必要时可全群进行个体检疫。如果被检动物数量较少，可直接进行个体检疫。

个体检疫中，首先确定被检动物是否有病，若确定患病，进一步鉴别所患疾病是检疫对象还是普通病，并尽量确诊为何种疾病。

(二)个体检疫的方法和内容

1.视诊

检疫人员利用肉眼观察动物全身或局部表现的检查方法。视诊主要从以下内容着手。

(1)检查精神状态。健康动物大脑皮层的兴奋与抑制保持动态平衡，表现为精神旺盛、双眼有神、反应灵活、动作协调；一些疾病动物大脑皮层的兴奋与抑制平衡失调，从而表现出精神活动的异常变化。

精神兴奋：有轻度兴奋和重度兴奋。轻度兴奋的动物表现为惊恐不安，呼吸和心跳加快，对轻微的外界刺激产生强烈反应，如刨地挣缰、烦躁不安、嚎叫反抗，多见于脑膜炎等；重度兴奋的动物表现为狂躁不驯，乱冲乱撞，甚至攻击人畜，多见于狂犬病。

精神抑制：轻度抑制表现为沉郁、离群呆立、头低耳耷、闭目缩颈、反应迟钝，常见于各种热性疾病的初期；重度抑制表现为昏迷不醒、倒地躺卧、意识丧失、对外界强烈的刺激无反应，更严重者反射消失、呼吸和心率微弱、瞳孔散大、粪尿失禁，常见于各种热性疾病中后期及中毒性、营养代谢性疾病。

(2)检查被毛与皮肤。

①被毛检查。健康畜禽的被毛(或羽毛，下同)整齐柔顺，洁净有光泽；不健康畜禽被毛不

洁,粗乱无光泽,容易脱落。如患有慢性消耗性疾病(如结核病)或外寄生虫病(如疥癣),被毛粗长、变脆、易脱落。

②皮肤检查。健康畜禽皮肤温湿度、弹性、颜色正常且无其他病变。动物皮肤病变包括皮肤发绀、出血、坏死、痂皮、痘疹、水疱、脱毛等。患有猪丹毒病的猪皮肤出现疹块(图4-1);皮肤出现圆形、方形、菱形有热感的红色疹块,指压褪色,猪腹下、四肢甚至全身有出血斑点,指压不褪色,常见于猪瘟。一些疾病的皮下组织或浅表淋巴结病变,也可通过观察皮肤发现,如马腺疫时下颌淋巴结肿胀。另外,全身皮温增高时,常见于热性疾病;局部皮温增高时,常见于局部炎症。当牛身体散发烂苹果气味时,可能患酮病。

③冠、肉髯检查。健康鸡的冠、肉髯呈红色,表面光滑洁净;呈苍白颜色是贫血的表现;呈蓝紫颜色是败血症的表现,如鸡新城疫和禽霍乱;表面有结痂、豆样突起时,多见于鸡痘(图4-2)或皮肤型马立克病。

图4-1　猪丹毒病猪皮肤疹块

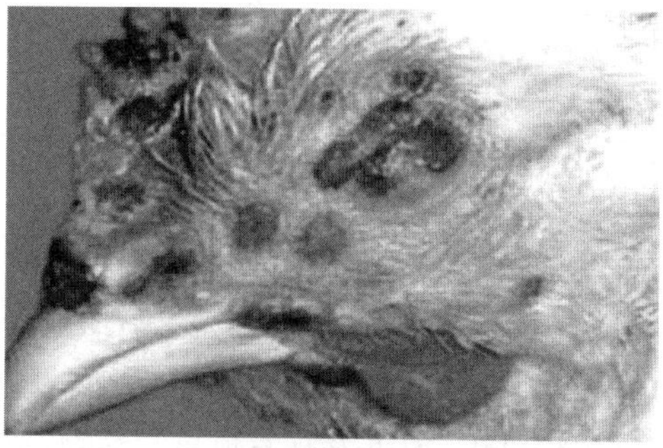

图4-2　鸡痘病鸡表面结痂和豆样突起

④营养状态检查。营养良好的动物,肌肉丰满,皮下脂肪丰富,轮廓匀称,皮肤有弹性,被毛柔顺有光泽;营养不良的动物主要表现为皮肤弹性下降,被毛粗长,消瘦,生长速度缓慢,严重时呈现"皮包骨"现象,如副结核病牛(图4-3)。

图4-3　副结核病牛严重消瘦

(3)检查姿态与步态。健康动物姿态自然,步态稳健、灵活、协调;不健康动物往往表现出一些异常的姿态与步态,如跛行、转圈、木马状、伏卧不起、头颈扭转、角弓反张、瘫痪、抽搐、站立不稳、犬坐姿势、两耳下垂等。

(4)检查呼吸情况。健康动物呼吸动作匀称,呈胸腹式呼吸,呼吸次数正常;如果动物呼吸急促或微弱、腹式呼吸、张口伸舌、前肢外展、呼吸伴有咳嗽或其他异常音响,则为患病的标志。

(5)检查口腔及可视黏膜。口腔疾病占消化系统疾病的20%。检查动物的口腔可视黏膜的重点在其色泽和形态的变化,这些变化可反映动物全身的病变情况。注意动物眼结膜、鼻黏膜和口腔黏膜有无苍白、潮红、发绀、黄染、溃疡、分泌物及炎性情况。如口腔黏膜有水疱或烂斑,提示口蹄疫或猪传染性水疱病等;眼结膜潮红伴有眼眵增多可提示热性疾病;黏膜苍白见于各型贫血和慢性消耗性疾病,如马传染性贫血、寄生虫病;黏膜发绀见于呼吸系统和循环系统障碍;黏膜黄染多见于肝病、胆管阻塞及溶血性疾病;黏膜出血见于有出血性素质的疫病,如马传染性贫血、梨形虫病;马鼻黏膜出现冰花样斑痕则是马鼻疽的特征性病变。

(6)检查排泄动作及排泄物。健康状况下,动物排泄动作及其排泄物呈现一定的特征。如果动物排泄动作表现不自然或困难,粪便颜色、硬度、气味等性状发生改变(如便秘、腹泻、血便、恶臭),尿液颜色、尿量、清浊度发生变化(如少尿或无尿、血尿及血红蛋白尿),这些都是异常信号,说明动物在患某些疾病。一般来说,动物便秘多见于各种热性疾病(如猪瘟、丹毒)及胃肠卡他;腹泻多见于胃肠道的疾病(如仔猪副伤寒、大肠杆菌病等);草食动物的血尿多见于原虫病或泌尿生殖道出血。

(7)反刍、逆呕检查。反刍动物有反刍与逆呕的正常生理现象,并且它们的次数、强度及持续时间均呈一定的规律性,这些指标发生异常提示前胃疾病。

2.触诊

通过手的触压来感知和判断被检动物体表局部组织变化情况。通过触诊,初步了解动物体表的皮温、弹性、软硬度、敏感度以及浅表淋巴结的性状。

3.听诊

利用听觉来判断被检动物身体各部位发出的声音是否正常。用耳直接听取或借助听诊器间接听取心、肺、胃肠、胎儿等声音。

(1)听叫声。健康动物一般都有其独特的叫声。患病时,动物会出现叫声异常,如呻吟、嘶哑等。

(2)听咳嗽声。健康动物一般不咳嗽。咳嗽是上呼吸道有异物刺激或肺部发生炎症时出现的一种症状,咳嗽有干咳和湿咳。

(3)听心音、呼吸音和胃肠音。主要适用于牛、羊及马属动物,借助听诊器听取,以判断心、肺和胃肠运动是否正常。

4.“三数”检查

动物体温、呼吸、脉搏数的检查。体温、呼吸、脉搏数是动物生命活动的重要生理常数,简称为“三数”。健康动物的“三数”虽然因动物种类、品种、年龄、性别、营养状况、生产、运动状态、季节等因素而异,但一般都能保持在一定的恒定范围内,它们的变化往往可以提示许多疾病。常见健康动物的“三数”见表4-8。

表4-8　常见健康动物体温、呼吸、脉搏数一览表

动物种类	体温/℃	呼吸/(次/min)	脉搏/(次/min)
猪	38.0～39.5	18～30	60～80
马	37.5～38.5	8～16	26～42
黄牛	37.5～39.5	10～30	40～80
水牛	36.5～38.5	10～50	30～50
奶牛	37.5～39.5	10～30	60～80
牦牛	37.6～38.5	10～24	33～55
绵羊	38.5～40.0	12～30	70～80
山羊	38.5～40.5	12～30	70～80
骆驼	36.0～38.5	6～15	32～52

续表 4-8

动物种类	体温/℃	呼吸/(次/min)	脉搏/(次/min)
骡	38.0～39.0	8～16	42～54
驴	37.5～38.5	8～16	40～50
鹿	38.0～39.0	15～25	36～78
犬	37.5～39.0	10～30	70～120
猫	38.5～39.5	10～30	110～130
兔	38.0～39.5	50～60	120～140
鸡	40.5～42.0	15～30	120～200
鸭	41.0～43.0	16～30	120～200
鹅	40.0～41.0	12～20	120～200

(1)体温检查。健康动物的体温变动有一定的恒定范围,凡体温不在正常范围内的属不正常体温。动物大部分传染病有体温升高现象,故测定动物体温是个体检疫中不可或缺的手段。使用水银体温计测温(图 4-4)时,应先将体温计水银柱甩至 35 ℃刻度以下,再进行直肠测温 2～5 min,禽类除直肠测温外也可在翅下测温。现在,新型快速的液晶显示兽用电子体温计(图 4-5)已普遍应用,且种类多样,可根据使用说明书正确操作使用(图 4-6)。

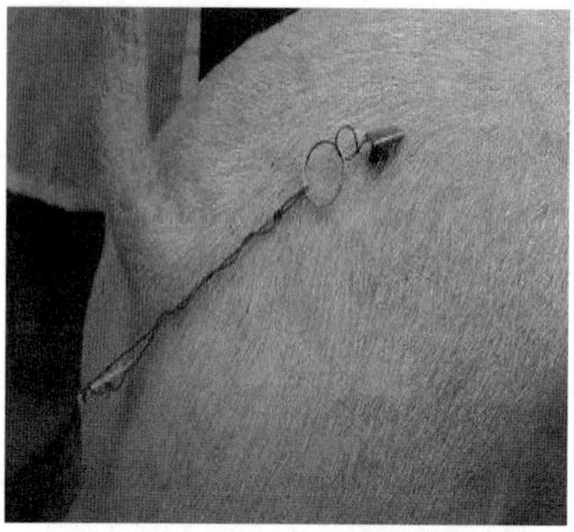

图 4-4　水银体温计直肠测温图

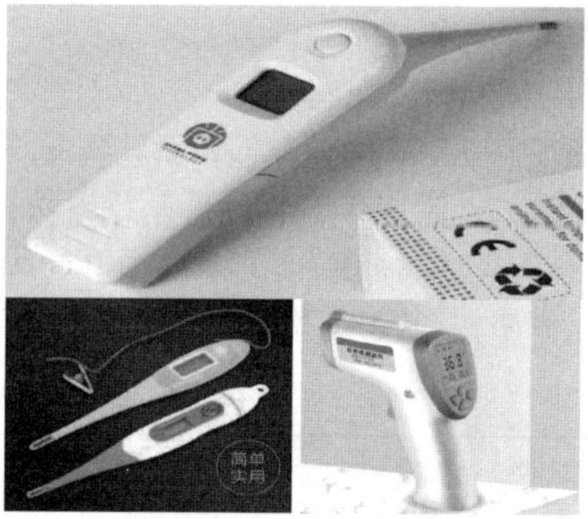

图 4-5　兽用电子体温计

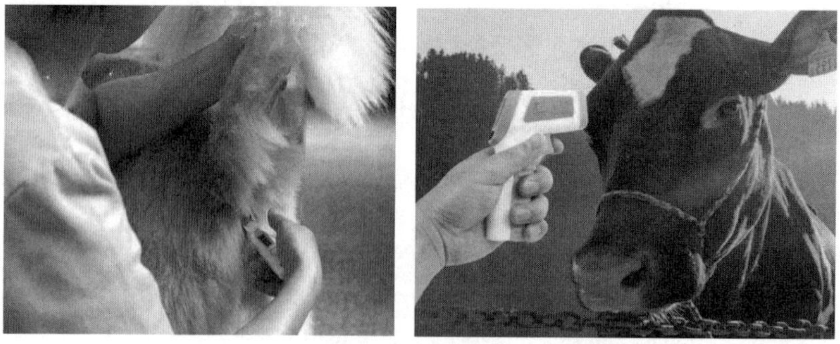

图 4-6　不同兽用电子体温计的使用

动物体温升高的程度可分为微热、中热、高热和极高热。动物体温的变化与疫病性质有密切的关系(表 4-9)。

表 4-9　动物体温升高程度与疫病性质的一般关系

动物体温升高程度	比正常体温高/℃	常见疫病
微热	0.5～1.0	轻症疫病及局部炎症，如胃肠卡他、口炎等
中热	1.0～2.0	亚急性或慢性传染病，如布鲁氏菌病、胃肠炎、支气管炎等
高热	2.0～3.0	急性传染病或广泛性炎症，如猪瘟、猪肺疫、马腺疫、胸膜炎、大叶性肺炎等
极高热	3.0 以上	严重的急性传染病，如传染性胸膜肺炎、炭疽、猪丹毒、脓毒败血症和热射病等

还应注意的是，一般年幼的动物比成年的动物体温高一些，运动、劳役后的动物也会发生体温偏高的现象，这是正常的生理变化。另外，体温过低则多见于大出血、严重脑病、中毒病及热性病的濒死期。

(2)脉搏检查。脉搏是由于心室收缩后将血液注入动脉管而冲击动脉壁形成的脉动，常用“次/min”表示。其检查部位因动物而异(表 4-10)。

表 4-10　动物脉搏检查部位及方法

动物	检查部位及方法
马、驴、骡	人站在动物左侧，左手抓住笼头，以右手的食指、中指和无名指在下颌骨的下缘前后触摸颌外动脉进行检查
牛	人站在牛的后方，用左手略举尾根，右手食指和中指轻压尾腹面中的尾中动脉进行检查
羊、犬、兔	人位于动物侧方，一手握住后肢，一手伸入股内侧，用手指轻压股动脉进行检查(注意保定)
猪、禽	借助听诊器在心区进行检查

安静状态下，健康动物的脉搏数保持在一定的恒定范围(表 4-8)。脉搏增多常见于热性病、心脏病及伴有心功能不全的其他疾病；脉搏减少多见于颅内压增高的脑病及有机磷农药中毒等。

动物运动、劳役、受惊、暴晒或饲喂以后，脉搏次数会有所增高，但适当休息就能恢复正常值，这些都属于正常的生理现象。

(3)呼吸数检查。动物由胸肌、腹肌、膈肌带动完成一次吸气和呼气的动作称为一次呼吸。检疫人员可用手背探近动物鼻孔前沿以感应被检动物呼出气体的次数来数出动物呼吸次数，或借助听诊器听取肺部呼吸音而数出动物呼吸次数。

安静状态下，健康动物的呼吸方式为胸腹式呼吸(又称混合式呼吸)，并且呼吸的次数也保持在一定的恒定范围(表 4-8)。

三、各种动物临诊检疫特点

(一)猪的临诊检疫特点

1. 群体检疫特点

(1)静态检查。

健康猪:睡卧常取侧卧姿势,四肢自然伸展,趴卧时后腿自然屈曲腹下。站立平稳,鼻盘翘动灵活,反应敏捷,呼吸匀称。被毛整齐、洁净有光泽,无眼眵。见陌生人接近时警惕性凝视或立即站立走动。

病猪:精神萎靡不振,常离群呆立、呻吟、颤抖。趴卧姿势不自然,或站立不稳,头低耳耷,呼吸不匀称(急促、喘息、咳嗽或伴有异常声音),鼻盘干燥。被毛松乱、不洁净、无光泽,眼眵增多。陌生人接近时,反应迟钝或不理睬。

(2)动态检查。

健康猪:起立敏捷,精神活泼,头、尾、耳朵摆动灵活,步态协调、平稳,站立后或行动中常排粪尿,排泄姿势正常,叫声洪亮等。

病猪:精神沉郁,不愿站立或行走,步态失调、迟缓,垂头夹尾,弓腰曲背,呼吸困难、喘气,或见排稀粪、里急后重、排泄困难、尿赤黄浑浊。

(3)饮食状态检查。

健康猪:饥饿时叫唤,采食争先恐后,大口吞食,吃食有力,两耳及鬃毛震动,并发出有节奏且清脆的吱嘎声,尾巴自由摆动。

病猪:无精打采,动作迟缓,食欲减退,无意上槽或上槽吃食无力,吃上几口就退槽,有的挑食稀汁不食干料,有的闻闻停停,食欲废绝。

2. 个体检疫特点

(1)猪个体检疫的主要检疫对象。猪瘟、猪丹毒、猪肺疫、仔猪副伤寒、猪口蹄疫、猪伪狂犬病、猪细小病毒病、猪链球菌病、猪密螺旋体痢疾、高致病性猪蓝耳病。

(2)猪个体检疫以视诊和体温检查为主,不宜使用听诊和叩诊(因皮下脂肪厚),以精神外貌、姿态步样、皮肤变化、排泄物、食欲及体温检查为重点。

(二)牛的临诊检疫特点

1. 群体检疫特点

(1)静态检查。

健康牛:神态安定,站立平稳,头颈转动灵活,尾巴自然摆动。睡卧时常呈膝卧姿势,四肢自然弯曲。呼吸平稳,正常嗳气,反刍缓慢而有力。鼻镜湿润,眼无分泌物,嘴角周围干净。被毛整洁有光泽,肛门紧凑,周围干净,排粪动作自然,粪便半干半稀,落地成堆状,无异臭,尿清。

病牛:精神委顿,睡卧时四肢伸开,横卧时头部伏地向前伸。站立不稳,头颈低伸,回顾腹部,弓腰曲背。被毛粗乱,鼻镜干燥。反刍有时停止,不嗳气。恶寒战栗,流泪,叫声嘶哑,呻吟,咳嗽。粪便或干或稀,或混有血液、黏液;尿浊,血尿。

(2)动态检查。

健康牛:精力充沛,眼睛有神,头、颈、耳、尾转动灵活,运步平稳有力,四肢协调,合群。

病牛:精神沉郁或亢进,弓腰曲背,头、颈、耳、尾乏力不愿转动,步态失调,摇晃或跛行,掉队。

(3)饮食状态检查。

健康牛:采食时间较长,咀嚼、吞咽有力,饮水动作顺畅。

病牛:厌食或不食,孤立一隅,采食缓慢,时断时续,采食时间短促,采食量少,咀嚼乏力,少饮、不饮或饮水后咳嗽,动作异常。

2. 个体检疫特点

(1)牛个体检疫的主要检疫对象。牛口蹄疫、牛炭疽、牛布氏杆菌病、牛结核病、牛副结核病、牛地方性白血病、牛传染性鼻气管炎、牛黏膜病、牛锥虫病、牛泰勒虫病。

(2)牛个体检疫的主要内容。精神外貌,运步姿态,口腔黏膜变化,奶牛须检查乳房。体温检查是重要的项目,在实际的检疫中,常需全群测温。

(三)羊的临诊检疫特点

1. 群体检疫特点

(1)静态检查。

健康羊:精神饱满,被毛整洁,饱食后合群卧地休息,缓慢反刍,呼吸平稳。有人走近立即站起走开。口、鼻、眼、肛门周围洁净。

病羊:精神委顿,孤立一隅,不见反刍,站立不稳。被毛松乱、脱落,出现痘疹、痂皮。寒战,磨牙,呼吸困难,咳嗽,喷嚏,流泪。鼻腔干燥,口、鼻、眼等分泌物增多,有人走近时反应迟钝,不愿站起,便秘或腹泻,肛门周围有污物。

(2)动态检查。

健康羊:精神活泼,运步平稳有力,合群随队,反应敏捷。

病羊:精神沉郁或兴奋不安,运步失衡,跛行,跪地,后肢麻痹,离群掉队。

(3)饮食状态检疫。

健康羊:争饮抢食,食后肷部隆起,动作轻快,活动范围较大。

病羊:食欲减退或废绝,动作迟缓,活动范围小或呆立不动,肷部凹陷。

2. 个体检疫特点

(1)羊个体检疫的主要检疫对象。羊口蹄疫、羊炭疽、羊布氏杆菌病、蓝舌病、山羊关节炎、脑炎、羊痘、羊疥癣、小反刍兽疫。

(2)羊个体检疫的主要内容。被毛整洁性,皮肤病变;可视黏膜变化;体表淋巴结变化;口、鼻、眼的分泌物性状,粪便性状和数量。

(四)马、驴、骡的临诊检疫特点

1. 群体检疫特点

(1)静态检查。

健康表现:精神饱满,被毛光亮整洁,整体协调,昂头站立,机警,对外界刺激敏感。头、颈、眼、耳、尾巴、四肢活动敏捷。多站少卧,卧时四肢自然弯曲并闭目。天然孔干净无异物,粪便球状,湿度适中。

患病时的表现:精神萎靡不振,被毛粗乱无光,站立不稳,躯体僵硬,头低耳耷,睡卧不安,常横卧,频频回顾腹部或后蹄踢腹,对外界刺激反应迟钝或无反应,呼吸困难,咳嗽,天然孔有异物流出,粪便干硬或稀薄。

(2)动态检查。

健康表现:活泼好动,眼睛有神。步伐稳健有力,运步匀称、有节奏,昂首蹶尾,被毛柔顺亮泽。鸣叫声清脆响亮,合群随队。

患病时的表现:精神沉郁,目光呆滞,行动迟缓、不协调,四肢无力,跛行,躯体僵硬,掉队,呼吸困难,喘气。

(3)饮食状态检查。

健康表现:争饮抢食,食欲旺盛,咀嚼有力、有节奏,饮水伴有唏唏声,饮食量大。

患病时的表现:饮食减少或废绝,咀嚼无力,吞咽困难甚至痛苦。

2. 个体检疫特点

(1)马、驴、骡个体检疫的主要检疫对象。炭疽、鼻疽、马传染性贫血、马鼻腔肺炎、马流行性淋巴管炎。

(2)马、驴、骡个体检疫的主要内容。运步姿态、可视黏膜变化、排泄物和其他分泌物性状、体表淋巴结及"三数"变化。一般情况下,马属动物应逐一进行体温检查。

(五)家禽的临诊检疫特点

1. 群体检疫特点

(1)静态检查。

健康家禽:神态活泼,反应敏捷。羽毛丰满顺亮、色泽鲜艳。喙、眼、鼻、冠、髯、耳、泄殖腔等处洁净。卧时头常藏于翅下,站时常呈"金鸡独立"样。

病禽:精神沉郁,反应迟钝。头低颈缩,翅膀下垂,羽毛松乱、无光泽或脱落。喙、眼、鼻、冠、髯、耳、泄殖腔等处有异物。冠髯苍白或淤血,头颈肿大。腹泻。

(2)动态检查。

健康家禽:精力充沛,行动敏捷,运步稳健,头颈摆动灵活,常发出"咕咕""咯咯哒"的声音,翅膀张合自然、有力,跳跃轻快、协调。

病禽:精神萎靡,行动迟缓。肢(翅)麻痹等神经症状。离群,或呆立不动甚至伏地不起。

(3)饮食状态检查。

健康家禽:食欲旺盛,争抢食物,啄料动作敏捷、有力,采料后嗉囊饱满有弹性,一般先食料后饮水。

病禽:食欲减少或废绝,采食动作缓慢、不连贯,发出"咯咯"声音,嗉囊空虚或充满黏液、气泡,倒提有黏液从口、鼻流出。

2. 个体检疫特点

(1)家禽个体检疫的主要检疫对象。新城疫、禽流感、鸡传染性法氏囊病、鸡白痢、禽白血病、鸡马立克病、鸭瘟、小鹅瘟、鸭病毒性肝炎、禽霍乱、球虫病等。

(2)家禽个体检疫的主要内容。精神外貌,头颈部病变,嗉囊变化,泄殖腔及其周围变化,呼吸及饲料消耗情况,体温变化。

(六)家兔的临诊检疫特点

1. 群体检疫特点

(1)静态检查。

健康兔:白天多静伏,闭目休息。稍有惊吓,立即抬头,两耳直立。被毛顺畅、柔软、有光泽。鼻翼闪动频繁，两眼有神，口、眼、鼻整洁，喜啃食物。

病兔：精神委顿，口、眼、鼻有分泌物流出，可视黏膜充血或贫血，被毛松乱无光泽，皮肤溃疡，脱毛，躯干、肛门等处粘有污物，粪不成形或粪中带血、气泡。

(2)动态检查。

健康兔：精神饱满，活泼好动，跳跃敏捷，耳朵灵敏，眼睛有神。

病兔：精神沉郁，不爱活动或行动缓慢，协调性不好，两眼无神，卧地不起。

(3)饮食状态检查。

健康兔：喜啃咬较硬食物，觅食定位良好，咀嚼有力，吞咽自然、顺畅，采食量较多。

病兔：不爱吃料或食欲废绝，营养状况差。

2. 个体检疫特点

(1)家兔个体检疫的主要检疫对象。兔病毒性出血病(兔瘟)、兔球虫病。

(2)家兔个体检疫的主要内容。精神外貌，活动姿态，被毛性状，采食情况，天然孔整洁度，粪便性状，“三数”情况。

(七)犬的临诊检疫特点

1. 群体检疫特点

(1)静态检查。

健康犬：精力充沛，站时昂头摆尾，眼睛有神。静时常两前肢撑地、两后肢屈曲而坐呈“犬坐”姿势，昂头伸舌。睡时多取单侧着地且四肢懒散伸直，呼吸平稳，鼻盘湿润，尾巴自由着地。头、颈、眼、耳转动灵活且洁净无污物，被毛柔顺，富有弹性。

病犬：精神萎靡不振，头低耳垂夹尾巴，被毛松乱无光泽，消瘦。鼻镜干燥，口、眼、鼻、肛门等处有污物。呕吐，粪便不成形或腹泻或带血，恶臭。

(2)动态检查。

健康犬：活泼好动，步态协调、敏捷，平衡感好，喜嬉戏，或跑或跳少安静，喜用鼻嗅地而行，听主人使唤。“犬坐”时也常玩弄随身取来的异物(如骨头、木头等)，卧时常用嘴觅咬身上寄生虫。排粪动作自然并有排粪后自行掩埋习惯，公犬排尿时多找木桩单腿抬起撒尿。

病犬：精神沉郁、恍惚或亢进，反应迟钝，行动缓慢、摇晃，头低耳耷夹尾巴，离群掉队，不听主人使唤，乱攻击人、物。

(3)饮食状态检查。

健康犬：食欲旺盛，有强烈抢、护食物的习性，咀嚼快捷有力，吞咽顺畅，尾巴有力摆动，吃饱后自行走开觅水，有的吃饱后仍在护食、藏食。

病犬：食欲减少或废绝，缓慢靠近食物，嗅嗅停停，难以下咽，或孤立一隅，喜饮脏水，或吃后呕吐、咳嗽。

2. 个体检疫特点

(1)犬个体检疫的主要检疫对象。犬瘟热(俗称“犬瘟”)、狂犬病。

(2)犬个体检疫的主要内容。精神状态，运动姿态，被毛状况，四肢、口、眼、鼻、耳朵、尾巴等整洁度，采食情况，排泄物性状，“三数”情况。

实践操作　动物临诊检疫

【目的要求】

熟悉动物临诊检疫的基本程序，能用“三观一检”的方法，对猪场待检猪群进行临诊检疫；能区分健康动物和患病动物。

【材料用品】

1. 实验动物

某养猪场(养牛场、养鸡场等)或动物隔离场。

2. 防护及记录用品

工作服及检疫登记表等。

【方法步骤】

1. 人员分组

指定组长、记录员，各司其职，团结协作。

2. 实施群体临诊检疫(以牛为例)

(1)静态检查。在不惊动牛群的情况下，观察牛群在自然、安静状态下的精神外貌、营养状况、立卧姿势、呼吸情况及其周围的粪便情况等。注意牛群有无反刍异常、头低耳垂、咳嗽、气喘、呻吟、流涎、流泪、呕吐、昏睡嗜眠、孤立一隅、便秘、腹泻等现象。

(2)动态检查。适当刺激牛群，观察其自然运动时的动作状态，必要时对牛群进行驱赶，继续观察牛群起立姿势、运动的速度、步态协调性、反应灵敏度、排泄物性状及排泄动作等。注意牛群有无行动困难、肢体麻痹、步态蹒跚、跛行、弓腰曲背、离群掉队、呼吸异常、咳嗽、气喘、排泄动作异常、便秘或腹泻等现象。

(3)饮食状态检查。在投食时观察牛群采食动作、采食速度、采食数量、咀嚼和吞咽情况等。注意牛群有无少食少饮、挑食或不食、咀嚼乏力、吞咽困难、呕吐等现象。

3. 个体检疫

在上述群体检疫时，将异常表现的牛只剔出进行个体检疫。如果群体检疫没发现异常牛只，也要从被检牛群中抽出5%～20%的牛只进行个体检疫。详细进行各系统检查，以确定是否患病及病性，尤其注意是否检疫对象。

【注意事项】

(1)以上检查顺序没有规定的标准，在实际检疫中，应当根据现场具体情况进行。

(2)在牛群动态检查时，不要过分追打牛只，同时也要注意做好自我保护工作。

【实践报告】

动物临诊检疫的基本程序和结果。

【考核标准】

序号	考核项目	评分标准		分值	考核分值
1	操作过程	知识要点	能熟练掌握临诊检疫操作程序，正确区分健康动物和患病动物的，得满分，根据情况酌情扣分	30	
		操作情况	根据操作时的表现进行评分	30	

续表

序号	考核项目	评分标准		分值	考核分值
2	完成情况	实践报告	根据填写内容翔实、字迹工整等情况，进行评分	20	
3	综合素养	学习态度	根据是否能积极参与实践、态度端正，认真听从教师指导等方面，进行评分	10	
		职业素养	根据是否做到遵守纪律、听从指挥等情况，进行评分	10	
综合				100	

任务三　病理剖检技术

知识链接

对动物尸体剖检的要求

①准备工作。合理选择场地，防止污染环境。准备合适的消毒药品如3%碘酊、70%乙醇、0.1%新洁尔灭、5%来苏尔等。工作人员做好安全防护。

②对炭疽、疑似炭疽等严重传染病病畜或尸体禁止剖检，必要时应在相应级别的生物安全实验室进行操作。

③选择一定数量病死不久或濒死期动物以及表现典型症状的病畜进行剖检。通常剖检家禽5只，大中型动物3头。

一、对动物尸体剖检的要求

在实施动物尸体病理剖检时，应选择病死不久或濒死期动物以及表现典型症状的病畜进行剖检。最急性死亡的动物，其病变特征往往尚未形成。疑似炭疽的病畜或尸体应在相应级别的生物安全实验室进行检查。

为了全面而系统地检查动物尸体所呈现的病理变化，官方兽医应该根据不同动物的解剖生理特点和不同疫病的病理变化特点，选择剖检术式和必检组织器官，并且按照一定的方法和顺序进行。

动物病理剖检一般分为外部检查和内部检查。

(一)外部检查

外部检查即外表检查，是在尸体剖开之前对动物尸体外表进行的检查。主要检查其营养状态，天然孔及可视黏膜变化，体表的整洁度及其色泽变化和尸僵。

1. 尸体变化

检查尸僵情况，一般死于败血症和中毒性疾病的动物，尸僵不明显。

2. 营养状态检查

根据肌肉发育和皮下脂肪情况来确定动物生前的营养情况，以此判定动物是急性死亡还是慢性消耗性死亡。突然死亡的肥胖动物尸体，皮下脂肪与肌肉丰满发达；患慢性消耗性疾病死亡的动物尸体及老龄动物，皮下脂肪极少，肌肉单薄，肋骨、脊柱、骨骼外角、坐骨结节等显著突出，眼窝下陷。

3. 可视黏膜检查

主要检查眼结膜、鼻腔、口腔、肛门和外生殖器等可视黏膜的色泽和病变，检查天然孔的开闭状态，有无分泌物、排泄物以及分泌物和排泄物的性状、数量、气味等。

4. 体表的检查

主要检查尸体的头部、躯体、四肢等处的变化。

(1)头部的检查。注意口腔、牙龈等有无溃烂、水疱、出血、坏死；查看眼睛及眼结膜有无肿胀、外伤、充血、出血、分泌物；查看鼻孔和鼻盘有无分泌物、水疱、溃疡、是否干燥；查看耳朵颜色及病变。

(2)躯体的检查。注意皮肤色泽及皮肤病变，是否有外伤、溃疡、出血、坏死等。

(3)四肢的检查。注意四肢关节有无肿胀，皮肤有无出血，蹄部有无外伤、水疱、溃疡、红肿等变化。

(二)内部检查

包括剥皮、皮下检查、体腔剖开、内脏器官摘取及其检查等过程。中小型动物剖检时通常不剥皮，因某些传染病死亡的动物尸体，为了防止病原体扩散，也不进行剥皮。

1. 皮下检查

检查皮下脂肪的沉着量、性状及其色泽；皮下组织湿润或干燥程度；皮下各部位淋巴结的大小、硬度、色泽及其切面变化；注意皮下有无出血、水肿、炎症、脓肿；观察皮下脂肪的含量及其性状，肌肉的丰满程度、色泽、异物、损伤情况；暴露血管的充盈度、血液凝固状态。

2. 体腔剖检

分别打开腹腔、胸腔(如需进行实验室检查，先采集病料)，检查胸腔、腹腔液体的数量、性状；观察各器官是否与胸腔、腹腔粘连；观察胸膜、腹膜、心包膜的色泽。

3. 内脏器官检查

整体检查各器官的大小、形态、色泽。有无出血、粘连、肿大、坏死、包囊、结节，最后再剖检内脏器官。对有病变的器官重点检查。

4. 口腔、鼻腔及颈部器官的检查

家禽从口角剪开皮肤，重点检查上呼吸道变化，以诊断禽类呼吸道疾病。

二、剖检记录

剖检记录是后续诊断的原始材料，也是重要的流行病学资料，有保存价值。剖检记录应按一定的格式规范书写(表 4-11)，一般包括以下部分。

1. 基本情况

包括动物种类、性别、畜龄及畜禽标识码；临床症状；死亡时间、送检时间、剖检地点、剖检时间等。

2. 病理变化

准确描述动物尸体外部和内脏器官的眼观病变。

3. 剖检诊断

提出初步剖检诊断病名和死亡原因,提出处理意见或建议。

表 4-11　动物病理剖检记录表

畜主	家畜种别	种属	产地	
畜禽标识码	性别	畜龄	体重	用途
尸体来源	死亡时间	剖检时间	剖检地点	
临床症状		临床诊断		
病理变化				
剖检诊断				
备注				

实践操作　病猪尸体解剖与病变检查

【目的要求】

了解剖检的基本方法,熟悉剖检工具的使用;掌握内脏器官检查的顺序和内容。

【材料用品】

1. 实验动物

病猪尸体。

2. 器材

解剖刀(检疫刀)、锉棒、检疫钩、拆骨刀、托盘、手术刀、剪刀、镊子等。

3. 药品

酒精棉球、碘酊棉球、3%硼酸溶液等。

4. 防护及记录用品

橡胶检查手套、白大褂及尸体剖检登记表等。

【方法步骤】

尸体剖检时,猪只剖检取仰卧位(即腹部朝上),且不宜剥皮。

1. 体表检查

(1)毛色和营养状况,有无创伤、结节、脓肿、坏死、水肿等。

(2)可视黏膜有无黄、贫血、发绀、出血等;有无异常分泌物;天然孔开闭状况。

(3)尸僵及有无腐败现象。

2. 腹腔器官的取出和检查

(1)切断肩胛骨内侧和髋关节周围肌肉,使四肢摊开(仅以部分皮肤与体躯相连),沿腹壁正中线("白线")切开剑状软骨至肛门部之间的腹壁,再沿左右最后肋骨纵切腹侧壁至脊柱部,完全暴露腹腔脏器。

(2)检查腹腔内腹水数量及性状,由膈肌处切断食管,在骨盆腔挖出直肠(含肛门),将腹腔内所有脏器取出置于托盘内,并逐个进行检查。

(3)检查各脏器的大小、颜色、光滑度、充盈度,有无水肿、萎缩、出血、淤血、坏死、包囊、结节、肿瘤、寄生虫,各器官淋巴结性状。肾脏还要检查其被膜是否容易剥离、肾盂肾盏变化等。

3. 胸腔器官的取出和检查

用解剖刀或折骨刀、剪骨刀切断肋骨软骨连接部,再把刀伸入胸腔,切断脊柱左右两侧的肋骨和胸椎连接部的胸膜及肌肉,将两手探入胸腔,分别按压左右胸壁肋骨,则肋骨与胸椎连接的关节自行折裂,胸腔敞开,取出胸腔内脏器(含气管、食管等)。

(1)检查心脏。检查心包厚薄,心包液的量及其性状,心脏大小、表面光滑度及完整性、有无增生物、猪囊虫、切面色泽、心血性状等。

(2)检查肺部。检查肺脏大小,两侧对称性,各肺叶色泽、质地,有无脓包、水肿、变性等,同时检查胸壁。

猪的传染病和寄生虫病较多,在实际工作中,应结合临床诊断进行重点剖检,必要时进行脑及其他部位的检查。

【注意事项】

(1)按操作程序进行操作,使用剖检工具时注意安全。

(2)若疑似炭疽,不能随意剖检。

(3)保证环境清洁,实践结束后做好卫生消毒工作。

【实践报告】

病猪内脏器官检查的顺序和方法。

【考核标准】

序号	考核项目	评分标准		分值	考核分值
1	操作过程	知识要点	能认真检查尸体体表情况,按正确顺序和方法进行剖检,得满分,根据情况酌情扣分。	30	
		操作情况	根据检查时的表现进行评分。	30	
2	完成情况	实践报告	根据填写内容翔实、字迹工整等情况,进行评分。	20	
3	综合素养	学习态度	根据是否能积极参与实践、态度端正,认真听从教师指导等方面,进行评分。	10	
		职业素养	根据是否做到遵守纪律、听从指挥等情况,进行评分。	10	
综合				100	

任务四　病料的采集

技术规范参考　《兽医诊断样品采集、保存与运输技术规范》（NY/T 541—2016）

检疫材料又称病料或样本，指取自动物或环境、拟通过检验反映动物个体、群体或环境有关状况的材料或物品，是病原学、血清学、病理组织学检查的基础。采集检疫材料是动物检疫的一个重要环节，也是一项技术性很强的工作。病料采集、处理、保存、运送是否合理，直接影响到实验检验的准确性。

一、病料样品的种类

病料样品的种类繁多，主要包括血液样品、脏器样品、分泌物及排泄物样品等。

1. 血液样品

血液样品分为两类，一类添加抗凝剂，制备的血液样品为全血，另一类不添加抗凝剂，制备的血液样品为血清。

2. 脏器样品

包括心、肝、脾、肺、肾、淋巴结、扁桃体、皮肤、肠管、脑、脊髓等。

3. 分泌物及排泄物样品

包括泄殖腔拭子、咽喉拭子、鼻腔拭子、胆汁、唾液、乳汁、粪便、水疱液、眼分泌物、尿液、胸腔积液、腹水、心包液和关节囊液等。

4. 其他样品

包括骨骼、胎儿、生殖道样品（胎儿、胎盘、阴道分泌物、阴道冲洗液、阴茎包皮冲洗液、精液、受精卵）、胃肠内容物等。

二、病料采集原则

1. 先排除后采样

凡发现急性死亡的动物，怀疑患有炭疽时，不得解剖。应先用针刺死畜鼻腔或尾根部静脉采集血样，进行血液抹片镜检。确定不是炭疽后，方可解剖采样。

2. 合理选择采样方法

应根据采样的目的、内容和要求合理选择样品采集的种类、数量、部位与抽样方法。样品数量应满足流行病学调查和生物统计学的要求。诊断或被动监测时，应选择症状典型、病变明显或有患病征兆的畜禽和疑似污染物。在无法确定病因时，采样种类应尽量全面。主动监测时，应根据畜禽日龄、季节、周边疫病情况估计其流行率。之后确定抽样单元，在抽样单元内，应遵循随机取样原则。

3. 适时采样

从活体采集病料，若监测病原体，应于动物发热期或出现典型症状时采集。采集病死动物病料，应于动物死后 2 h 内采集，若无法完成，夏季可在 6 h 内采集，冬季可在 24 h 内采集。

4. 无菌操作

采样过程中应注意无菌操作，采样器械及器皿要进行灭菌处理。一般先无菌采集供病原学及血清学检查的样本，后采集供病理学检查的样本。

5. 尽量减少应激和损害

活体动物采样时，应避免过度刺激或伤害动物，也应避免对采样者造成危害。

6. 生物安全防护

采样过程中应严格遵守生物安全操作的相关规定，一要做好采样人员的安全防护，二要防止病原体污染环境或逸散，以防疫病的传播和蔓延。采样结束后，应做好环境消毒以及动物或组织的无害化处理，避免污染环境。

三、采样前准备

1. 采样人员准备

采样人员应熟悉动物防疫的有关法律法规，具有一定的专业技术知识，熟练掌握采样工作程序和采样操作技术，在采样过程中做好采样记录，必要时，可对采样过程、采样环境及采样载体以录像、照片等图像信息形式保存。

采样前，应做好个人安全防护（穿戴手套、口罩、一次性防护服、鞋套等，遇到高风险传染病时戴护目镜或面罩），严格遵守生物安全操作的相关规定，避免对样品、环境的污染和对采样人员的伤害。

2. 采样工具准备

应根据所采集样品种类和数量的需要，选择不同的采样工具、器械及容器等，并进行适量包装。

取样工具和盛样器具应清净、干燥，且应进行灭菌处理：刀、剪刀、镊子、穿刺针等用具应经高压蒸汽（103.43 kPa）或煮沸灭菌 30 min，临用时用 75%酒精棉球擦拭或进行火焰灭菌处理；器皿（玻璃制、陶制等）应经高压蒸汽（103.43 kPa）30 min 或经 160℃ 干烤 2 h 灭菌；或置于 1%～2%碳酸氢钠水溶液中煮沸 10～15 min 后，再用无菌纱布擦干，无菌保存备用；注射器和针头应放于清洁水中煮沸 30 min，无菌保存备用；也可使用一次性针头和注射器。

3. 保存液

应根据所采样品的种类和要求，准备不同类型并分装成适量的保存液，如 PBS 缓冲液、30%甘油磷酸盐缓冲液、灭菌肉汤和运输培养基等。

4. 其他

采样单、不干胶标签、签字笔、记号笔、记录本、无害化处理袋等。

四、病料的采集

（一）血液样本的采集

1. 采血部位

应根据动物种类确定采血部位。大型哺乳动物，可选择颈静脉、耳静脉或尾静脉采血。也可用肱静脉或乳房静脉；毛皮动物，少量采血可穿刺耳尖或耳外侧静脉，多量采血可在隐静脉采集，也可用尖刀划破趾垫 0.5 cm 深或剪断尾尖部采血；啮齿类动物，可从尾尖采血，也可由眼窝内的血管丛采血。

猪可选择前腔静脉或耳静脉采血；羊常采用颈静脉或前后肢皮下静脉采血；犬可选择前肢隐静脉或颈静脉采集；兔可从耳背静脉、颈静脉或心脏采血；禽类通常选择翅静脉采血，也可选择心脏采血。

2. 采血方法

动物采血部位的皮肤应先剃毛（拔毛），用1%～2%碘伏消毒后，再用75%的酒精棉球由内向外螺旋式脱碘消毒，干燥后穿刺采血。采血可用采血器或真空采血管（不适用于小静脉，适用于大静脉）。少量的血可用三棱针穿刺采集，将血液滴到开口的试管内。

知识链接

抗凝剂的配制

（1）肝素。保存血样常用0.1%肝素溶液：取0.1 g纯品肝素，溶解于100 mL灭菌蒸馏水或生理盐水。用时每10 mL血液加入0.1%肝素溶液1 mL。

（2）柠檬酸钠。常配制成3.8%的水溶液（取3.8 g柠檬酸钠放入容量瓶，加灭菌蒸馏水至100 mL刻度，充分溶解即成3.8%柠檬酸钠溶液），每10 mL血液加入3.8%的柠檬酸钠溶液1 mL。也可以直接加粉剂，每1 mL血液加3～5 mg，充分混匀。

（3）乙二胺四乙酸二钠（EDTA-2Na）。用灭菌蒸馏水配成10%溶液，每5 mL血液加0.1 mL或10 mL血液加15～20 mg。

特别关注

采血管颜色、管内添加剂成分和适用的检测项目

市售的真空采血管已在管内预置抗凝剂或促凝剂，可通过管盖的颜色进行区分，采血时候可根据检测项目选择采血管。采血管颜色、管内添加剂成分和适用的检测项目见表4-12。

表4-12　采血管颜色、管内添加剂成分和适用的检测项目

添加剂	原理	适用于	不适用于	抗凝管盖子颜色
肝素	加强抗凝血酶Ⅲ灭活丝氨酸蛋白酶，阻止凝血酶的形成	生化、血气	白细胞计数、血涂片	绿色
EDTA-2K	抗凝剂：与钙离子结合成螯合物	血常规、血型、配血	不适于凝血、生化检查	紫色
柠檬酸钠	抗凝剂：与钙离子结合成螯合物	血沉、血小板计数、凝血、输血	可致白细胞形态改变，血常规	蓝色
促凝剂分离胶	快速血清生化	快速分离血清样本（血清生化）		黄色
无	促进血液凝固	生化		红色

3. 血样的处理

根据检疫项目和对样本要求的不同，采用的血液标本分为全血、血清和血浆。全血主要用于血细胞成分分析，血清和血浆则主要用于临床化学检查和血清学检查。

(二)活体样本的采集

1. 拭子样本采集

(1)家禽喉拭子和泄殖腔拭子采集。取无菌棉签，插入鸡喉头内或泄殖腔转动 3 圈，取出，插入装有样品保存液的离心管，剪去露出部分，将样品端浸入保存液，低温保存送检。

(2)猪鼻腔拭子、咽拭子采集。用无菌棉拭子在鼻腔或咽喉转动至少 3 圈，采集鼻腔、咽喉的分泌物。蘸取分泌物后，立即将拭子浸入保存液，剪去露出部分，盖紧离心管盖，做好标记，密封低温保存。

2. 猪扁桃体样本采集

扁桃体组织是猪瘟监测的首选组织，病死猪可直接摘除扁桃体进行送检，活猪常用扁桃体刮片。猪保定后，用开口器开口，将扁桃体采样勺伸入硬腭直到咽喉上部，轻柔地在扁桃体表面反复刮取，放入含有指定培养基的试管。

3. 反刍动物食道-咽部分泌物(OP 液)的采集

OP 液即为食道-咽部分泌物的缩写(oesophagus-pharyngeal，OP)，是用于检测病原体的样品。如口蹄疫的病原学监测，需要采集牛羊 OP 液，被检动物在采集前禁食 12 h 以上，适量饮水，避免采样时被胃内容物污染。握紧消毒好的探杯(图 4-7)把手，打开牛羊口部，伸入食道上部，随着吞咽动作进入，切勿使用蛮力，避免插入气管或造成食道、咽部损伤。进入后，在食道上部 10～15 cm 处轻轻反复移动 3 次，再将探杯拉出。若采集的样品有胃内污染物，应用清水或生理盐水清洗口腔后再重新采样。将探杯采集到的 8～10 mL OP 液倒入带盖的灭菌玻璃容器(或灭菌离心管)，玻璃容器中事先要加入 10 mL 的细胞培养液或 PBS 液，用细胞培养液或 PBS 液冲洗探杯并倒入离心管。将离心管密封、摇匀、编号，然后放入装有冰块的冷藏箱或者冰箱中冷冻保存，尽快送检，如不能及时送检，则置于－30 ℃冷冻保存。

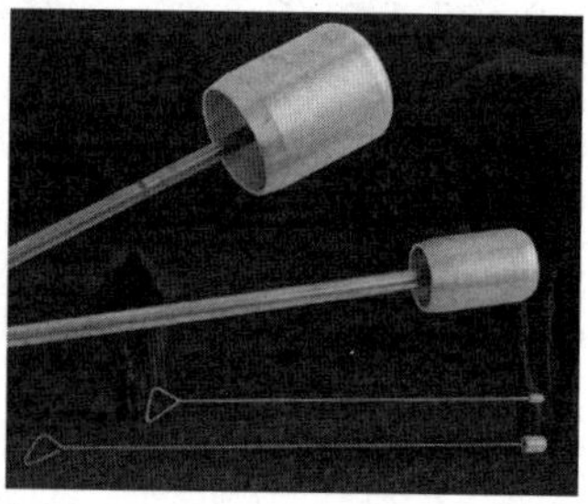

图 4-7 探杯

4. 尿液样本采集

尿液样本可通过自主排尿、导尿或膀胱穿刺获得，常用的是自主排尿，在动物排尿时，用洁净的容器直接接取中段尿液。

5. 粪便样本采集

用于细菌病毒检验时，应选用无菌的棉签挑取含有黏液、脓血或伪膜的新排出粪便；用于寄生虫检验时，从粪便的不同部位、深处以及粪端多处取材。或用无菌棉拭子从直肠或泄殖腔黏膜上蘸取粪便。粪便样品较少时，可投入生理盐水；较多量的粪便则可装入灭菌容器，贴上标签后冷藏保存，以防寄生虫卵孵化。

6. 乳汁样本采集

用消毒水清洗取乳者的手和动物的乳头，并把乳房附近的毛刷湿，弃去最初所挤的乳汁，然后再采集 10 mL 左右乳汁于灭菌试管。需要注意的是进行血清学检查的乳汁不应冻结、加热和剧烈振动。

7. 生殖道分泌物和精液样品采集

(1)生殖道冲洗样品。将消毒好的特制吸管插入子宫颈口或阴道，向内注射生理盐水，用吸球反复抽吸几次后吸出液体，加至培养液中。用软胶管插在公畜的包皮内，向内注射少量生理盐水，多次揉搓，使液体充分冲洗包皮内壁，收集冲洗液，注入无菌容器。

(2)生殖道拭子样品。用合适的拭子采取阴道或包皮内分泌物，有时也可采集宫颈或尿道拭子。

(3)精液样品。宜用假阴道挤压阴茎或人工刺激的方法采集精液并盛装于无菌试管中，避免防腐剂污染。

8. 皮肤样本采集

(1)水疱、脓疱的样本。应取尚未破裂疱的疱液或破裂疱的疱皮作为样品。采集前病变部位用清水冲洗，忌用消毒液，未破裂疱用灭菌注射器抽取水疱液，装入灭菌容器；破裂疱则剪取新鲜疱皮 3～5 g 放入灭菌容器。

(2)皮肤刮取物样本。一手捏住采样部位皮肤并用力挤压，用刀片沿毛发生长方向刮取皮屑至轻微出血，刮取的皮屑装入试管中送检，可用于体表螨虫检查。

(3)毛发样本。用止血钳在病灶或病灶周围皮肤拔取少量毛发，将毛囊一并拔出，可作为体表螨虫、真菌感染检查的辅助手段。对于禽类，当怀疑其患有马立克氏病时，可采集羽毛根进行病毒抗原检测。

(三)病死(屠宰)动物样品及环境饲料样品的采集

1. 一般组织样本采集

(1)病原学检测样本。用常规解剖器械剥离动物的皮肤，体腔用消毒器械剥开，所需样品按无菌操作方法采集，用于病原体分离。如进行细菌、病毒、原虫等病原体分离所用的组织块的采集，均用新消毒的器械切取所需器官的组织块，每个组织单独放在已进行消毒处理的容器中，注明采样动物、日期、组织名称，防止相互污染。

(2)组织病理学检查样本。采集包括病灶及邻近正常组织的组织块，立即放入不低于 10 倍于组织块的 10%的中性福尔马林溶液中固定，固定时间一般为 16～24 h。组织厚度不超过 0.5 cm，长宽不超过 1.5 cm×1.5 cm。组织块切忌挤压、刮摸和用水洗。如做冰冻切片，则将组织放在 0～4 ℃容器中，送往实验室检验。

2. 肠道及其内容物样本采集

肠道只需选择病变最明显的部分，将其中的内容物弃去，用生理盐水轻轻冲洗；无菌截取肠道组织，置于灭菌容器或塑料袋中送检。取肠道内容物时，应烧烙肠壁表面，用吸管扎穿肠壁，从肠腔中吸取内容物，将肠道内容物放在盛有灭菌的 30%甘油生理盐水中保存送检。或将带有内容物的肠道两端结扎，从两端剪断送检。

3. 脑组织样本采集

将采集的脑、脊髓浸入 30%甘油生理盐水等保存液中送检，或根据要求送检。

4. 胚胎及胎儿样本采集

选取无腐败的胚胎、胎儿或胎儿的实质器官，装进适宜容器内立即送检。如果在 24 h 内不能将样品送达实验室，则应冷冻运送。

5. 其他液体样本采集

采集胆汁、脓、黏液和关节液等样品时，用烫烙法消毒采集部位，用灭菌吸管、毛细吸管或注射器经烫烙部位插入,吸取内部液体病料注入灭菌试管,塞好棉塞送检。也可用接种环经消毒后的部位插入,提取病料直接接种到培养基或涂布到玻片上。

(四)环境和饲料样品的采集

环境采样通常使用纱布拭子,戴上一次性手套,将纱布块在生理盐水中浸泡至完全湿润,于容器壁挤出多余水分,在养殖场、办公区、生活区的不同地方(具有代表性和容易藏污纳垢的地方),如圈舍过道、饲槽、圈舍壁、排粪污口(沟)、饲料推车、办公室、生活间等进行采样,来回充分擦拭。采样完成后将纱布放到自封袋中,并在试管或自封袋中加入一定量的生理盐水,生理盐水要完全浸泡纱布且能够倒出来,拧好试管盖和封好自封袋。

饲料样品可在食槽或大容器动物饲料中采集;水样品可从饲槽、饮水器、水箱或供应水源中采集。

对于重大动物疫病如新城疫、口蹄疫、禽流感、猪瘟、高致病性猪蓝耳病的样品采集按照国家相关标准执行。

五、样本的保存与运送

1.保存

采集的样品在无法于12 h内送检的情况下,根据不同的检验要求,应将样品按所需温度分类保存于不同冰箱、冰柜中。血清于−20 ℃冻存,全血暂时于4 ℃保存。供细菌检验的样品应4 ℃保存,或可用灭菌后的30%~50%甘油生理盐水保存。供病毒检验的样品应在0 ℃以下低温保存,也可以用灭菌后的30%~50%甘油生理盐水于0 ℃以下低温保存(可加入一定量的青霉素或链霉素)。供寄生虫检验的样品则常用福尔马林、甘油乙醇、巴氏液保存。供病例组织学检查的病料常用10%福尔马林溶液固定。

2.样本运送

所有运输包装均应贴详细标签,并做好记录。所采集的样品应以最快最直接的方式送往实验室。如果样品能在24 h内送达,则可存放于4 ℃左右的保温容器中运送,容器内加垫缓冲材料防止破裂。保温容器应密封,防止渗漏,保温容器外贴上封条。封条有贴封人(单位)签字(盖章),并注明贴封日期。

实践操作　动物血液采集

【目的要求】

能够进行采血、血液处理和保存。

【材料用品】

5 mL一次性采血器、采样单、记号笔、碘伏棉球、灭菌棉球、镊子、托盘、试管架、毛巾、垃圾桶、动物、手套、抗凝剂等。

【方法步骤】

1.采血

(1)颈静脉采血。适合马、牛、羊等大型家畜,在颈部静脉沟的上1/3与中1/3交界处,局部剪毛消毒，用左手拇指压住近心端颈静脉处的皮肤，使颈静脉怒张，右手持接有注射器的针头，沿血管平行方向远心端刺入血管。

(2)耳静脉采血。适合成年猪和兔，采血时将耳根压紧，待耳静脉怒张，局部消毒，用较细的针头刺入血管即可抽出血液。

(3)前腔静脉采血。多用于6个月以内的猪，采血时取猪仰卧姿势，拉直两前肢使与体中线垂直或使两前肢向后与体中线平行，手持针管，针头斜向后内方与地面呈60°角，向右侧或左侧胸前窝刺入，进针2～3 cm即可抽出血液。

(4)心脏采血。适合禽类、兔、鼠等个体较小的动物采血。将禽类侧卧保定，于胸外静脉后方约1 cm的三角凹陷处垂直刺入，穿透胸壁，阻力减小，继续刺入感觉有阻力，注射器轻轻摆动时即刺入心脏，徐徐抽出注射器推筒，采集心血5～10 mL。兔子仰卧保定，在第3肋间胸骨左缘3 mm处用注射器垂直刺入心脏，血液随即进入针管。

(5)翼根静脉采血。适用于家禽、水禽等有翅膀的动物，将翅膀展开，露出腋窝，将羽毛拔去，即可见明显的由翼根进入腋窝的较粗的翼根静脉。用碘伏消毒皮肤，采血时用左手拇指、食指压迫此静脉向心端，血管即怒张，右手持接有注射器的针头，由翼根向翅膀方向沿脉平行刺入血管，即可采血。

(6)牛尾静脉采血。将牛尾上提，在离尾根10 cm左右中点凹陷处，将采血器针头垂直刺入约1 cm，见有血液回流时，即把针芯向外拉使血液流入采血器或接入真空采血管。

2. 血液样本处理

(1)全血样品。采血时预先在采血管放入抗凝剂并旋转湿润内壁，采血后充分混匀。

(2)血清。采血时不加抗凝剂，将血样在室温下倾斜30°角，静置2～4 h，待血液凝固有血清析出时，用无菌剥离针剥离血凝块，然后置于4 ℃冰箱过夜，待大部分血清析出后，分离血清，必要时使用低速离心机分离血清。供检血清短暂保存可冷藏，长期保存要冷冻，但要尽量减少反复冻融。

(3)血浆。采血试管内先加抗凝剂，血液采完后，将试管颠倒几次，使血液与抗凝剂充分混合后静置，待细胞下沉，上层即为血浆。

【评分细则】

参照2020年全国行业职业技能竞赛——第三届全国农业行业职业技能大赛(动物疫病防治员)鸡翅静脉采血、鸡心脏采血赛项评分细则。

任务五　病原学检查

利用兽医微生物学和寄生虫学的方法，查出动物疫病的病原体，是诊断动物疫病的一种比较可靠的方法。

一、细菌性疫病的病原学检查法

(一)病原体的形态学检查

细菌形态上的差别比较容易观察出来。常依据形态特点作纲、目、科的分类，甚至定到属。病原体的形态学检查包括显微镜下菌体的形态学检查和培养菌落的眼观形态学检查两个方面。

1. 显微镜下菌体的形态学检查

先对病料进行涂片、染色再镜检，以了解细菌形态、结构和染色特性，大致估计被检材料中可能含有的病原体和含菌量。如对禽霍乱和炭疽的诊断，常通过病料组织触片、染色、镜检即可确诊。

常用的染色方法有革兰氏染色法、美蓝染色法、瑞氏染色法和吉姆萨染色法。而有些细菌需采用特殊染色方法：结核杆菌和副结核杆菌用抗酸染色法；布鲁氏菌用柯氏鉴别染色法；钩端螺旋体用镀银染色法。对病料中的细菌进行染色检查时，常选择美蓝染色法或瑞氏染色法等单染色法，而对培养物中的细菌进行染色检查时，多采用可以鉴别细菌的复染色法。

2. 培养菌落的眼观形态学检查

细菌病常有多种细菌混杂，其中有致病菌，也有非致病菌。不同的细菌在固体、液体、半固体及鉴别培养基中有其特定的生长现象，表现出一定的感官特征，通过观察这些特征可初步确定细菌的种类。如细菌在固体培养基上经过培养，长出肉眼可见的菌落。不同细菌形成的菌落其形态、大小、色泽以及表面性状、透明度、边缘性状、有无溶血现象等都有所差异；细菌在液体培养基中生长可使液体出现浑浊、沉淀、液面形成菌膜以及变色、产气等现象。因此从采集的病料中分离出病原体是细菌病诊断的重要依据，也是对病原体进一步鉴定的前提。

（二）病原体的生化试验

相近的菌种单凭形态学检查不易区别，但是不同菌类的新陈代谢产物不同，可以检查其代谢产物。因此，用生化试验检查细菌的代谢产物，是鉴别病原体的重要方法之一。通常根据细菌的生化特性定到种。

常用的生化试验有糖发酵试验、靛基质试验、乙酰甲基甲醇试验（V-P 试验）、甲基红试验（MR 试验）、柠檬酸盐利用试验、硝酸盐还原试验、硫化氢产生试验、明胶液化试验、尿素酶试验、牛乳试验等。

（三）动物接种试验

通过动物接种试验可以分离并鉴定细菌。最常用的实验动物有：小鼠、大鼠、豚鼠和家兔。实验动物在试验前应编号分组，以便对照。实验动物接种方法有：皮下接种法、腹腔接种法、肌肉接种法、静脉注射法。动物接种以后应立即隔离饲养，每天从静态、动态和摄食饮水等方面进行观察，做好记录。对发病和死亡的实验动物及时剖检，观察病理变化，并采取病料接种培养基，分离病原体。

（四）血清学试验

细菌的细胞、鞭毛、荚膜以及毒素都含有各种各样的抗原物质，这些抗原物质在血清学反应上是特异的，通过用血清学试验可进行细菌属内分群和种内分型。所以，血清学试验也是鉴别病原体的重要方法之一。根据属、种内各菌能不能发生某血清学反应可进行分群或分型。与某一已知阳性血清反应的菌种称为一群或一型，与另外一已知阳性血清发生反应的菌种称为另一群或另一型。这样可以把属内或种内抗原结构不同的病原体分为若干群或若干型，这种群或型称为血清群或血清型。

二、病毒性疫病的病原学检查法

（一）分离培养鉴定

分离培养鉴定主要是在详细调查流行病学的基础上，有目的地采取病料，有针对性地接种易感试验动物、禽胚胎和易感组织细胞，初步鉴定分离培养的病毒。例如，鸡新城疫病毒在鸡胚绒毛尿囊腔生长后，鸡胚全身皮肤有出血点，尤其是脑后；鸡胚绒毛尿囊膜接种鸡痘病毒产生痘斑病变。

（二）病毒的鉴定

除少数如绵羊痘等可以根据临床症状、流行病学、病变作出诊断外，大多数病毒性传染病的检测，必须在临床诊断的基础上进行实验室诊断，以确定病毒的存在或检出特异性的抗体。

1. 形态学检查

可利用普通光学显微镜、电子显微镜和免疫电子显微镜进行。有些病毒能在易感细胞中形成包涵体，将被检材料直接涂片、做组织切片或冰冻切片，经特殊染色后，可用普通光学显微镜进行检查。这种方法对能形成包涵体的病毒性传染病具有重要的诊断意义。能够产生包涵体的畜禽常见病毒有痘病毒、狂犬病病毒、伪狂犬病病毒等。

2. 病毒蛋白抗原检查

主要有免疫荧光技术、酶免疫技术等，在兽医临床上典型的应用是猪瘟荧光抗体染色法检测猪瘟病毒。将组织制成冰冻切片，经冷丙酮固定后，滴加猪瘟荧光抗体，于 37 ℃ 作用 30 min，洗涤，干燥，置于荧光显微镜下观察，以鉴定荧光的特异性。

3. 检测病毒核酸

主要是针对不同病原体具有的特异性核酸序列和结构进行检测。一种病毒只含有一种核酸（DNA 或 RNA），通过检测病毒核酸可达到诊断疫病的目的。目前利用核酸杂交技术、核酸扩增技术和基因芯片技术等已经研制出多种商品化试剂盒，如口蹄疫病毒系列 RT-PCR 检测试剂盒、猪瘟病毒 RT-PCR 检测试剂盒、猪伪狂犬病毒 PCR 检测试剂盒、禽流感病毒 RT-PCR 检测试剂盒等，用于病毒感染的快速检测。

三、寄生虫性疫病的病原学检查法

（一）动物寄生虫卵检查法

寄生虫卵形态检查，常以粪便为样品，用直接涂片、漂浮、沉淀等方法确诊。通过寄生虫卵计数，可对寄生虫的寄生量有一个大致的判断。对于某些不易根据虫卵形态确诊的寄生虫病，可用幼虫分离培养法。

1. 直接涂片检查法

该法适用于检查蠕虫卵、原虫的包囊和滋养体。在载玻片上滴 1 滴生理盐水，再挑取少量粪便，加入其中，混匀，去掉较大或过多的粪渣，使载玻片上留一层均匀粪液形成的粪膜，以能透视书报字迹为宜。在粪膜上覆以盖玻片，置于显微镜下检查。检查时应有顺序地查遍盖玻片下所有的部分。有时机体内寄生虫不多，粪便中虫卵少，难以查出虫卵。

2. 集卵法检查

利用不同密度的液体对粪便进行处理，使粪中虫卵下沉或上浮而被集中起来，再进行镜检，以提高检出率。

（1）沉淀法。该法适用于检查密度较大的吸虫卵和棘头虫卵。取粪便 5 g，加 100 mL 以上清水，搅匀，以 40～60 目筛过滤，滤液收集于三角烧瓶或烧杯中，静置 20～40 min；倾去上层液，保留沉渣，再加水混匀，再沉淀。如此反复操作直到上层液体透明后，吸取沉渣检查。

(2)漂浮法。该法适用于检查密度较小的线虫卵、绦虫卵和球虫卵囊。

方法一:取粪便 10 g,加饱和食盐水 100 mL,混匀,以 60 目筛过滤,滤液收集于烧杯中,静置 30 min,则虫卵上浮;用直径 5～10 mm 的铁丝圈,与液面平行接触以蘸取表面液膜,抖落于载玻片上检查。

方法二:取粪便 1 g,加饱和食盐水 10 mL,混匀,以 60 目筛过滤,滤液收集于试管中,补加饱和食盐水溶液使试管充满,利用液体表面张力,让液体在试管口形成一个小突起(不可补加过多,以免液体流出),再加盖玻片,并使液体与盖玻片接触,其间不留气泡,直立 30 min 后,取下盖玻片,覆于载玻片上检查。

(二)寄生虫体检查法

寄生虫体检查多采用肉眼观察、放大镜下观察和显微镜检查。血液寄生虫应采血染色镜检,生殖器官寄生虫采取生殖器官刮下物或分泌物压片镜检,组织内寄生虫采取寄生部位组织镜检,外寄生虫采取皮屑镜检,球虫采取粪便镜检。此外,对于蠕虫,可用肉眼或放大镜检查粪便中的虫体。

实践操作　病原菌涂片制作

【目的要求】

学会各种病料玻片标本制作方法。

【材料用品】

载玻片、盖玻片、酒精灯、火柴、生理盐水、刀、剪刀、镊子、血液等待检病料。

【方法步骤】

1. 清洁载玻片

洁净的载玻片直接在酒精灯外焰上通过数次;不洁的载玻片用酒精棉球或洁净纱布擦净,再在酒精灯外焰上通过数次。

2. 涂片

(1)血液、腹水。接种环火焰灭菌,取一环病料,于玻片中央均匀涂布成适当大小薄层,自然干燥。

血液还可用下述方法制片:待检血一小滴放载玻片一端,取另一玻片(推片)放于血滴之前,倾斜 30°～40°角并向后拉动接触血液,轻轻向载玻片另一端推动成血膜,自然干燥。

(2)菌落、脓汁和乳汁。接种环火焰灭菌,取适量生理盐水或蒸馏水于玻片中央,再用灭菌接种环取少量病料在水滴中混合,均匀涂布成适当大小的薄层,自然干燥。

(3)淋巴结、肝脏等组织脏器。用经火焰灭菌的镊子夹持组织,用灭菌剪刀取一小块,用病料新切面在载玻片上等距离压 2～4 个压印(不要过厚),自然干燥。

3. 固定

将载玻片涂抹面朝上,以其背面在酒精灯外焰上通过数次,略加热(以不烫手背为度)。血液、组织脏器抹片作吉姆萨染色,用甲醇固定,可将已干燥的抹片浸入甲醇中 2～3 min 后取出晾干,或在抹片上滴加数滴甲醇作用 2～3 min 后自然干燥。

4. 染色

根据被检细菌的种类或检验项目选用相应的染色方法。

5. 显微镜检查

经染色后的涂片，滴加香柏油，用油镜观察细菌的形态结构和染色特性，得出诊断印象，提出可疑疫病范围。

【注意事项】

全过程无菌操作。

知识链接

瑞氏染色法

瑞氏染料是由酸性染料伊红和碱性染料亚甲基蓝组成的复合染料。染色包括物理吸附作用与化学亲和作用。各种细胞成分化学性质不同，对各种染料的亲和力也存在差异，因此，染色后可观察到不同的细胞呈现不同的颜色。如嗜酸性物质(血红蛋白、嗜酸性颗粒为碱性蛋白)可与伊红结合被染为红色；嗜碱性物质(细胞核蛋白和淋巴细胞胞质为酸性)可与碱性染料亚甲基蓝或天青结合，被染为紫蓝色或蓝色；中性物质(中性颗粒)呈等电状态，均可与伊红和亚甲基蓝结合，被染为淡紫红色。

(1)瑞氏染色液的配制。瑞氏染色粉 0.1 g，甲醇 60 mL。将 0.1 g 瑞氏染色粉置于研钵中，加少量甲醇研磨，然后将已溶解的染液倒进清净棕色瓶内，剩下未溶解的染料再加少量甲醇研磨，如此反复，直至染料全部溶解为止。染液于室温下保存 1 周(每日振摇一次)，过滤后即可应用。新配的染液偏碱性，放置时间越久则染色效果越好。配制时可在染液中加入中性甘油 3 mL，可防止染色时甲醇过快挥发，且可使细胞着色更清晰。

(2)染色方法。先用玻璃铅笔在血膜两端各画一竖线，以防染液外溢，将血片平置于水平染色架上；于血片上滴加瑞氏染色液，以将血膜盖满为宜；待染色 1～2 min 后，再加等量磷酸盐缓冲液(pH 6.4～6.8，或中性蒸馏水)，并轻轻摇动或用洗耳球轻轻吹动，以使染色液与缓冲溶液混合均匀，继续染色 3～5 min；最后用蒸馏水冲洗涂片，自然干燥或用吸水纸吸干，待检。染色良好的血片应呈樱桃红色。

任务六　免疫学检查

免疫学检查法是利用抗原和抗体特异性结合的免疫学反应诊断动物疫病的一种方法。用于动物检疫的免疫学检查法主要有血清学试验和变态反应。

一、血清学试验

血清学试验是用已知的抗原来测定被检动物血清中的特异性抗体；或用已知的抗体(免疫血清)来测定被检材料中的抗原。其特异性强、敏感性高、方法简单快捷，可为疫病确诊提供依据。

常用的有凝集试验、沉淀试验等，此外还有免疫酶试验（如酶联免疫吸附试验等）、荧光抗体试验、免疫电镜技术、单克隆抗体技术、放射免疫分析技术等，为动物疫病的检疫开辟了广阔的途径。

(一)凝集试验

细菌、红细胞等颗粒性抗原，或吸附在红细胞乳胶颗粒性载体表面的可溶性抗原，与相应抗体结合，在有适当电解质存在下，可与相应抗体结合形成肉眼可见的凝集团块，称为凝集试验。

1. 直接凝集试验

将细菌或红细胞等颗粒性抗原与相应抗体直接反应，出现凝集现象。又分两种：一种是玻片法，用于抗原和抗体的定性检测，用已知抗体作为诊断血清与待检菌体颗粒抗原各2滴在玻片上混匀进行反应，数分钟后可用肉眼观察凝集结果，出现凝集颗粒为阳性反应。另一种是试管法，用已知一定量的抗原（细菌）与一系列稀释的待检血清混合，在保温箱放置后观察结果，用以检测待检血清中是否存在相应抗体和测定该抗体的效价。例如，布鲁氏菌病凝集试验就是用已知的抗原来检测血清，从而确定是否患有布鲁氏菌病。

2. 间接凝集试验

与直接凝集试验相比，间接凝集试验先将可溶性抗原（或抗体）吸附在载体颗粒表面，然后与相应抗体（或抗原）作用，可出现肉眼可见的凝集反应。间接凝集反应若以红细胞（多用绵羊红细胞）作为载体，称为间接血凝反应；若以乳胶作为载体，称为乳胶凝集反应。例如，猪口蹄疫和猪水疱病的反向间接红细胞凝集试验，就是用已知的抗体来检测未知的病毒或毒型，确定猪口蹄疫或猪水疱病。

3. 血凝和血凝抑制试验

血凝和血凝抑制试验也就是通常所说的抗体检测，某些病毒和病毒表面的血凝素可以引起人或某些动物的红细胞发生凝集，这种红细胞的凝集现象称为血凝反应（HA），也称直接血凝反应。当病毒的悬液中加入特异性抗体，以及这种抗体的量足以抑制病毒颗粒或其血凝素，红细胞表面受体无法与病毒颗粒或其血凝素接触，发生血凝抑制反应（HI），此时红细胞的凝集现象被抑制。血凝和血凝抑制试验敏感性强、特异性高、操作简便快速、结果可靠，因此其常用于新城疫、禽流感等病毒的诊断，以及血凝滴度的测定。

(二)沉淀试验

可溶性抗原（如细菌的外毒素、内毒素、菌体裂解液，病毒的可溶性抗原、血清、组织浸出液等）与相应抗体结合，在适量电解质存在下，在比例合适时可形成肉眼可见的不溶性免疫复合物，在反应体系中出现不透明的沉淀物，称为沉淀试验。常用的沉淀试验有环状沉淀试验和琼脂扩散沉淀反应。

1. 环状沉淀试验

在小试管中先加入已知血清，然后小心沿管壁加入待测抗原于血清表面，数分钟后两层液面交界处出现致密、清晰的白色环状沉淀，即为阳性反应。该方法主要用于抗原的定性检测，如链球菌血清型鉴定、诊断炭疽的 Ascoli 试验等。

2. 琼脂扩散沉淀反应

利用可溶性抗原和抗体在半固体琼脂凝胶中进行扩散，当抗原、抗体分子相遇并达到合适比例时，就会相互结合、凝集，出现白色沉淀线，从而判定抗原和抗体。此方法是马传染性贫血、鸡马立克病、鸡传染性支气管炎、鸡传染性法氏囊病常用的诊断方法。

二、变态反应

动物患某些疫病（主要是慢性传染病）时，可对该病的病原体或其代谢产物的再次进入机体产生异常高度反应，这种反应可以表现在动物的外部器官和皮肤上。因此，这些能引起变态反应的物质称为变应原，如结核菌素、鼻疽菌素，采用点眼、皮下、皮内注射的方法注入患病动物时，观察是否出现特异性变态反应，可进行变态反应诊断。

变态反应主要用于牛结核病、马鼻疽等一些慢性传染病的检疫与监测，尤其适合动物群体检疫与净化。

三、免疫标记

虽然抗原与抗体的结合反应是特异性的，但在抗原、抗体含量低时形成的抗原抗体复合物不可见。而有些物质（荧光素、酶、同位素、胶体金等）即便在超微量时也能被通过特殊方法检测出来（表 4-13），因此，将这些物质标记在抗原或抗体分子上，与待检抗原或抗体进行反应，通过检测标记分子来显示抗原抗体复合物的存在，使疫病得以诊断。

1. 酶联免疫吸附试验（ELISA）

将特异性抗体或抗原包被于聚苯乙烯等固相载体表面，加入待检抗原或抗体后，再加酶标抗体，以结合于固相载体上的酶标抗体分解底物产生有色产物的浓度为判定指标。结果可以目测，也可用酶标仪测定。ELISA 不需要特殊设备，操作也不复杂，且有良好的特异性和敏感性，既适合大规模筛查和流行病学筛查，又可以用于少量标本的检测，是目前生产中应用广、发展快的检测新技术之一，在动物检疫中被用于多种传染病、寄生虫病诊断检测。

2. 免疫胶体金快速检测试验

胶体金免疫层析技术是一种新型的固相免疫标记检测技术，具有快速简便、特异性强、成本低、结果判断直观等优点，被广泛应用于动物疫病诊断。免疫胶体金试纸条是基于胶体金免疫层析法研制而成，以硝酸纤维素膜为载体，利用微孔膜的毛细管作用，滴加在膜条一端的液体慢慢向另一端渗移，通过抗原抗体结合，并利用胶体金呈现颜色反应，达到检测抗原或抗体的目的。胶体金试纸条具有简便快速、结果易于判定、特异性好、灵敏度高、携带方便等特点，适合于基层应用。

表 4-13　常见动物疫病免疫抗体检测标准及方法

动物疫病种类	执行标准	免疫学检测方法
高致病性禽流感	GB/T 18936—2025	血凝和血凝抑制试验
新城疫	GB/T 16550—2020	血凝和血凝抑制试验
口蹄疫	GB/T 18935—2018	定型 ELISA、LPB-ELISA、SPC-ELISA、3ABC-I-ELISA、3ABC-B-ELISA
猪瘟	GB/T 16551—2020	免疫荧光试验（FAT）、免疫过氧化物酶试验（IPT）、免疫荧光中和试验（VIF）
非洲猪瘟	GB/T 18648—2020	间接 ELISA、夹心 ELISA
猪繁殖与呼吸综合征	GB/T 18090—2023	间接 ELISA、间接免疫荧光试验（IFA）、免疫过氧化物酶单层试验（IPMA）
小反刍兽疫病	GB/T 27982—2011	竞争 ELISA

特别关注

免疫抗体监测

免疫抗体监测就是通过监测动物血清抗体水平，了解疫苗的免疫效果，掌握动物免疫后在畜禽群体内的抗体消长规律，以便于发布免疫预警信息，科学指导养殖场(户)制订动物疫病免疫程序，正确把握动物免疫时间，合理有效地开展动物免疫工作。因此，免疫抗体监测具有评价疫苗质量、评估免疫质量、重大疫病预警和动物重大疫病防控成效认证等作用。其监测病种既包括国家规定强制免疫的病种如高致病性禽流感、新城疫、口蹄疫、猪瘟等疫病，还包括各地特殊要求进行抗体监测的病种。免疫抗体监测包括集中监测和日常监测，集中监测是春防和秋防结束后，集中采集免疫 21 d 以后的畜禽血清进行高致病性禽流感、新城疫、口蹄疫、猪瘟等国家强制性免疫的动物疫病的免疫抗体监测；日常监测指除集中监测外，每个月进行的强制性免疫的动物疫病和非强制性免疫的动物疫病的监测。

知识链接

分子生物学检疫技术

聚合酶链式反应(polymerase chain reaction，PCR)技术是 1985 年 Saiki 等首次报道的一种体外快速扩增 DNA 技术。其基本原理是以欲扩增的病原体基因组 DNA 作为模板，以和模板正链和负链末端互补的两种寡聚核苷酸作为引物，经过模板 DNA 变性、模板和引物复性结合、在 DNA 聚合酶作用下发生引物链延伸反应来合成新的模板 DNA。以此三步构成一个循环，反复进行扩增，获得大量特异性核酸序列。扩增产物可通过凝胶电泳或 DNA 测序检测。对于基因组为 RNA 的病原体，需要先将 RNA 反转录成 DNA，然后才能进行 PCR 扩增，这种方法称为反转录 PCR 技术(reverse transcription PCR，RT-PCR)。PCR 可以简便快速地从微量生物材料中扩增到大量特异性核酸，具有很高的灵敏度和特异性，可在动物检疫中对微量样品和不完整病原体进行检测，尤其适用于个体极小、难于观察且难于人工培养的病毒的检测。该技术操作不需要活的病原体，不会造成对环境的污染，可减少病原体扩散的风险。

实时定量 PCR(quantitative real-time PCR)技术是指在 PCR 反应体系中加入荧光基团，利用荧光信号积累实时监测整个 PCR 进程，最后通过标准曲线对未知模板进行定量分析的方法。本技术有效解决了传统定量只能终点检测的局限，利用外标标准曲线获得定量结果，是目前最准确、重现性最好的定量方法，已被广泛应用于疾病诊断、食品安全检测、科学研究等诸多领域。

能力测验

一、填空题

1. 流行病学调查的方式有(　　)、(　　)、(　　)、(　　)、(　　)。

2. 动物群体检疫的一般程序是先(　　),后(　　),再(　　)。

3. 个体检疫常用的方法有(　　)、(　　)、(　　)、(　　)、(　　)。

二、单选题

1. 流行病学调查是对动物群体中的(　　)发生和流行情况进行调查了解。

A. 传染病　　B. 疫病　　C. 寄生虫病　　D. 病毒

2. 群体检疫的方法以(　　)为主。

A. 视检　　B. 触检　　C. "三数"检查　　D. 听诊检查

3. 健康动物的呼吸方式呈(　　)。

A. 胸式呼吸　　B. 腹式呼吸　　C. 胸腹式呼吸　　D. 以上都有

4. 疑似(　　)的病畜禁止剖检。

A. 法氏囊　　B. 布鲁氏菌病　　C. 炭疽　　D. 新城疫

三、判断题

1. 流行病学调查时不需要查看疫苗接种记录。　　(　　)

2. 检疫时,如群体检疫中没有发现表现异常动物,就不必再进行个体检疫了。　　(　　)

3. 动物在进行病理剖检时一般都建议剥皮。　　(　　)

4. 剖检记录是重要的原始资料,具有保存价值。　　(　　)

四、简答题

1. 为什么说询问调查是动物疫情调查中一个重要的方法?

2. 为什么要掌握动物正常的"三数"?

五、计算题

2023 年某养鸡场暴发了鸡传染性法氏囊病,全场 10 万只鸡发病 6 000 头只,其中因该病死亡近 13 000 只。请你分别计算出该养鸡场 2023 年鸡传染性法氏囊病的发生率、死亡率、致死率各是多少?

项目五　部分动物疫病检疫

项目目标

1.知识　掌握本项目中列举的各类疫病检疫要点。掌握猪病、牛羊病及禽病检疫后处理办法,熟悉相关法律法规、标准文件等。

2.技能　掌握必检动物疫病实验室检测的主要方法,并能独立进行奶牛结核病皮内变态反应操作、布鲁氏菌病凝集试验、猪囊尾蚴虫体的显微镜检查、猪肉旋毛虫集样消化法检验试验及鸡新城疫检疫等操作。

3.德育　清醒地认识到人兽共患病已成为全球高度关注的公共卫生安全问题以及人兽共患病防控工作的重要性,为了乡村振兴、脱贫攻坚、保障群众健康和改善民生,做好人兽共患病的动物源头控制。

知识准备

任务一　人兽共患病的检疫

一、口蹄疫的检疫

口蹄疫是由口蹄疫病毒引起的一种急性、热性、高度接触性传染病,临诊以口腔黏膜、蹄部和乳房发生水疱和溃烂为特征。该病可快速和远距离传播,易感动物多达 70 余种,主要包括猪、牛、羊等主要畜种及其他家养和野生偶蹄动物。鉴于口蹄疫可造成巨大的经济损失和社会影响,世界动物卫生组织将其列为法定报告动物疫病,我国政府也将其列为一类动物传染病。

(一)临诊检疫要点

1.流行特点

本病传播迅速,流行猛烈,常呈流行性发生。其发病率很高,病死率一般不超过 5%。主要侵害牛、羊、猪及野生偶蹄动物,人也可感染。一般冬、春季较易发生大流行,夏季减缓或平息。有的国家和地区以春、秋两季为主。猪口蹄疫以秋末、冬季、春季常发,春季为流行盛期,夏季发生较少。

2.临床症状

不同动物发病后的临床症状基本相似,体温升高至 40～41 ℃,食欲不振或不食,精神沉郁;牛呆立流涎,猪卧地不起,羊跛行;唇部、舌面、齿龈、鼻镜、蹄踵、蹄叉、乳房等部位出现水疱；发病后期，水疱破溃、结痂，严重者蹄壳脱落；恢复期可见瘢痕、新生蹄甲。

3. 病理变化

患病动物的口腔、蹄部、乳房、咽喉、气管、支气管和前胃黏膜发生病变可见心包膜弥漫性及点状出血，心肌切面有灰白色或淡黄色的斑点或条纹，似老虎身上的条纹，称为“虎斑心”，心脏松软，似煮过的肉。

(二)实验室检测

1. 样品采集

用于病毒分离、鉴定的样品以发病动物(牛、羊或猪)未破裂的舌面或蹄部、鼻镜、乳头等部位的水疱皮和水疱液为最好。对临床健康但怀疑带病毒的动物可在屠宰后采集组织样品如淋巴结、脊髓、肌肉等作为检测材料。患病动物血清样品可用于检测血清抗体水平，同时可进行病毒定型和区分感染动物和免疫动物。临床上，还可使用牛羊食道-咽部分泌物(OP液)。

知识链接

样品采集原则

①先排除后采样。凡发现急性死亡的动物，怀疑患有炭疽时不得解剖。应先按相关要求采集血样，进行血液抹片镜检，确定不是炭疽后方可解剖采样。

②合理选择采样方法。应根据采样的目的、内容和要求合理选择样品采集的种类、数量、部位与抽样方法。样品数量应满足流行病学调查和生物统计学的要求。

诊断或被动监测时应选择症状典型或病变明显或有患病征兆的畜禽、疑似污染物。在无法确定病因时，采样种类应尽量全面。

主动监测时应根据畜禽日龄、季节、周边疫情情况估计其流行率，确定抽样单元。在抽样单元内，应遵循随机取样原则。

③采样时限。采集死亡动物的病料应于动物死亡后2 h内采集。无法完成时，夏天在6 h内采集，冬天在24 h内采集。

④无菌操作。采样过程应注意无菌操作。刀、剪刀、镊子、器皿、注射器、针头等采样用具应事先严格灭菌，每种样品应单独采集。

⑤尽量减少应激和损害。活体动物采样应避免过度刺激或损害动物，也应避免对采样者造成危害。

⑥生物安全防护。采样人员应加强个人防护，严格遵守生物安全操作的相关规定，严防人兽共患病感染。同时，应做好环境消毒以及动物或组织的无害化处理，避免污染环境，防止疫病传播。

2. 病原学检测

病原学检测方法包括定型酶联免疫吸附试验、多重反转录聚合酶链式反应、定型反转录聚合酶链式反应、病毒 VP1 基因序列分析、荧光定量反转录聚合酶链式反应等。

3. 血清学检测

病毒中和试验、液相阻断酶联免疫吸附试验、固相竞争酶联免疫吸附试验主要用于口蹄疫病毒抗体的监测和免疫效果评估；非结构蛋白 3ABC 抗体间接酶联免疫吸附试验、非结构蛋白

3ABC 抗体阻断酶联免疫吸附试验等主要用于口蹄疫病毒感染抗体的鉴别诊断。

(三)检疫后处理

(1)尽快确诊,并及时上报兽医和监督机关,建立疫情报告制度,按国家现有法规,对口蹄疫进行防治,并划定疫点、疫区和受威胁区。

(2)及时扑杀病畜和同群畜,在兽医人员的严格监督下,扑杀病畜并进行尸体无害化处理。

(3)严格封锁疫点、疫区,消灭疫源,杜绝疫病向外散播。场内应定期使用次氯酸钠、二氧化氯、碘酸混合液、氢氧化钠等进行全面彻底的消毒。对受威胁区的健康易感动物进行紧急免疫接种。

(4)疫区内最后一头病畜扑杀后,经一个潜伏期的观察,在未发现新病畜时,经彻底消毒,报有关单位批准,方可解除封锁。

知识链接

口蹄疫消毒剂的选择

选择对口蹄疫病毒敏感的酸碱类、醛类、氧化剂类、氯制剂类等消毒剂进行消毒。消毒药定期更换,轮换使用。

(1)日常预防性消毒。对牛舍外围环境可采用碱类或醛类消毒剂,每周应至少消毒1次。

牛舍内应采用氧化剂类或氯制剂类消毒剂;走廊、过道等每周应至少消毒2次,产房、保育室等每周带牛消毒3次,空栏后应彻底消毒。

每天应清洗牛舍槽道、地面、墙壁,除去褥草、污物,粪便。清洗工作结束后应及时将粪便及污物运送到贮粪场。

运动场的牛粪派专人每天清扫,集中到贮粪场,并进行无害化处理。

对进出场区的所有车辆、人员和物品应采用氧化剂类或氯制剂类消毒剂进行喷雾消毒。

(2)紧急消毒。当牛场发生口蹄疫疫情时,应按照《口蹄疫防治技术规范》的要求进行消毒。

对病死牛、扑杀牛及其产品、排泄物,以及被污染或可能被污染的垫料、饲料、其他物品和清洗所产生的污水、污物进行消毒和无害化处理,对场舍、排泄物、分泌物及污染的场所、用具等进行彻底消毒。

二、结核病的检疫

结核病是由结核分枝杆菌引起的人兽共患的一种慢性传染病,以进行性消瘦和在多种组织器官形成结节性肉芽肿或有干酪样坏死灶或钙化结节为特征。

(一)临诊检疫要点

1. 流行特点

流行过程缓慢,多为隐性感染,呈散发性或在畜禽群体中呈地方性流行。家畜中牛最易感

（特别是奶牛），其次为猪和鸡。

2. 临床症状

本病潜伏期长短不一，短者十几天，长者可数月甚至数年，病程呈慢性经过。

牛：牛的结核病以肺结核、淋巴结核和乳房结核最为多见。病牛表现为进行性消瘦，咳嗽、呼吸困难。淋巴结核可以发生于牛结核病的各个时期，临床表现主要集中于病牛的体表，以肩前、颌部、咽部、股前以及腹股沟等淋巴结为多见，病牛淋巴结突出并水肿、变硬，但无发热症状。乳房上淋巴结肿大，而后两乳区形成局限性弥漫性的硬结，且无热无痛，表面高低不平，泌乳量降低，乳汁变稀，严重时泌乳停止。肠结核多见于犊牛，以便秘与下痢交替出现或顽固性下痢为特征。

猪：全身性结核不常见，多为淋巴结核，常见于下颌淋巴结、咽淋巴结和颈淋巴结，可形成拳头大、不热不痛的硬块，表面凹凸不平，与周围皮肤相粘连，硬块最后化脓破口，长期排出脓汁或干酪样物。

鸡：鸡的结核以内脏出现结核结节以及体重减轻、消瘦、贫血、腹泻、死亡为主要特征，胸肌消瘦明显，胸骨明显突出，甚至变形；肝脏病变时，可见有黄疸；如果病禽关节或肠道受到侵染，可出现一侧跛行、翅膀下垂、顽固性腹泻的现象。

3. 病理变化

结节大小不一，呈灰白色、半透明状，较坚硬，多为散状。胸膜和腹膜发生密集的结核结节，如珍珠状。病期较久的，结节中心发生干酪样坏死或钙化，或形成脓腔和空洞。

（二）实验室检疫

对于健康畜（禽）群和可疑畜（禽）群的结核病检疫，应以变态反应为主要方法。病牛群的结核病检疫应以临诊检疫和细菌学检查为主要方法。

样品采集：分娩后14～25 d收集的乳汁（常乳）、病畜（禽）的病灶、痰、尿粪、乳及其他分泌物、粪便、肠段和淋巴结、血液等。

1. 细菌学检查

以镜检为主。采取病畜（禽）的病灶、痰、尿粪、乳及其他分泌物，做抹片或集菌处理，用抗酸染色法进行染色镜检，结核分枝杆菌呈红色，其他菌为蓝色。

2. 变态反应

结核菌素按菌型一般可分为牛型结核菌素、禽型结核菌素和人型结核菌素；按制造方法可分为老结核菌素和新结核菌素。新结核菌素又分为加热浓缩合成培养基结核菌素和提纯蛋白衍生物结核菌素。目前在我国检疫工作中新老并用，各有优点。

牛用牛型结核菌素试验，结核菌素皮内注射法和点眼法应同时进行。

（1）皮内注射法。皮内注射72 h后观察，老结核菌素的阳性反应是局部热痛，弥漫性肿胀，面积在35 mm×45 mm以上，或皮差在8 mm以上，为阳性反应；炎性反应不明显，肿胀面积在5～8 mm，或皮差在5～8 mm者为疑似反应；无炎性水肿，或仅有无热、坚实、有明显界限的圆形结节，皮差不超过5 mm者为阴性反应。新结核菌素皮差在4 mm以上者为阳性，2～4 mm为可疑，小于2 mm为阴性。

（2）点眼法。点眼后于3 h、6 h、9 h、24 h观察，有2个大米粒大或2 mm×10 mm以上的呈黄白色的脓性分泌物自眼角流出，或散布在眼的周围，或积聚在结膜囊及眼角内的；或上述反应较轻，但有明显的结膜充血、水肿，流泪，并有全身反应者，判定为阳性。凡检测为疑似的牛，应于检测后 60 d 进行复检，复检后仍为疑似的牛经再次复检，结果仍为疑似的牛则判为阳性。

禽用禽型结核菌素试验，将禽型结核菌素注射于一侧肉髯皮内，对侧作对照，于 24 h、48 h 后检查，注射侧出现增厚、下垂、发热或呈弥漫性水肿者，则判定为阳性反应；肿胀不明显者，为疑似反应；无变化者，为阴性反应。

猪、马、羊用禽型和牛型两种结核菌素同时分别注射。注射部位：猪和绵羊在耳根外侧，羊(除绵羊)在肩胛部，马在颈中部上 1/3 处。

(三)检疫后处理

发现疑似病牛应限制其移动并立即上报，对患病动物全部扑杀并进行无害化处理；将同群动物隔离监测，并进行结核病净化。被病畜污染的场地、圈舍可以用 2% 的氢氧化钠溶液进行全面消毒。另外，为防止人、畜相互传染，工作人员应注意防护，定期体检。

三、布鲁氏菌病的检疫

布鲁氏菌病是由布鲁氏菌引起的人兽共患传染病。在家畜中，牛、羊、猪最常发生，且能传染给人和其他家畜。其特征是生殖器官和胎膜发炎，引起流产、不育和各种组织的局部病灶。本病广泛分布于世界各地，我国目前在人、畜间仍有发生，给畜牧业和人类的健康带来严重危害。

(一)临诊检疫要点

1. 流行特点

本病的易感动物范围很广，如羊、牛、猪、水牛、野牛、牦牛、羚羊、鹿、骆驼、野猪、马、犬、猫、狐、狼、野兔、猴、鸡、鸭以及一些啮齿类动物等，但主要是羊、牛、猪。动物的易感性是随性成熟年龄接近而增高的，在易感性上并无显著性别差异。

2. 临床症状

孕畜发生流产，流产可发生于怀孕的任何时候，但通常以孕晚期多见。牛流产多发生于怀孕的第 5～7 个月，羊多在怀孕的第 4 个月左右发生流产，猪多发生于怀孕的第 4～12 周。牛还可见胎衣滞留、子宫炎及卵巢囊肿。此外还可见乳腺炎、关节炎和滑液囊炎。公畜可见睾丸炎、附睾炎。

3. 病理变化

主要病变为生殖器官的炎性坏死，脾、淋巴结、肝、肾等器官形成特征性肉芽肿，有的可见关节炎。胎儿主要呈败血症病变，皮下及肌肉间结缔组织出血性浆液性浸润，黏膜和浆膜有出血斑点，胸腔和腹腔有微红色液体。胎衣呈黄色胶冻样浸润，有的部位覆有纤维蛋白絮片和脓液，有的部位出现增灶和化脓灶。

(二)实验室检测

1. 样品采集

血液、乳液、流产胎儿胃内容物、流产胎衣、阴道分泌物或肝、肾、淋巴结等。

2. 细菌学检查

用流产胎儿胃内容物、流产胎衣、阴道分泌物或肝、肾、淋巴结等材料制成涂片，经干燥、火焰固定后，用孔雀绿与沙黄芽孢染色液染色，布鲁氏菌被染成淡红色的小球杆菌，其他细菌或细胞为绿色或蓝色。

3. 生化特性检验

一般可分解葡萄糖、木糖和其他糖类，产生少量的酸，不分解甘露糖。VP 试验和 MP 试验均为阴性。

4. 血清学检查

常用的有试管凝集试验和平板凝集试验。初筛采用虎红平板凝集试验，也可采用荧光偏振试验、全乳环状试验。确诊采用试管凝集试验，也可采用补体结合试验、酶联免疫吸附试验等。

5. 变态反应

用于猪、羊的布鲁氏菌病。注射部位明显水肿，凭肉眼观察出来的，为阳性反应；肿胀不明显，通过触诊与对侧对比方能察觉者，为疑似反应；注射部位无反应或仅有一个小的硬结者，为阴性反应。

（三）检疫后处理

检出的患病动物全部扑杀并进行无害化处理，对同群动物隔离检测，对受威胁区的动物实施隔离，并进行免疫接种。对流产胎儿、排泄物及染疫动物产品进行无害化处理。

四、炭疽病的检疫

炭疽病是由炭疽杆菌引起的一种急性、热性、败血性人兽共患传染病，以突然死亡、天然孔出血、尸僵不全为特征。

（一）临诊检疫要点

1. 流行特点

各种家畜、野生动物及人对本病都有不同程度的易感性，草食动物最易感，杂食动物次之，肉食动物再次之，家禽一般不感染，人易感。本病主要经消化道、呼吸道和皮肤感染。炭疽芽孢对环境具有很强的抵抗力，其污染的土壤、水源及场地可形成持久的疫源地，所以多呈地方性流行。本病有一定的季节性，多发生在吸血昆虫多、雨水多、洪水泛滥的季节。

2. 临诊症状

该病潜伏期一般为 1～5 d，也有长达 20 d 的，根据病程可分为最急性型、急性型和亚急性型。

牛多呈急性型，体温高达 41 ℃以上，可视黏膜呈暗紫色，心动过速、呼吸困难。呈亚急性型的病牛，在颈、胸前、肩胛、腹下或外阴部常见水肿；皮肤病灶温度增高，坚硬，有压痛，也可发生坏死，有时形成溃疡；颈部水肿常与咽炎和喉头水肿相伴发生，致使呼吸困难加重。急性病例一般经 1～2 d 后死亡，亚急性病例一般经 2～5 d 后死亡。

羊多呈最急性型，表现为摇摆、磨牙、抽搐、挣扎、突然倒毙，有的从天然孔流出带气泡的黑红色血液，病程稍长者也只持续数小时死亡。

猪多为局限性变化，呈亚急性型，临诊症状不明显，常在宰后发现病变。

犬和其他肉食动物临诊症状不明显。

3. 病理变化

败血型：病死动物可视黏膜发绀、出血；血液呈暗紫红色，凝固不良，黏稠似煤焦油状；皮下、肌间、咽喉等部位有浆液性渗出及出血；淋巴结肿大、充血，切面潮红；脾高度肿胀，可达正常的数倍，脾髓呈黑紫色。

局部型：猪炭疽一般为局部型。咽炭疽最多见，颌下淋巴结肿大，刀切淋巴结硬而脆，切面为深砖红色，质地粗糙无光泽，上有暗红色或紫色凹陷坏死灶，淋巴结周围有不同程度胶样浸润，扁桃体充血、出血、水肿或坏死。

肠型：多发生于小肠，以肿大、出血和坏死的淋巴小结为中心，形成局灶性、出血性、坏死性病变，于肠壁上出现坏死溃疡；肠系膜淋巴结肿大，呈出血性胶样浸润。

(二)实验室检测

1. 样品采集

疑似炭疽患病动物，采耳部或尾根静脉血，病变部位水肿液或渗出液以及天然孔流出物；疑似炭疽死亡动物，针刺鼻腔或尾根部静脉血；陈旧动物，采集肉、脏器、骨粉、皮张、鬃、毛等病料。土壤、水体、皮张等均可作为实验室检测的样品。

2. 病原学检查

在防止病原体扩散的条件下采集病料。濒死期可采耳静脉血、水肿液或血便，死后可立即采取耳尖血和四肢末端血涂片；宰后检疫时，取淋巴结涂片。用美蓝、瑞氏染色法或吉姆萨染色法染色，镜检发现单个或2～4个短链排列的竹节状的带有荚膜的粗大杆菌，可作出初步判定。进一步诊断，需进行病原体分离培养及荚膜形成试验或聚合酶链式反应。

3. 血清学检查

常将病料浸出液与炭疽沉淀素血清做环状沉淀试验，接触面出现清晰的白色沉淀环者为阳性。此外，还可用串珠试验、琼脂扩散试验、荧光抗体技术等。

(三)检疫后处理

1. 零星散发的处理

对患病动物进行不放血扑杀销毁；对同群动物紧急免疫接种，并隔离观察20 d；对动物尸体及被污染的粪肥、垫料、饲料等进行焚烧掩埋处理；对可能被污染的物品、交通工具、用具、圈舍等按要求进行严格彻底消毒。

2. 暴发流行的处理

本病呈暴发流行时(1个县在10 d内发现5头以上的患病动物)，要立即上报疫情，划定疫点、疫区和受威胁区。

(1)疫点。对患病动物和同群动物全部进行无放血扑杀处理，对其他易感动物进行紧急免疫接种；对所有病死动物、被扑杀动物，以及排泄物和可能被污染的垫料、饲料等物品进行焚烧掩埋处理；对圈舍、场地以及所有运载工具、饮水用具等进行严格彻底的消毒。限制人、易感动物、车辆进出和动物产品及可能受污染的物品运出。

(2)疫区。进出人员、车辆进行消毒，停止动物及其产品的交易、移动，所有易感动物进行紧急免疫接种，对圈舍、道路等可能污染的场所进行消毒。

(3)受威胁区。对受威胁区内的所有易感动物进行紧急免疫接种。最后一头患病动物死亡或患病动物和同群动物扑杀处理后20 d内不再出现新的病例，进行终末消毒后，经有关部门批准，方能解除封锁。

3. 屠宰检疫的处理

扑杀患病动物和同群动物并进行无害化处理，污染场所、车辆严格消毒。宰后检疫时发现的患病动物，应立即停止生产，整个肉尸、内脏、皮毛、血液及被污染或疑似被污染的肉尸、内脏等一律进行无害化处理，被污染的场地、用具等按规定严格消毒。

五、棘球蚴病

棘球蚴病，又称“包虫病”，是棘球蚴寄生于人和猪、牛、羊、犬等哺乳动物内脏及肌肉内所引起的一类寄生虫病。它不仅压迫组织器官造成其严重变形，而且由于囊泡破裂，囊液可导致再感染或过敏性疾患。临诊以营养障碍、消瘦、发育不良、衰竭、呼吸困难等为特征。

(一)临诊检疫要点

1. 流行特点

牛、羊、猪受害较重，特别是绵羊，在每年早春时可引起大批死亡。以牧区发生较多，是我国危害较重的人兽共患病。

2. 临床症状

棘球蚴寄生在肝脏时右腹膨大、臌气，肝区疼痛，偶见黄疸；寄生在肺脏时，呼吸困难、咳嗽、气喘、肺泡音微弱。棘球蚴囊液可引起体温升高，有时腹泻，最终由于肝、肺受害致营养失调，衰弱，死亡。囊泡破裂后引发人和畜剧烈的过敏反应，造成呼吸困难、体温升高、腹泻，对人特别敏感。猪感染棘球蚴后，症状一般不明显，生前诊断较困难，一般在屠宰后发现。

3. 病理变化

棘球蚴最常见于肝和肺，此外也可见于心、肾、脾、肌肉、胃等。剖检时可见乳白色囊泡，常为球形，大小不等。囊壁厚，囊内充满液体，棘球蚴游离在囊液中。有棘球蚴寄生的脏器局部凹陷，甚至萎缩。

(二)实验室检测

1. 流行病学调查结合病死畜剖检

剖检时在肝脏、肺脏等处发现棘球蚴包囊即可确诊。

2. 变态反应试验

取新鲜棘球蚴囊液，无菌操作过滤，在动物颈部皮内注射 0.1～0.2 mL，注射后 5～10 min 观察，皮肤出现红肿，直径 0.5～2 cm，15～20 min 后成暗红色为阳性，迟缓型于 24 h 内出现反应，24～28 h 不出现反应者为阴性。

3. 血清学检查

间接血凝试验和酶联免疫吸附试验具有较高的敏感性、特异性，对动物和人的棘球蚴检出率较高。

4. 影像学诊断

对人和动物也可用 X 射线透视和超声进行诊断。

(三)检疫后的处理

对发病动物隔离治疗，粪便进行发酵处理；同群动物进行药物预防。对检出棘球蚴的动物脏器应进行销毁；肌肉中发现棘球蚴时，将患部割除销毁，其他部分的利用不受限制；但若严重感染且囊泡破裂污染肉尸时，应高温处理后用于工业。禁止将病变内脏直接喂犬和随处丢弃，以防被犬或其他肉食动物食入。严格进行屠宰场地管理，场内应禁止养犬。严格执行肉品检疫，做好饲料、饮水及圈舍的清洁卫生工作，防止被粪便污染。

实践操作　牛结核病的检疫

【目的要求】

学会牛结核菌素变态反应诊断的方法；学会牛结核菌素变态反应诊断的判定标准。

【材料用品】

待检牛、鼻钳、剪毛剪、游标卡尺、镊子、1 mL 皮内注射器及针头、提纯结核菌素、酒精棉球、煮沸消毒器、记录表、工作服、手套、口罩、胶靴等。

【方法步骤】

(一)临床检疫

1. 流行病学调查

询问牛的引进及饲养管理情况、发病数量及病程长短。

2. 临床症状

参照已经了解的牛结核病的临床主要诊断依据仔细观察，特别要注意营养状况、呼吸道及消化道症状。

3. 病理变化

对疑为结核病的牛尸进行剖解时，注意观察特征性的病理变化。

(二)实验室检测

提纯结核菌素进行皮内变态反应试验，对活畜的结核病检疫具有非常重要的意义。出生后 20 d 的牛即可用本试验进行检疫。

1. 注射部位

将牛编号登记后，在颈侧中部上 1/3 处剪毛(3 月龄以内的犊牛，可在肩胛部)，直径约 10 cm，用卡尺测量术部中央皮皱厚度，做好记录。如术部有变化时，应另选部位或在对侧进行。

2. 注射剂量

每头牛皮内注射 0.1 mL 结核菌素，不低于 2 000 IU，或按试剂说明书配制的剂量注射。

3. 注射方法

保定好牛，用酒精棉球消毒术部。一手提捏起术部中央皮皱，另一手持皮内注射器，按皮内注射的方法注入预定剂量的结核菌素，注射后局部应出现小泡。如注射有疑问时，应另选 15 cm 以外的部位或对侧重新注射。

4. 观察反应

皮内注射后观察 72 h，仔细观察注射局部有无热、痛、肿胀等炎性反应，并用卡尺测量注射部皮皱厚度，做好详细记录(表 5-1)。72 h 后，对阴性反应和疑似反应的牛，于注射后 96 h 和 120 h 再分别判定一次，以防个别牛出现较晚的迟发性变态反应。

5. 结果判定

分为阳性反应、疑似反应和阴性反应三种情况。

(1)阳性反应。局部有明显的炎性反应,皮厚差≥4.0 mm 者,为阳性反应(+)。

(2)疑似反应。局部炎性反应较轻,2.0 mm<皮厚差<4.0 mm,为疑似反应(±).

(3)阴性反应。无炎性反应,皮厚差≤2.0 mm,为阴性反应(—)。

凡判定为疑似反应的牛只,于第一次检疫 42 d 后进行复检,其结果仍为疑似反应时,判为阳性。

表 5-1　牛结核病检疫登记表

单位:　　　　　　　　　　　　　　　　　　　年　月　日　　　检疫员:

牛号	年龄	牛型提纯蛋白衍生物结核菌素皮内注射反应							
		次数	注射时间	注射部位	原皮厚度	72 h	96 h	120 h	判定
		1							
		2							
		1							
		2							
		1							
		2							

受检头数:　　　　阳性头数;　　　　疑似头数:　　　　阴性头数:

【实践报告】

牛结核病的实验室检测。

实践操作　羊布鲁氏菌病检疫

【目的要求】

了解羊布鲁氏菌病的检疫方法;学会用虎红平板凝集试验和试管凝集试验检测羊布鲁氏菌病。

【材料用品】

无菌采血试管、采血针头及注射器、皮内注射器及针头、灭菌小试管及试管架、清洁灭菌吸管、洁净玻璃板、牙签、酒精灯、接种针、一次性防护服、手套、口罩、胶靴、布鲁氏菌试管凝集抗原、虎红平板凝集抗原、布鲁氏菌标准阳性血清、布鲁氏菌标准阴性血清、含 0.5%石炭酸的 10%氯化钠溶液、5%碘酊棉球、75%酒精棉球、来苏尔等。

【方法步骤】

(一)临床检疫

1. 流行病学调查

了解患病羊的种类、发病数量及饲养管理情况和羊群的免疫接种情况。

2. 临床症状

参照已经了解的羊布鲁氏菌病的临床主要诊断依据仔细观察,特别要注意怀孕母羊流产情况以及相应的可能发生的胎衣滞留、子宫内膜炎、乳腺炎、关节炎，公羊的睾丸炎、附睾炎或关节炎等症状。

3. 病理变化

对流产胎儿和胎衣仔细观察，注意观察特征性的病理变化，一定要做好个人防护。

(二)实验室检测

1. 被检血清制备

被检羊局部剪毛消毒后，颈静脉采血。无菌采血 7～10 mL 于灭菌试管内，摆成斜面让血液自然凝固，经 10～12 h，待血清析出后，分离血清装入灭菌小瓶。血清析出量少或血清蓄积于血凝块之下时，用灭菌细铁丝或接种环沿着试管壁穿刺，使血凝块脱落，然后放于冷暗处，使血清充分析出。

2. 虎红平板凝集试验

(1)操作方法。取洁净的玻璃板，在其上划分成 4 cm^2 的方格，标记受检血清号；在标记方格内加相应被检血清 0.03 mL，再在受检血清旁滴加布鲁氏菌虎红平板凝集抗原 0.03 mL；用牙签搅动血清和抗原使之混匀，在室温下 4 min 内观察记录反应结果。同时以阳性、阴性血清作为对照。

(2)结果判定。在阳性、阴性血清对照成立的条件下，被检血清在 4 min 内出现肉眼可见的凝集现象者判为阳性(＋)，无凝集现象，呈均匀粉红色者判为阴性(－)。

3. 试管凝集试验

(1)被检血清稀释度。可用 1∶25、1∶50、1∶100、1∶200 四个稀释度。大规模检疫时可用两个稀释度：山羊、绵羊、猪、犬用 1∶25 和 1∶50，牛、马、鹿、骆驼用 1∶50 和 1∶100。

(2)操作方法。取小试管 7 支，编号后立于试管架，然后开始加样。第 1 管加入稀释液 1.15 mL，第 2、3、4 管各加入 0.5 mL 稀释液，用 1 mL 吸管取被检血清 0.1 mL，加入第 1 管，充分混匀后(一般吸吹 3～4 次)，吸取 0.25 mL 弃去，再吸取 0.5 mL 混合液加入第 2 管，充分混匀后，吸 0.5 mL 混合液加入第 3 管，如此稀释至第 4 管，第 4 管混匀后弃去0.5 mL，稀释完毕，从第 1 至第 4 管的血清稀释度分别为 1∶12.5、1∶25、1∶50 和 1∶100，牛、马、鹿、骆驼血清稀释法与上述基本一致，差异是第一管加 1.2 mL 稀释液和 0.05 mL 被检血清。然后将 1∶20 稀释的抗原由第 1 管起，每管加入 0.5 mL，并振摇均匀。血清最后稀释度由第 1 管起，依次为 1∶25、1∶50、1∶100 和 1∶200，牛、马和骆驼的血清稀释度则依次变为 1∶50、1∶100、1∶200 和 1∶400。设阳性血清、阴性血清和抗原对照，置于 37 ℃温箱 24 h，取出检查并记录结果。

(3)结果判定。

①凝集反应程度区分。试管底部有明显伞状凝集物，液体完全透明，抗原全部凝集，以“＋＋＋＋”表示；试管底部有明显伞状凝集物，75％抗原被凝集，以“＋＋＋”表示；试管底部有伞状凝集物，液体中度浑浊，50％抗原被凝集，以“＋＋”表示；25％抗原被凝集，试管底部有少量伞状沉淀，液体浑浊，以“＋”表示；若抗原完全不凝集，试管底部无伞状凝集物，只有圆点状沉淀物，液体完全浑浊，以“－”表示。

②阳性判定。山羊、绵羊、猪和犬的血清凝集价为 1∶50 以上者，牛、马、鹿和骆驼 1∶100 以上者，判为阳性；山羊、绵羊、猪和犬的血清凝集价为 1∶25 者，牛、马、鹿和骆驼为 1∶50 者，判为可疑。可疑反应的动物经 3～4 周后重检，牛、羊重检仍为可疑，判为阳性；猪重检仍为可疑，而同场的猪没有临诊症状和大批阳性出现者，判为阴性。

【实践报告】

虎红平板凝集试验法检测羊布鲁氏菌病。

任务二　猪疫病的检疫

一、非洲猪瘟

非洲猪瘟是由非洲猪瘟病毒感染家猪和各种野猪(非洲野猪、欧洲野猪等)引起的一种急性、出血性、烈性、高度接触性传染病,严重危害着全球养猪业。其临床表现为发热,心跳加快,呼吸困难,咳嗽,眼、鼻有浆液性或黏液性脓性分泌物,皮肤发绀,淋巴结、肾、胃肠黏膜明显出血。本病在临诊及尸体剖检上与猪瘟相似,但更为严重,只能依靠实验室检测确诊。世界动物卫生组织(WOAH)将非洲猪瘟列为法定报告动物疫病,被我国列为一类动物疫病。

(一)临诊检疫要点

1. 流行特点

潜伏期 21 d,猪科动物是非洲猪瘟病毒的易感动物,发病不分日龄、品种和性别。呼吸道和消化道是主要的感染途径,也可通过钝缘软蜱等媒介昆虫叮咬进行传播。感染非洲猪瘟病毒的家猪、野猪和钝缘软蜱等为主要传染源,各种分泌物和排泄物,以及各种器官均含有病毒。

本病发病率为 40%～85%。不同毒株致病性有所差异,强毒力毒株可导致猪在 4～10 d 100%死亡;中等毒力毒株造成的病死率一般为 30%～50%;低毒力毒株仅引起少量猪死亡。该病季节性不明显。

2. 主要症状

最急性型表现为突然死亡。急性型表现为突发高热(40.5～42 ℃),并稽留约 4 d,之后体温减退但出现特征症状:皮肤出现出血斑点、发绀;鼻、眼有脓性分泌物;下痢并有呕吐;共济失调;妊娠母猪流产。发病率和死亡率可达 100%。亚急性型症状类似,但病情较轻,死亡率较低,体温波动无规律,一般高于 40.5 ℃,仔猪死亡率较高。病程为 5～30 d。慢性型表现为波浪热、呼吸困难、湿咳、消瘦或发育迟缓、体弱、毛色暗淡、关节肿胀、皮肤溃疡,死亡率低,病程为 2～15 个月。

3. 主要病变

急性病例肉眼病变与猪瘟极为相似,但淋巴结出血严重,尤其腹腔淋巴结状似血瘤,与猪瘟淋巴结的大理石外观不同;浆膜表面充血、出血,肾脏、肺脏表面有出血点;脾脏显著肿大,质脆,呈暗红色至黑色,表面有出血点,边缘钝圆,有时出现边缘梗死;心内膜和心外膜有大量出血点;胃、肠道黏膜弥漫性出血;胆囊、膀胱出血;肺脏肿大,切面流出泡沫性液体,气管内有出血性泡沫样黏液。

(二)实验室检测

1. 样品采集

采集发病动物或同群动物的血清学样品和病原学样品,病原学样品主要包括抗凝血、脾脏、扁桃体、淋巴结、肾脏和骨髓等。如环境中存在钝缘软蜱，应一并采集。

2. 病原学检测

病原学快速检测可采用聚合酶链式反应(PCR)和实时荧光聚合酶链式反应(RT-PCR)、荧光重组酶介导等温核酸扩增技术(荧光 RAA)等方法。开展病原学快速检测的样品必须灭活，检测应在符合相关生物安全要求，并取得省农业农村厅非洲猪瘟检测资格认可的实验室进行。

3. 血清学检测

临床上常用的血清学检测方法包括夹心酶联免疫吸附试验(夹心 ELISA)、间接 ELISA 抗体检测方法、阻断 ELISA 抗体检测方法、夹心 ELISA 抗体检测方法、间接免疫荧光方法等。

非洲猪瘟临床症状与古典猪瘟、猪蓝耳病、猪丹毒、猪附红细胞体病等疫病相似，必须开展实验室检测进行鉴别诊断。

(三)检疫处理

检疫发现疑似非洲猪瘟症状或异常死亡等情况，按照《非洲猪瘟疫情应急实施方案》等文件要求，应立即上报疫情，开展相应级别应急响应，严格规范做好疫情应急处置。具体处置如下：

1. 疑似疫情处理

对发生可疑和疑似疫情的相关场点，采取隔离观察、采样检测、流行病学调查、限制易感动物及相关物品进出、环境消毒等措施。必要时可采取封锁、扑杀等措施。

2. 疫情确诊后处理

疫情确诊后，立即划定疫点、疫区和受威胁区。

(1)疫点。扑杀所有生猪，并参照《病死及病害动物无害化处理技术规范》等相关规定，对相关物品进行无害化处理。严格彻底消毒，强化灭蝇、灭鼠等媒介生物控制措施。禁止易感动物出入和相关产品调出。疫点为生猪屠宰场所的，还应暂停生猪屠宰等生产经营活动，并对流行病学关联车辆进行清洗消毒。运输途中发现疫情的，应对运载工具进行彻底清洗消毒，不得劝返。

(2)疫区。封锁疫区，设立临时检查消毒站，对出入的相关人员和车辆进行消毒；关闭生猪交易场所并进行彻底消毒，对场所内的生猪及其产品予以封存；禁止生猪调入、生猪及其产品调出疫区，经检测合格的出栏肥猪可经指定路线就近屠宰；监督指导养殖场户隔离观察存栏生猪，增加清洗消毒频次，并采取灭蝇、灭鼠等媒介生物控制措施；生猪屠宰加工场所暂停屠宰活动并彻底消毒。

(3)受威胁区。关闭生猪交易市场，对生猪养殖场、屠宰场进行全面监测和感染风险评估，及时掌握疫情动态。符合条件的生猪可以在适当范围内调运。

开展紧急流行病学调查，做好应急监测。感染非洲猪瘟养殖场恢复生产可参照《感染非洲猪瘟养殖场恢复生产技术》(NY/T 4033—2021)进行相应操作。

特别关注

非洲猪瘟对我国生猪产业的影响

2018 年 8 月，我国辽宁省首次出现生猪非洲猪瘟疫情，随后迅速席卷全国，给我国养猪业带来了巨大的冲击。因设施简陋、自动化程度低、环境污染问题多、生物安全防控不到位及后期复养成本过高等问题，传统中小规模养殖场大量退出养殖行业。而大型养猪企业利用自身优势累积防疫经验，不断发展壮大，趁机抢占市场。一定程度上，非洲猪瘟疫情的发生促进了我国生猪生产产业转型升级和各环节的转变发展。

二、猪瘟

猪瘟是由猪瘟病毒引起的一种高度接触性、出血性和致死性传染病，可造成巨大的经济损失和社会影响。其特征为高热稽留，组织器官广泛出血、梗死和坏死，纤维素性坏死性肠炎。本病被列入《中华人民共和国进境动物检疫疫病名录》一类传染病，WOAH 列为法定报告动物疫病，我国将其列为二类动物疫病。

(一)临诊检疫要点

1. 流行特点

猪(包括野猪)是本病唯一的自然宿主。发病不分年龄、品种和性别。

直接接触是本病的主要传播方式，病毒还可以通过精液、胚胎、猪肉和泔水等方式间接传播，人、其他动物如鼠类和昆虫、器具等均可成为重要传播媒介。感染母猪可经胎盘垂直感染胎猪，引起流产。

病猪、带毒猪是主要传染源，感染猪在发病前即可通过口、鼻及泪腺分泌物、尿和粪排毒，并延续整个病程。先天感染仔猪可以长时间排毒，在流行病学上具有重要意义。带毒猪屠宰时更易散播病毒，猪肉和猪肉制品可带毒。

本病传染性很强，强毒株在易感猪群中往往造成流行。在免疫猪群中，主要表现为非典型性猪瘟，死亡率低，无季节性。

2. 临床症状

潜伏期为 3～10 d，典型症状为发热、倦怠、结膜炎、厌食、腹泻、呕吐、呆滞和步履蹒跚等。出现临床症状后数天，在眼、腹和大腿内侧会出现紫色斑点，指压不褪色。非典型症状则没有体温升高现象，但猪呈渐进性消瘦。

3. 病理变化

急性病例病理变化不明显或缺乏。典型病例淋巴结呈大理石样红色变化，心外膜、肾、膀胱浆膜、皮下和真皮下出血，脾脏不肿大，边缘有出血性梗死。亚急性和慢性病例除以上病变外，还会在全身浆黏膜、心脏、膀胱、扁桃体、胆囊有出血点或出血斑等病变。

(二)实验室检测

(1)样品采集。病死猪可采集扁桃体、淋巴结、胰脏、脾、回肠、肝、肾等含毒量较高的组织。活体猪可采集扁桃体及血液。

(2)病原学检测。有荧光抗体染色法、猪瘟病毒反转录聚合酶链式反应(RT-PCR)、免疫酶组化法、兔体交互免疫试验等方法，其中兔体交互免疫试验在基层广泛采用。

(3)血清学检测。目前常用荧光抗体试验和酶联免疫吸附试验，这也是国际贸易指定的血清学检验方法。

本病在临诊症状上易与猪丹毒、猪肺疫、猪链球菌病、猪沙门氏菌病(猪副伤寒)混淆，其鉴别要点见表 5-2。

表 5-2　猪表现皮肤红斑的热性传染病鉴别要点

鉴别要点	急性猪瘟	急性猪丹毒	急性猪肺疫	急性猪链球菌病	急性猪副伤寒
病原体	猪瘟病毒	猪红斑丹毒丝菌	多杀性巴氏杆菌	多种不同群的致病性链球菌	猪霍乱和猪伤寒沙门氏菌
发病年龄	不分年龄	3月龄以上	中猪、大猪多发	不分年龄	1～4月龄
发病季节	一年四季	夏、秋季	一年四季，尤以气候骤变、冷热交替时多发	夏、秋季	一年四季、以阴冷潮湿，卫生条件差时多发
症状特点	发病率、死亡率均高；高热；皮肤红斑指压不褪色；便秘、腹泻交替；仔猪有神经症状，母猪有流产现象	高热；皮肤红斑指压褪色；皮肤有特征性疹块	高热；皮肤紫红斑，指压不褪色；咽喉部、颈部肿胀；高度呼吸困难	高热；皮肤紫红斑指压不褪色；呼吸困难，伴有神经症状，跛行	皮肤有紫红色斑块：伴呕吐、腹泻、粪中带血
病变特点	全身浆膜、黏膜有出血点或出血斑；“麻雀卵”样肾；“大理石”样淋巴结；脾出血梗死但不肿大	脾、肾、淋巴结肿大，暗红或紫红	两肺肿大、暗红，切开流出泡沫；颌下淋巴结肿大；肝、肾、脾肿大	全身浆膜、黏膜出血或有出血斑；全身淋巴结出血；脾肿大、暗红；血凝不良	肝淤血，其上有坏死点；脾肿大紫红色；肠系膜淋巴结肿大暗红
血液涂片镜检	不见细菌	革兰氏阳性纤细杆菌	革兰氏阴性短杆菌	革兰氏阳性链球菌	革兰氏阴性杆菌
抗生素治疗	无效	有效	有效	有效	有效

检疫后处理。检疫中发现本病时，应尽快上报疫情，划定疫点、疫区和受威胁区。对发病的猪场严密封锁、隔离、消毒（氧化剂类、醛类、氯制剂等消毒剂均有效）；扑杀病猪和同群猪；对病死猪、污染物进行无害化处理。疫区和受威胁区所有生猪进行紧急免疫接种。

知识链接

免疫胶体金技术在猪瘟临床检测中的应用

免疫胶体金技术具有操作简单、特异性较高等优点，在临床中广泛应用。特别是猪瘟的检测中，免疫胶体金技术可用来检测猪瘟抗原和抗体。

免疫胶体金技术检测抗原（抗体）

将猪瘟病毒抗原（抗体）检测卡从铝箔袋中取出，水平放置并做好标记。

在检测卡的加样孔内加入 2 滴待检血清/血浆/全血样品或鼻拭子稀释液，20 min

内观察并记录试验结果。

【结果判定】

阳性:对照线区(C)和检测线区(T)各出现一条紫红色线。

阴性:只有对照线区(C)出现紫红色线。

无效:未出现紫红色线或只在检测线区(T)出现紫红色线,对照线区(C)未出现紫红色线。

【注意事项】

检测样品可以是血清/血浆/全血样品或鼻拭子稀释液。

检测卡从铝箔袋中取出后,应尽快进行实验,避免放置于空气中时间过长,试剂吸潮后失效。

实验环境应保持一定湿度,避风,避免在过高温度下进行试验。

试剂盒在室温下保存,如在2~8 ℃冷藏,使用前应平衡至室温后方可打开铝箔袋进行检测操作。

试验方法的局限性:本试验可以对猪血清/血浆/全血样品中的猪瘟病毒和抗体进行定性检测,但用于猪瘟诊断时应结合其他症状和检测结果。

三、猪繁殖与呼吸综合征

猪繁殖与呼吸综合征又称猪蓝耳病,是由猪繁殖与呼吸综合征病毒引起的急性高致死性传染病,也是一种免疫抑制性疾病,以母猪繁殖障碍、仔猪的呼吸道症状和高死亡率为特征。仔猪发病率可达100%,死亡率可达50%以上;母猪流产率可达30%以上;育肥猪可发病死亡。WOAH将其列为法定报告动物疫病,我国将其列为二类动物疫病。

知识链接

高致病性猪蓝耳病

2006年,我国从南方开始流行所谓的"猪高热病",经实验室检疫发现其病原微生物为蓝耳病病毒的变异株。与猪蓝耳病不同,该病具有高发病率、高死亡率,因此将其称为高致病性猪蓝耳病。在非洲猪瘟进入我国之前,本病都是养猪场繁殖障碍及仔猪呼吸道疾病的首要疫病,被列入我国一类动物疫病。但随着病毒的不断变异及我国生物安全防控手段的提升,本病在我国养猪场的危害已大大降低。2022年,高致病性猪蓝耳病已被我国《一、二、三类动物疫病病种名录》去除。但本病依然广泛存在于我国养猪场,在未来很长一段时间内,将持续危害我国养猪业的健康发展。

(一)临诊检疫要点

1. 流行特点

家猪和野猪是易感动物,各年龄和品种的猪均易感,主要危害妊娠母猪和1月龄以内的仔猪,育肥猪发病温和。

该病可水平传播，母猪、公猪和育肥猪主要通过病猪口腔、鼻腔的分泌物、排泄物及其被污染的器具、饲料、环境，经呼吸道、消化道或生殖道感染。该病也可垂直传播，病毒经胎盘感染胎猪。

病猪和带毒猪是本病的主要传染源。

猪场卫生条件差、气候恶劣、饲养密度大，可促进本病的流行。多表现地方性流行，可呈流行性。

2. 临床症状

潜伏期为 2 周，各年龄猪多有体温升高。

急性型：妊娠母猪以繁殖障碍为主，表现为晚期流产、早产、产死胎、木乃伊胎和弱仔，死亡率一般为 1%～4%。哺乳仔猪表现为体温升高、精神萎靡、食欲废绝、嗜睡、扎堆、消瘦、呼吸困难和结膜水肿等，断奶前的死亡率可达 60%。保育猪、生长育肥猪食欲下降、精神沉郁、耳发绀、呼吸困难、咳嗽、被毛粗乱、平均日增重降低，死亡率可达 12%～20%。如果继发或并发其他疾病，可致死亡率升高。公猪表现出食欲下降、精神沉郁、呼吸道症状、精液质量下降等。

慢性型：妊娠母猪散发性流产、胎儿异常、不规律返情、空怀等，产活仔率下降。仔猪和生长育肥猪有不同程度的呼吸系统症状，猪只生长迟缓，如有细菌性继发感染，生长育肥猪的死淘率可达 5%～20%。持续性感染和亚临床感染猪无明显临床表现。

非典型：以高热、高发病率和死亡率为特征。妊娠母猪的流产率为 40%～100%，死亡率可达 10%以上，哺乳仔猪的死亡率可高达 100%，保育猪的死亡率可达 50%以上。

3. 病理变化

肺出现轻度或中度水肿，呈橡胶样，有的肺肿大，表面有大小不等出血点，有灰白色肺炎病灶；大部分淋巴结肿大；脾肿大坏死，边缘呈锯齿状；肾肿大，表面有白色斑点；心、肝可见出血点和出血斑。

（二）实验室检测

1. 样品采集

采集病猪的肺、死胎猪的肠段和腹水、胎猪血清、母猪血液、鼻拭子和粪便等作为样品。血液及公猪精液也可作为检测样本。

2. 病原学检测

常用的方法包括病毒分离与鉴定试验、反转录聚合酶链式反应（RT-PCR）和实时 RT-PCR 法，可测定变异病毒核酸以定性。对于未接种过猪蓝耳活疫苗的猪，当病毒分离与鉴定试验为阳性时，可判定为猪蓝耳病毒感染阳性；对于接种过猪蓝耳活疫苗的猪，当病毒分离与鉴定试验为阳性时，如果猪有临床症状，可判定为猪蓝耳病毒感染；如果猪无临床症状，应进一步采用 RT-PCR 检测并对扩增片段进行序列测定，以区分疫苗毒株或野毒株感染。RT-PCR 和实时 RT-PCR 方法适用于 PRRSV 感染的快速诊断，当检测结果用于 PRRS 新疫区的确定时，应对样本进行病毒分离与鉴定。

3. 血清学检测

免疫过氧化酶单层试验（IPMA）、间接免疫荧光试验（IFA）、间接 ELISA，上述三种试验适用于发病猪的群体诊断，但不能区分疫苗免疫猪和野毒株感染猪。其中间接 ELISA 可用于检测抗体，其敏感性和特异性都较高。

患有本病的母猪与患有猪细小病毒病、猪伪狂犬病、猪流行性乙型脑炎、猪布鲁氏菌病的母猪的临诊表现相似，其鉴别要点见表 5-3。

表 5-3　母猪表现繁殖障碍的传染病鉴别要点

鉴别要点	经典猪蓝耳病和高致病猪蓝耳病	猪细小病毒病	猪伪狂犬病	猪流行性乙型脑炎	猪布鲁氏菌病
病原体	猪繁殖与呼吸综合征病毒或其变异株	猪细小病毒	伪狂犬病病毒	乙型脑炎病毒	布鲁氏菌
发病年龄	各年龄猪均可发病，妊娠母猪和仔猪多发	初产母猪多发	各年龄猪均可发病，妊娠母猪和仔猪多发	各年龄猪均可发病，妊娠母猪多发	性成熟猪
发病季节	温暖、炎热季节多发	4—10月	冬、春寒冷季节	季节性强．夏秋季多发	无明显季节性
妊娠母猪症状特点	高热、厌食、呼吸困难；流产、死产；流产多发生在妊娠第100天后	流产、死产，母猪自身无明显症状	发热、咳嗽但无神经症状：流产、死产	发热，有神经症状；流产或产期延长	轻度发热或无症状：流产
流产胎儿	胎儿较大；皮下水肿；肺水肿	主要是死产，胎儿大小不一；皮下水肿	脑有出血点，肝、脾有时见坏死灶	胎儿一般大小均匀；脑膜充血、出血、脑积水	胎儿大小不一；一般无木乃伊胎；胎儿水肿
同场其他猪发病情况	仔猪呼吸道症状、神经症状严重，发病率、死亡率均高；成年猪有呼吸道症状	无明显症状	新生仔猪神经症状明显，死亡率高；青年母猪不育；育肥猪有呼吸道症状	公猪单侧睾丸肿大，病后期萎缩	公猪双侧睾丸肿大：跛行

(三)检疫后处理

检疫中若发现本病，应立即逐级上报疫情，并划定疫点、疫区和受威胁区。扑杀病猪，隔离同群猪，开展无害化处理及清洗消毒（氧化剂类、醛类、氯制剂等消毒剂均有效）。疫区和受威胁区做好未发病猪的监测和紧急免疫接种。

四、猪丹毒

猪丹毒又称“打火印”，是由猪红斑丹毒丝菌引起的一种急性、热性、败血性传染病，人通过创伤也可被感染，称为类丹毒。本病呈世界性分布，主要由血清型1a、1b或2的猪红斑丹毒丝菌所引起。随着我国规模化猪场的建成，圈舍结合和饲养方式改变，猪只少与土壤接触，所以该病在规模化猪场发生较少，在农村散养户中有散发。我国通过普遍接种疫苗控制本病，近年有反复趋势。临诊症状：急性型表现为败血症，亚急性型表现为皮肤上出现疹块，慢性型表现为心内膜炎和关节炎。我国将其列为三类动物疫病。

(一)临诊检疫要点

1. 流行特点

自然条件下,猪对本菌最敏感。本菌可能感染几乎所有种类家畜和禽类。本病主要通过消化道传播,其次是经过皮肤伤口感染,还可借助某些吸血昆虫、鼠类和鸟类传播。

病猪、带菌猪是主要传染源。屠宰场、肉品加工厂的废弃物,食堂泔水、动物性蛋白饲料(如鱼粉、肉粉)喂猪,也可引起发病。本菌在土壤中存活时长最高可达 14 个月,因此,土壤污染对猪丹毒的发生具有重要的流行病学意义。

主要侵害架子猪(3～6 月龄),病死率可达 80%。其中 4～6 月龄的猪发病最多见,哺乳猪和老猪发病较少。

猪丹毒的流行有一定季节性,炎热、多雨季节多发,多呈散发或者地方流行。偶尔也可呈暴发流行。

2. 临床症状

潜伏期一般为 3～5 d,可分为急性型、亚急性型和慢性型 3 种。我国猪丹毒以急性型和亚急性型居多,慢性型较少。

急性型(败血型):突然发病和死亡,体温升高至 42 ℃以上,高热稽留;精神沉郁,喜卧,不愿走动,厌食,有的呕吐;2～3 d 在猪的耳后、胸、腹部及四肢等处出现方形、圆形或菱形的暗红色或暗紫色丘疹,指压褪色。

亚急性型(疹块型):病猪体温升高至 41 ℃以上,精神不振,不愿走动;发病 1～3 d,在胸背、肩、四肢外侧等部位的皮肤出现方形、菱形或圆形的紫红色疹块,稍突起于皮肤表面,用手指按压褪色。

慢性型:病猪多由急性型和亚急性型转变而来,表现为心内膜炎和关节炎。

3. 病理变化

急性型:肾脏肿大,呈花斑状,外观呈暗红色,皮质出血,切面外翻,肾包膜易剥离;脾脏肿大充血,呈樱桃红色,切面外翻,用刀背轻刮有血粥样物,脾切面的白髓周围有"红"现象;淋巴结肿大,紫红色,切面有斑点状出血。

亚急性型:皮肤典型疹块病变,疹块内血管扩张,皮肤和皮下结缔组织水肿。

慢性型:心内膜上有灰白色菜花样血性增生物,主要发生在心脏二尖瓣,其次是主动脉三尖瓣和肺动脉瓣上。也可发生多发性增生性关节炎,四肢关节肿胀变形,有大量浆液性纤维素性渗出液。

(二)实验室检测

1. 样品采集

无菌采集发病猪的耳静脉血和切开疹块挤压出的血液或渗出液。急性型病例可采集耳静脉血,死猪可取心血、肝、脾、淋巴结等;亚急性型病例可采集皮肤疹块病料;慢性型病例可采集关节液和心内膜增生物。

2. 病原学检测

病料在 10%新生牛血清马丁琼脂平皿培养、纯化后,可进行生化试验、SYBR GREEN I 荧光 PCR 试验鉴定。因本菌可感染人,因此样品处理、细菌学检查应在生物安全二级实验室操作。

3. 血清学检测

猪丹毒血清培养凝集试验准确率很高。

发生急性猪丹毒时，要与猪瘟、猪肺疫、猪链球菌病、李斯特菌病等相区分。

(三)检疫后处理

将病猪隔离治疗，首选青霉素。对猪舍、饲槽及环境进行消毒，对病死猪进行无害化处理。密切关注猪群发病动态，对同群未发病猪群可选用阿莫西林进行紧急预防。做好日常免疫工作。

五、猪囊尾蚴病

猪囊尾蚴病俗称猪囊虫病，是由猪带绦虫幼虫寄生在横纹肌、心肌、脑、眼等部位引起的一种人兽共患寄生虫病。猪感染后会造成生长缓慢、发育不良。目前，本病广泛存在于世界各地，在我国东北、华北、西南等地流行较为广泛，造成巨大的经济损失，严重威胁人类健康。WOAH 将其列为法定报告动物疫病，我国将其列为三类动物疫病。

(一)临诊检疫要点

1. 流行特点

猪囊尾蚴主要寄生于人和猪，唯一终末宿主是人。

2. 临床症状

感染猪囊尾蚴的病猪一般无明显症状，极严重感染的猪有营养不良、生长受阻、贫血、肌肉水肿及某些器官因虫体寄生表现出不同症状。

虫体寄生于眼部，病猪表现出视力减退或失明；寄生于脑，病猪表现出一系列神经症状；寄生于舌，可看到黏膜上的隆起，用手触摸，可感受到有囊虫寄生而呈现凹凸不平；寄生于皮下肌肉，会因肌肉水肿部位不同，猪体型会有一定程度的改变。病猪走路前肢僵硬，后肢不灵活，左右摇摆，不爱活动，反应迟钝。还可能出现呼吸困难、吞咽困难，有时产生急性脑炎而突然死亡。

3. 病理变化

囊尾蚴所引起的病变主要是由于虫体的机械性刺激和毒素的作用。病变的严重程度因囊尾蚴寄生的部位、寄生的虫数、寄生时间的长短、虫体死活及局部组织的反应程度而不同。猪囊尾蚴主要寄生于猪的横纹肌，尤其是活动性较强的咬肌、心肌、舌肌、膈肌、腰肌等处，呈灰白色半透明囊泡状，米粒大至黄豆大，长径为 6～10 mm，短径约为 5 mm，囊内充满液体，囊壁内侧面有一个乳白色的结节，为内翻的头节。严重感染者还可寄生于肝、肺、肾、眼球和脑等器官。

(二)实验室检测

1. 样品采集

咬肌、腰肌、舌肌、膈肌、心肌等。

2. 病原学检测

常用的检查方法包括显微镜检查和 PCR 检测方法。镜检时可见猪囊尾蚴头节上有 4 个吸盘，头节顶部有两排小钩。

3. 血清学检测

可用间接 ELISA、斑点生物素-亲和素复合物酶联免疫吸附试验(Dot-ABC-ELISA)。此外,皮内变态反应、炭粒凝集试验、间接红细胞凝集试验、补体结合反应、琼脂扩散试验、免疫电泳等也可用于猪囊尾蚴的实验室检测。其中 ELISA 的检测结果可用于猪囊尾蚴病宰前检疫的初筛和流行病学调查、监测。Dot-ABC-ELISA 的检测结果可用于猪囊尾蚴活虫感染的检测和药物疗效评价。

(三)检疫后处理

宰后检疫发现本病时,将胴体及内脏进行化制处理。搞好公共卫生,做好粪便的处理工作,做到人有厕所、猪有圈舍。

六、旋毛虫病

猪旋毛虫病是由旋毛虫属寄生虫所引起的一种危害严重的人畜共患寄生虫病,可感染人和 150 多种动物,主要通过生食或半生食寄生有活旋毛虫的肉类(如猪肉、马肉、犬肉及野生动物肉等)而引发。猪旋毛虫病被 WOAH 列为屠宰动物(尤其是猪、马)强制性必检病种,是目前世界范围内投入控制费用最高的人兽共患病,我国将其列为三类动物疫病。

(一)临诊检疫要点

1. 流行特点

猪、犬、猫、鼠、狐狸、狼、熊、野猪等多种动物对旋毛虫易感,猪患病率最高,人也易感。旋毛虫的成虫和幼虫寄生于同一宿主,感染后宿主先为终末宿主,成虫产出幼虫后可作为中间宿主。本病主要通过感染动物肉类传播,动物因食染疫肉而发病。

2. 临诊症状

猪感染本病,多不表现症状,终生带虫。感染严重者,表现出肌肉疼痛,麻痹,运步困难,咀嚼吞咽困难等症状;有的表现出肠炎症状。

3. 病理变化

感染严重者,肠黏膜增厚水肿,有黏液性炎症和出血斑;肌肉间结缔组织增生,肌纤维萎缩、横纹消失。

(二)实验室检测

1. 病原学检测

压片镜检法:自胴体两侧的膈肌肌脚部各采样一块,剪取燕麦粒大小的肉样 24 粒,夹在两片载玻片中,压成薄片。用低倍显微镜检查,可见有包囊或无包囊的旋毛虫幼虫。

集样消化法:采集胴体膈肌肌脚和舌肌,通过绞碎、加温搅拌、过滤、沉淀、漂洗、镜检,发现虫体时再对这一样品采用分组消化法进一步复检(或压片镜检),直到确定病猪。压片镜检法与集样消化法适用于猪及其他动物胴体的旋毛虫诊断。

多重 PCR 技术:适用于旋毛虫分离株种属及基因型的鉴定。

2. 血清学检测

ELISA 及荧光免疫层析试纸卡适用于猪及其他动物活体及胴体的旋毛虫筛查。ELISA 敏感性高,但感染初期的猪易出现假阴性。

(三)检疫后处理

宰后检疫发现本病时，将胴体及内脏进行化制或销毁处理。

加强屠宰厂管理，防止犬、猫进入，对屠宰废弃物及污水进行无害化处理；犬、猫及其他肉食动物，喂生肉时先进行旋毛虫检疫；养猪场要搞好环境卫生，做好灭鼠工作。

实践操作　猪囊尾蚴虫体的显微镜检查

【目的要求】

熟练进行各步操作；能够准确采集组织中的虫体，并在显微镜下识别猪囊尾蚴虫体形态。

【材料用品】

1. 实验材料

猪舌肌、咬肌、内腰肌、膈肌、肩胛肌及心、肝、肺等组织（选择临床初步诊断疑似患有猪囊尾蚴病的猪）。

2. 器材

正置生物显微镜、手术剪、手术刀、镊子、载玻片、微量移液器（20～200 μL）、电子天平、烧杯（200 mL）、玻璃搅拌棒、称量纸。

3. 试剂

生理盐水。

【方法步骤】

1. 生理盐水配制

称取氯化钠 0.85 g，溶于 100 mL 去离子水，搅拌均匀。

2. 虫体采集

肉眼观察舌肌、咬肌、内腰肌、膈肌、肩胛肌及心、肝、肺等组织，采集有可疑虫体寄生部位的肌肉或内脏组织，用手术刀将其切成约 1 cm 厚的薄片，仔细检查切口有无虫体。成熟的猪囊尾蚴为长椭圆形，大小为（6 mm×5 mm）～（10 mm×5 mm），半透明，内充满液体，上有一粟粒大小的白色头节。脑内寄生的则为圆球形，直径为 8～10 mm。以手术刀和镊子剥离肌肉等组织中的囊尾蚴，用生理盐水洗净。

3. 压片制备

以手术剪剪开囊壁，取出完整的头节，以滤纸吸干囊液后，将其置于两张载玻片之间并压片。

4. 显微镜检查

将压片置于低倍显微镜（40×）下，仔细观察虫体头节的形态和特征。

5. 结果判定

如虫体头节的顶部有顶突，顶突上有内外两圈整齐排列的小钩，顶突的稍下方有四个均等的圆盘状吸盘，即判定为猪囊尾蚴；如顶突无小钩则判为亚洲带绦虫囊尾蚴。猪囊尾蚴虫体应于－20 ℃或－70 ℃冰箱冻存。

【实践报告】

猪囊尾蚴虫体的显微镜检查实践报告。

实践操作 猪肉旋毛虫集样消化法检验试验

【目的要求】

熟练进行各步操作;能够准确采集组织中的虫体,并在显微镜下识别猪旋毛虫。

【材料用品】

1. 实验材料

猪膈肌、舌肌等组织(选择临床初步诊断疑似患有旋毛虫病的猪)。

2. 器材

手术剪、不锈钢筛网(筛孔直径为 180 μm)、漏斗、分液漏斗、烧杯(1 L 和 3 L)、离心管(50 mL)、电动刀式绞肉机或碎肉机(孔径≤3 mm)、温度计、磁力搅拌器和转子、恒温培养箱、倒置显微镜、培养皿(带标尺)。

3. 试剂

盐酸溶液、消化液。

【方法步骤】

1. 溶液配制

盐酸水溶液的配制:量取 37%浓盐酸(密度为 1.179 g/cm^3)11 mL,加双蒸水至 2 000 mL。

消化液的配制:称取 10 g 胃蛋白酶(1∶10 000 NF/1∶12 500 BP/1∶2 000 FIP)加到配制好的 2 000 mL 盐酸水溶液中,充分搅拌均匀备用。消化液现配现用,用前预热至 45 ℃。

2. 样本采集

采集 100 g 肌肉组织样本,或将数只动物肌肉样本混合为 100 g(混合动物数量≤30 个)。旋毛虫病高发地区,混合动物数量≤20 个。

3. 样本处理

剥离脂肪和结缔组织,与 100 g 肉样同等体积的盐酸水溶液混合,用刀式电动绞肉机短时间(5～10 s)绞碎 10～20 次或用碎肉机搅碎,至样本无可见细碎块为止。

4. 样本消化

将搅碎样本取出,放在 3 L 烧杯中,用预热的(45±2)℃消化液冲洗绞肉机或碎肉机中残留样本,并用预热的消化液补足至 2 L(即每克样本加入 20 mL 消化液)。用锡箔纸覆盖烧杯防止溶液飞溅,置于加热磁力搅拌器(烧杯内放入磁力搅拌转子)或普通搅拌器,并将搅拌器放入(45±2)℃恒温培养箱,持续加热搅拌 30～60 min(可根据实际情况适当延长或缩减时间),至消化液中无肉眼可见碎肉为止。

5. 样本过滤

取不锈钢筛网(筛孔直径为 180 μm),放置于漏斗上方,漏斗下方接一分液漏斗,消化完成后 5 min 内将样本混悬液倒入筛网。过滤后的烧杯和筛网用至少 100 mL 的温水(37 ℃)冲洗,以确保筛网上没有虫体残留(允许存留少量不易消化的脂肪和结缔组织)。若筛网上有碎肉残渣,则需将碎肉残渣重新消化。

6. 样本沉淀及漂洗

将滤液在分离漏斗中静置 30 min,使旋毛虫沉到底部,此时完全开启漏斗开关,将底部混悬液(约 40 mL)移入 50 mL 的离心管。将离心管中的混悬液静置 10 min,弃去部分上清液,保留 10 mL 底部混悬液。如底部混悬液仍较为浑浊,则向底部混悬液中加入 30 mL 温水(37 ℃),重复漂洗直至底部混悬液清澈。

7. 镜检

将滤清的沉淀物倒在有标尺的培养皿中,在倒置显微镜(放大倍数 4×10 或 10×10)下观察有无虫体和钙化包囊。

8. 结果判定

显微镜下发现旋毛虫或钙化包囊,可确诊为旋毛虫感染。

混合样本为阳性时,需对每个样本进行单独消化镜检,以最终确定感染动物个体。

【实践报告】

猪肉旋毛虫集样消化法检验试验实践报告。

任务三　牛羊疫病的检疫

一、牛传染性鼻气管炎/传染性脓疱外阴阴道炎

牛传染性鼻气管炎/传染性脓疱外阴阴道炎又称“红鼻病”,是由牛疹病毒Ⅰ型引起的家养牛和野牛的一种病毒性传染病,以上呼吸道炎症为主要特征。本病广泛分布于世界各地。WOAH 将其列为牛的法定报告疫病,我国将其列为二类动物疫病。本病死亡率较低,许多感染牛呈亚临床症状经过,往往由于细菌继发感染导致更为严重的呼吸道疾病。

(一)临诊检疫要点

1. 流行特点

牛是本病的主要宿主,各种年龄及不同品种的牛均可感染,山羊、水牛、猪和鹿可以自然感染。肥育牛比放牧牛和奶牛的发病率高、病情较重、病死率也高。新生犊牛(小于 2 周岁)比成年牛病死率高。

病毒随着鼻、眼、阴道分泌物排出,通过空气或接触分泌物而在牛群中传播。本病可通过直接接触或间接接触而传染,还可通过接触病牛鼻镜、交配和人工授精而感染。

病牛和带病毒的牛是主要传染源。病牛会持久地潜伏感染和长期地间歇性排毒,康复牛也可间歇性排毒。

2. 临床症状

本病潜伏期为 4～6 d。临床上有呼吸型、生殖道感染型、脑膜脑炎型三种,其中呼吸型最常见。本病死亡率较低,主要表现为高热、呼吸困难、鼻炎、脓疱性外阴道炎、龟头炎、结膜炎、

幼牛脑膜炎、乳腺炎、流产等，能侵袭多种器官和组织，引起多种临床症状。许多感染牛呈亚临床症状经过，往往由于细菌继发感染导致更为严重的呼吸道疾病。

3. 病理变化

鼻腔、喉头、气管、生殖道黏膜或眼结膜等有局灶性坏死。出现继发感染时，可引起肺炎。流产胎儿体内多种组织可出现极小的坏死病灶，特别是肝脏。

(二)实验室检测

1. 样品采集

采集样品时可以用棉拭子采集鼻道、生殖道和眼分泌物，也可在剖检时无菌采集牛呼吸道黏膜、扁桃体、肺、脑中三叉神经节，及刚死胎牛的肺、肾、脾等组织样品。精液或冷冻精液也可作为样品。

2. 病原学检测

样品接种培养后，可测定中和指数，此种方法适用于牛疱疹病毒Ⅰ型的分离鉴定。RT-PCR 试验适用于快速检测牛疱疹病毒Ⅰ型感染。

3. 血清学检测

微量血清中和试验和 ELISA 适用于牛群牛传染性鼻气管炎的流行病学调查、监测和诊断。

(三)检疫后处理

确诊病牛应立即隔离治疗或扑杀。隔离时要远离生产区，直至体内病毒检测呈阴性后再合群。治疗时慎用糖皮质激素类药物，很多牛场因大剂量或长期使用该药而暴发。加强全场消毒，做好定期免疫。

二、小反刍兽疫

小反刍兽疫又称羊瘟，是由小反刍兽疫病毒引起的羊的一种高度接触性、急性病毒性传染病，易感羊群的发病率和死亡率可达 100%。临诊以发热，口腔、鼻腔炎症和腹泻为特征。WOAH 将其列为法定报告动物疫病，也是全球计划根除的动物疫病，我国将其列为一类动物疫病。

(一)临诊检疫要点

1. 流行特点

自然条件下主要感染山羊和绵羊，山羊比绵羊易感，发病率高达 100%，严重暴发时死亡率可达 100%，轻度发生时死亡率不超过 50%，幼龄山羊死亡率最高。不同品种的山羊易感性有差异。鹿、野山羊、羚羊等可感染，牛只有亚临床感染。

本病主要通过直接接触或间接接触传染，感染途径以呼吸道为主。病畜的分泌物和排泄物是传染源，处于亚临床型的病羊尤为危险。

一年四季均可发生，但多雨和干燥寒冷季节多发。

2. 临床症状

潜伏期一般为 4～6 d。山羊突然发病，体温升高。2～3 d 后口腔、鼻腔、眼结膜出现广泛性炎症，流涎、流鼻液、流眼泪，呼吸困难。多数病羊在后期出现严重腹泻或下痢，造成迅速脱水和体重下降。怀孕母羊流产。

3.病理变化

口腔、鼻腔黏膜糜烂坏死;支气管肺炎、肺尖肺炎;食道、盲肠、结肠和直肠有条状充血、出血或糜烂;肠系膜淋巴结肿大;脾肿大并有坏死病灶。

(二)实验室检测

1.样品采集

采集病羊口、鼻棉拭子样品,或死亡时间不超过 24 h 的病畜肠系膜和支气管淋巴结等组织。

2.病原学检测

病毒分离鉴定,采用 RT-PCR 试验(反转录聚合酶链式反应)或实时荧光 RT-PCR 试验都是该病主要的病原学检测方法。

3.血清学检测

采用血清抗体中和试验、ELISA 检测。

(三)防范措施

加强进境动物检疫,禁止从有该病的国家引进羊等反刍动物及其产品。与疫情国相邻的边境地区,禁止过境放牧,禁止羊及其产品互市交易,加强疫情监测,对羊实施强制免疫。检疫中若发现可疑疫情,迅速上报,确诊疫情按重大动物疫情处置。

三、绵羊痘和山羊痘

绵羊痘和山羊痘分别是由绵羊痘病毒、山羊痘病毒引起的绵羊和山羊的急性、热性、接触性传染病。以发热和全身痘疹为特征。WOAH 将其列为必须报告的动物疫病,我国将其列为二类动物疫病。

(一)临诊检疫要点

1.流行特点

在自然条件下,绵羊痘病毒只能使绵羊发病,山羊痘病毒只能使山羊发病。本病传播快、发病率高,不同品种、性别和年龄的羊均可感染,羔羊较成年羊易感,细毛羊较其他品种的羊易感,粗毛羊和土种羊有一定的抵抗力。

本病主要通过呼吸道感染,也可通过损伤的皮肤或黏膜侵入机体。饲养和管理人员,以及被污染的饲料、垫草、用具、皮毛产品和体外寄生虫等均可成为传播媒介。

本病传播快、发病率高,一年四季均可发生,多发于冬春季节。本病一旦传播到无本病地区,易造成流行。

2.临床症状

潜伏期为 5~14 d。感染初期表现为发热,体温超过 40 ℃,精神、食欲渐差。2~5 d 后在皮肤上可见明显的局灶性充血斑点,随后在腹股沟、腋下和会阴等部位,甚至全身,出现红斑、丘疹、结节、水泡,严重的可形成脓包。根据痘肿类型,可分为典型痘肿和非典型痘肿。

(1)典型痘肿。初期时,痘肿呈圆形,皮肤隆起,微红色,边缘整齐;进而发展为皮下湿润、水肿、水泡、化脓、结痂等反应。同时,痘肿的质地由软变硬;皮肤颜色由微红逐渐变为深红、紫红，严重的可成为“血痘”。患羊一般为全身发痘，并伴有全身性反应。

(2)非典型痘肿。在痘肿的发生、发展和消退过程中，皮肤无明显红色，无严重水肿，未出现水泡、化脓、结痂等反应，痘肿较小，质地较硬，有的成为“石痘”。患羊无明显的全身性反应。

随着病程的发展，有的病羊尚可见鼻炎、结膜炎、失明、体表淋巴结特别是肩胛前淋巴结肿大。病羊喜卧不起、废食、呼吸困难，严重的体温急剧下降，随后死亡。

存活病羊，可在痘肿结痂后1～2个月，痂皮自然脱落，在皮肤上留下痘痕。

3. 病理变化

咽喉、气管、肺、胃等部位有特征性痘疹，严重的可形成溃疡和出血性炎症。尸体剖检通常可见不同程度的黏膜坏死。

(二)实验室检测

1. 样品采集

临床症状出现一周之内，取活体或剖检羊的皮肤丘疹、肺部病变组织、淋巴结用于病毒分离和抗原检测。采集颈静脉血液，析出血清，可用于血清学检测。

2. 病原学检测

电镜检查和包涵体检查，也可用荧光定量 PCR 检测待检样品中的病原体。

采取丘疹组织镜检，在感染胞质内可见深褐色的球菌样圆形小颗粒(原生小体)。也可用吉姆萨或苏木紫-伊红染色，镜检胞质内的包涵体，前者包涵体呈红紫色或淡青色，后者包涵体呈紫色或深亮红色，周围绕有清晰的晕。

3. 血清学检测

可采用病毒中和试验(VN)、琼脂扩散试验(AGID)、间接荧光抗体技术(IFAT)、ELISA等方法。

(三)检疫后处理

一旦发现病羊或者疑似本病的羊，立即上报疫情。确诊后，立即划定疫点、疫区(由疫点边缘向外延伸 3 km 范围的区域)和受威胁区(由疫区边缘向外延伸 5 km 的区域)。对疫区实行封锁，彻底扑杀疫点内的病羊及其同群羊，对病死羊、扑杀羊及其产品进行无害化处理，对病羊排泄物和被污染或可能被污染的饲料、垫料、污水等均需通过焚烧、发酵等方法进行无害化处理。对疫区和受威胁区内的所有易感羊进行紧急免疫接种。

疫区内没有新的病例发生，疫点内所有病死羊、被扑杀的同群羊及其产品按规定处理 21 d 后，对有关场所和物品进行彻底消毒，经上一级农业农村主管部门组织验收合格后，由当地农业农村主管部门提出申请，由原发布封锁令的人民政府发布解除封锁令。

四、山羊传染性胸膜肺炎

山羊传染性胸膜肺炎又称支原体肺炎，是由山羊支原体山羊肺炎亚种引起的一种山羊常见的高度接触性呼吸道传染病，传播迅速，发病率、死亡率高，给山羊养殖业带来巨大损失。WOAH 将其列为法定报告动物疫病，我国将其列为二类动物疫病。

(一)临诊检疫要点

1. 流行特点

不同品种、年龄、性别的羊均会感染。自然条件下,只感染山羊,3 岁以下的山羊最易感。易感羊群发病率可达 80%～100%,病死率可达 40%左右。

病羊是主要的传染源,其肺组织和胸腔渗出液中含有大量病原体,主要经呼吸道分泌物排菌,通过空气-飞沫经呼吸道传播。病羊在相当长的时间内可通过呼吸道向外排毒,成为传染源。发病后,在羊群中传播迅速,20 d 左右可波及全群。

本病一年四季都可发生和流行,但在冬季和早春枯草季节多发,常呈地方流行性,接触感染性很强。环境和应激因素如营养缺乏、气候骤变、羊群密集、长途调运、寒冷潮湿等情况下易诱发本病。非疫区首次发病羊多呈急性经过,死亡率高。疫区羊发病多呈慢性经过,死亡率低。

2. 临床症状

(1)急性病例。潜伏期为 2～28 d。初期病羊咳嗽,不愿走动并出现高热(41～43 ℃),发病率和死亡率很高,妊娠山羊易流产。在高热 2～3 d 后,逐渐出现呼吸急促(有时会发出呼噜声)和剧烈咳嗽等症状。发病后期,病羊四肢外展站立且脖颈伸直,口鼻持续流涎,鼻孔逐渐被脓性分泌物堵住,舌头伸出,死亡。

(2)慢性病例。病程持续时间长,可达数月,一般仅表现为消瘦、厌食、间歇性咳嗽、流涕和发热(持续 3～10 d)等。

3. 病理变化

病变仅局限于胸腔。

(1)急性病例。肺组织肝变(多数为单侧非对称性肝变,呈葡萄酒的颜色),肺和胸膜粘连,胸腔积有纤维性渗出液等,严重时胸腔渗出物暴露于空气中,在肺表面形成一层胶状包膜。

(2)慢性病例。肺组织局部出现小面积肝变或坏死灶。

(二)实验室检测

1. 样品采集

用无菌棉拭子采集患病动物鼻腔分泌物,或死亡动物胸腔积液和纵膈淋巴结及肺部病变病料(重点取硬变部位和非硬变部位交界处的样品)。血液样品也可以用于检测该病。

2. 病原学检测

传统 PCR、RT-PCR 等多种方法可用于样品检测,有灵敏度高、特异性好等优点。

3. 血清学检测

常用的血清学检测方法有微量间接血凝试验和补体结合试验,二者均具有较高的检测率与特异性。

(三)检疫后处理

及时隔离治疗病羊,对未发病羊进行监测和紧急疫苗免疫。对圈舍进行全面彻底的消毒。做好日常疫苗免疫,加强饲养管理。

五、片形吸虫病

片形吸虫病是由片形属的片形吸虫寄生于动物胆管引起的一种寄生虫病,以肝炎和胆管炎为特征，是牛、羊等动物最严重的寄生虫病之一，感染率为20%～60%，呈世界性分布，严重危害畜牧业发展。我国将其列为三类动物疫病。

(一)临诊检疫要点

1. 流行特点

肝片形吸虫病在我国普遍发生，主要感染牛、羊；大片形吸虫病多见于南方，多感染牛，特别是水牛，山羊等也有感染。

本病呈地方性流行，多发生在有中间宿主椎实螺的低洼和沼泽地带。夏秋两季为主要感染季节，秋末及冬季发病较多，多雨或久旱逢雨可促使本病流行。

2. 临床症状

轻度感染往往无明显症状，感染严重时可出现症状，多呈慢性经过。急性型仅见于羊，幼畜易感，病死率也高。

(1)急性型。多发生于夏末、秋季及初冬季节，可出现突然倒毙。病羊精神沉郁，体温升高，食欲减退，腹胀，偶有腹泻，很快出现贫血，黏膜苍白，严重者多在几天内死亡。

(2)慢性型。多见于冬末初春季节，表现为食欲不振，消瘦，被毛粗乱，腹泻，贫血，水肿，奶牛产奶量显著减少，孕畜流产。

3. 病理变化

胆管内发现虫体。

(1)急性型。肝肿大、充血，表面有纤维素沉积，有2～5 mm长的暗红色虫道，内有凝固的血液和很小的虫体。严重感染时，可见腹膜炎病变，有时腹腔内有大量血液。

(2)慢性型。早期肝肿大，后萎缩硬化；胆管扩张、肥厚、变粗，呈绳索样突出于肝表面，胆管内壁有盐类沉积，内膜粗糙。

(二)实验室监测

1. 样品采集

新鲜粪便、十二指肠引流液及胆汁、肝胆管内寄生的鲜活片形吸虫成虫及血液等。

2. 病原学检测

采用水洗沉淀法、片形吸虫虫卵定量计数法检查虫卵，也可通过肝虫体检查判定片形吸虫。

3. 血清学检测

主要应用ELISA检测血清中的特异性抗体。

鉴别诊断：本病与华支睾吸虫病、肝型并殖吸虫病、肝毛细线虫病、病毒性肝炎、阿米巴性肝脓肿、细菌性肝脓肿和肝脏恶性肿瘤等相鉴别。

(三)检疫后处理

对发病动物实施隔离治疗，同场动物药物预防，粪便发酵处理；进行环境消毒，消灭中间宿主椎实螺。

宰后检疫发现本病，病变严重且肌肉有退行性变化的，将整个胴体和内脏进行无害化处理；病变轻微且肌肉无变化的，将病变内脏进行化制或销毁，胴体一般不受限制。

任务四　禽疫病的检疫

一、禽流感

禽流感是由A型流感病毒引起的家禽和野禽的一种烈性传染病。被禽流感病毒感染后禽类可以表现为轻度的呼吸道和消化道症状，死亡率较低；也可表现为较严重的全身性、出血性、败血性症状，死亡率较高。这种症状上的差异主要由禽流感病毒的毒力决定。根据禽流感病毒致病性和毒力的不同，可以将禽流感分为高致病性禽流感、低致病性禽流感和无致病性禽流感。高致病性禽流感主要由H5和H7亚型毒株（以H5N1和H7N7为代表）引起，低致病性禽流感主要由H9亚型毒株引起。WOAH将高致病性禽流感列为须通报的动物疫病，我国将其列为一类动物疫病。

（一）临诊检疫要点

1. 流行特点

许多禽类都可被感染，现已证实禽流感病毒广泛分布于世界范围内的多种家禽（包括火鸡、鸡、珍珠鸡、石鸡、鹌鹑、鹧鸪、鸵鸟、雉鸡、鹅和鸭等）和野禽（包括燕鸥、天鹅、鹱、鹭、海鸠、海鹦和鸥等）。其中，以火鸡和鸡最为易感，发病率和死亡率都很高；鸭和鹅等水禽的易感性较低，但可带毒或隐性感染，有时也会造成大批死亡。各种品种、各种日龄的鸡和火鸡都可被感染并发症死亡，而对于水禽如雏鸭、雏鹅其死亡率较高。尚未发现高致病性禽流感的发生与家禽性别有关。本病一年四季均可发生，但在冬春两季多发，因为禽流感病毒在低温条件下抵抗力较强。高致病性禽流感发病急、传播快，其致死率可达100%。

2. 临床症状

潜伏期为3～5 d。禽流感的症状极为复杂，因感染禽类的品种、年龄、性别、并发感染程度、病毒毒力和环境因素等而有所不同。主要表现为呼吸道、消化道、生殖系统或神经系统的异常。

高致病性禽流感病毒感染时，临诊主要表现为体温升高，食欲废绝，精神极度沉郁，呆立，闭目昏睡，对外界刺激无任何反应；脚鳞部出血，鸡冠、肉髯发绀或者坏死，头颈部皮下水肿；有的眼睑肿胀，角膜失去光泽、发暗，结膜充血，流泪；咽喉部黏膜充血，个别有点状出血；产蛋量大幅度下降或停产，高度呼吸困难，不断吞咽、甩头，口流黏液，叫声沙哑，头颈部上下点动或扭曲、颤抖；下痢，排黄白色、黄绿色或绿色稀便；后期两腿瘫痪，伏卧于地。

低致病性禽流感病毒感染时，临床症状比较复杂，其严重程度随感染病毒的毒力、家禽品种、年龄、性别、饲养管理状况等情况不同有很大的差异，可表现为不同程度的呼吸道、生殖系统症状以及产蛋下降或隐性感染等。

3. 病理变化

高致病性禽流感表现为皮下、浆膜、黏膜、肌肉及各内脏器官广泛性出血，尤其是腺胃黏膜可呈点状或片状出血，腺胃与食管交界处、腺胃与肌胃交界处有出血带和溃疡；喉头、气管有不同程度的出血，管腔内有大量黏液或干酪样分泌物；卵巢和整个肠道特别是小肠，从浆膜层即可看到肠壁有大量黄豆至蚕豆大的出血斑或坏死灶；盲肠扁桃体肿大、出血、坏死；胰脏明显出血或有黄色坏死灶；头颈部皮下水肿；肾肿大，有尿酸盐沉积；法氏囊肿大，内有少量黏液，有时有出血；肝、脾出血，有时有肿大；腿部可见充血、出血；脚趾肿胀，伴有瘀斑性变色；心冠和腹部脂肪出血；鸡冠、肉髯极度肿胀并伴有眶周水肿。水禽在心内膜还可见灰白色条状坏死。急性死亡病例有时未见明显病变。

低致病性禽流感主要表现为呼吸道及生殖系统内有较多的黏液或干酪样物，输卵管和子宫质地柔软易碎。有的病例可见呼吸道、消化道黏膜出血。

4. 组织学变化

特征性病理组织学变化为水肿、充血、出血和“血管套”（血管周围淋巴细胞聚积）的形成，病变主要表现在心肌、肺、脑、脾等部位，肝和肾的病变程度较轻；脑的病变包括坏死灶、血管周围淋巴细胞管套、神经胶质灶、血管增生和神经元变性；胰腺和心肌组织局灶性坏死。

（二）实验室检测

1. 样品采集

无菌采取病死鸡的脑、气管、肺、肝、脾等器官，活禽可采其喉头和泄殖腔拭子及血液等。

2. 病原学检查

病料处理后接种鸡胚，收取尿囊液，检测尿囊液的血凝（HA）活性，若阳性则说明可能有禽流感病毒；再用血凝抑制（HI）试验确定流感病毒；测定静脉内接种致病指数可判定病毒是否为高致病性毒株；通过神经氨酸酶抑制试验进行亚型鉴定。也可采用反转录聚合酶链式反应、荧光反转录聚合酶链式反应检测检样或尿囊液中的病原体。

3. 血清学检查

检测禽血清中抗体，可采用血凝抑制试验、琼脂扩散试验、酶联免疫吸附试验等。

（三）检疫后处理

1. 高致病性禽流感

（1）封锁措施。发现临诊疑似病例时，立即上报疫情，对发病场所实施隔离、监控，禁止禽类、禽类产品及有关物品移动，并对污染环境实施严格的消毒措施。确诊后，立即划定疫点、疫区和受威胁区，采取封锁措施。

①疫点。扑杀所有的禽只，并对所有病死禽、被扑杀禽及其产品进行无害化处理；对排泄物、被污染饲料和垫料、污水等进行无害化处理；对被污染或疑似污染的交通工具、用具、圈舍、场地进行严格彻底消毒；对发病前 21 d 内售出的所有家禽及其产品进行追踪，并进行扑杀和无害化处理。

②疫区。扑杀疫区内所有家禽，并进行无害化处理，同时销毁相应的禽类产品；对污染物进行无害化处理，对污染场所进行严格消毒。

③受威胁区。对易感禽类进行紧急免疫接种；关闭疫点及周边 13 km 内所有家禽及其产品交易市场。

（2）解除封锁。疫点、疫区内所有禽类及其产品按规定处理完毕 21 d 以上，经检测未出现新的传染源，终末消毒完成，受威胁区按规定完成免疫。经上一级农业农村主管部门组织验收合格，由当地农业农村主管部门提出申请，由原发布封锁令的人民政府发布解除封锁令。

2. 低致病性禽流感

对病死禽和扑杀病禽进行无害化处理；对污染的物品及场所进行彻底消毒，对疫区内易感的家禽进行紧急免疫接种。

二、鸡新城疫

鸡新城疫又称亚洲鸡瘟、伪鸡瘟，是由新城疫病毒引起的一种急性、高度接触性传染病，常呈败血症经过，主要侵害鸡和火鸡，其他禽类和野禽也可感染，人也可感染，不同品种、年龄和性别的鸡均可发生，无明显季节性，但以冬春两季较多。其特征是呼吸困难、下痢、神经症状及产蛋下降。主要病变为黏膜和浆膜出血，腺胃黏膜和乳头出血及盲肠扁桃体出血、溃疡等。鸡新城疫发病急、致死率高，对养鸡业发展构成了严重的威胁，因此被 WOAH 定为必须通报的疫病，我国将其列为一类疫病，它是目前危害我国养鸡业的重要传染病之一。

(一)临诊检疫要点

1. 流行特点

鸡、火鸡、鹌鹑、鸽子、鸭、鹅等多种家禽及野禽均易感，各种日龄的禽类均可感染。传染源主要为感染禽，通过粪便和口、鼻、眼的分泌物排毒，主要经消化道和呼吸道感染。

2. 临诊症状

根据临诊症状的不同，可将新城疫分为 5 种病型。

(1)嗜内脏速发型。所有日龄鸡均呈急性、致死性感染，以消化道出血性病变为主要特征，病死率高。禽只突然发病，有时无特征症状而死亡。初期病鸡倦怠，呼吸急促，排绿色、黄绿色或黄白色的稀粪，多经 4～8 d 死亡。幸存鸡多出现颈部扭转等神经症状。

(2)嗜神经速发型。所有日龄鸡均呈急性、致死性感染，以呼吸道和神经症状为主要特征，传播迅速，病死率高。禽只突然发病，呼吸困难、咳嗽、气喘，并发出“咯咯”的喘鸣声；食欲下降，产蛋量下降甚至停止。稍后出现翅腿麻痹、头颈扭曲等神经症状。

(3)中发型。以呼吸道和神经症状为主要特征，病死率低。表现为急性呼吸道症状，以咳嗽为主，少气喘，食欲下降，产蛋量下降甚至停止。

(4)缓发型。以轻度或亚临诊性呼吸道感染为主要特征。

(5)无症状肠道型。以亚临诊性肠道感染为主要特征。

3. 病理变化

全身黏膜和浆膜出血；腺胃黏膜水肿，乳头和乳头间有出血点；肌胃角质层下有出血点；小肠和直肠黏膜出血，肠壁淋巴组织呈枣核状肿胀、出血、坏死，有的形成伪膜；盲肠扁桃体肿大、出血和坏死；喉、气管黏膜充血，偶有出血，肺可见淤血和水肿；心冠脂肪有针尖大的出血点；产蛋母鸡的卵泡和输卵管充血，卵泡膜极易破裂而引发“卵黄性腹膜炎”。

(二)实验室检测

1. 样品采集

病死禽采集脑，也可采集脾、肺、气囊等组织；发病禽采集气管拭子、泄殖腔拭子(或粪便)及血液等。

2. 病毒的分离与鉴定

病料接种鸡胚，经培养后收取尿囊液，检测尿囊液的血凝活性。若阳性则说明可能有新城疫病毒。再用血凝抑制试验确定新城疫病毒。毒力测定可采用脑内致病指数(ICPI)测定和F蛋白裂解位点序列测定,也可采用反转录聚合酶链式反应检测检样或尿囊液中的病原体。

3. 血清学检查

目前用于新城疫抗体检测的方法有血凝抑制试验、琼脂扩散试验、酶联免疫吸附试验等。

(三)检疫后处理

发现可疑新城疫疫情时,应立即上报疫情,并将病禽(场)隔离。确诊后,立即划定疫点、疫区(由疫点边缘向外延伸3 km范围的区域)和受威胁区(由疫区边缘向外延伸5 km范围的区域),采取封锁措施。扑杀疫点内所有的病禽和同群禽只,对病死禽、被扑杀禽、禽类产品、排泄物、被污染饲料和垫料、污水等进行无害化处理,对被污染的物品、交通工具、用具、禽舍等进行彻底消毒。关闭疫区内活禽及禽类产品交易市场,禁止易感活禽进出和易感禽类产品运出,对疫区和受威胁区易感禽只进行紧急免疫接种。疫区内没有新的病例发生,疫点内所有病死禽、被扑杀的同群禽及禽类产品无害化处理21 d后,对有关场所和物品进行彻底消毒,经上一级农业农村主管部门组织验收合格后,由当地农业农村主管部门提出申请,由原发布封锁令的人民政府发布解除封锁令。

三、鸡马立克病

鸡马立克病(MD)是由疱疹病毒科的鸡马立克病毒(MDV)引起的鸡的一种传染性、肿瘤性疾病,主要危害淋巴系统和神经系统,以引起外周神经、性腺、虹膜、各种内脏器官、肌肉和皮肤的单个或多个组织器官形成肿瘤为特征。病鸡表现为消瘦、肢体麻痹,并常有急性死亡。其传染性强、死亡率高,是鸡的主要传染病之一,常造成免疫抑制或免疫失败。我国将其列为二类动物疫病。

(一)临诊检疫要点

1. 流行特点

鸡是主要的自然宿主。鹌鹑、火鸡、雉鸡、乌鸡等也可发生自然感染。2周龄以内的雏鸡最易感。6周龄以上的鸡可出现临诊症状,12～24周龄最为严重。病鸡和带毒鸡是最主要的传染源,羽毛囊上皮细胞中成熟型病毒可随着羽毛和脱落皮屑散毒,主要通过呼吸道感染。

2. 临诊症状

本病根据临诊症状可分为4种类型。

(1)内脏型。常表现极度沉郁,有时不表现出任何症状而突然死亡。有的病鸡表现为厌食、消瘦和昏迷,最后衰竭而死。

(2)神经型。最早症状为运动障碍。腿和翅膀完全或不完全麻痹,两腿前后伸展呈“劈叉”姿势,翅膀下垂。

(3)眼型。视力减退或消失。虹膜失去正常色素,呈同心环状或斑点状。瞳孔边缘不整,严重阶段瞳孔只剩下一个针尖大小的孔。

(4)皮肤型。皮肤毛囊肿大,以大腿外侧、翅膀、腹部尤为明显。

3. 病理变化

(1)神经型。常在臂丛神经、坐骨神经、腰荐神经和颈部迷走神经等处发生病变,病变神经可比正常神经粗2～3倍，横纹消失，呈灰白色或淡黄色。

(2)内脏型。在肝、脾、胰、睾丸、卵巢、肾、肺、腺胃和心脏等处出现广泛的结节性或弥漫性肿瘤。

(二)实验室检测

1.样品采集

发病鸡血液、羽髓、脾等。

2.病毒的分离与鉴定

采集病鸡全血的白细胞层或刚死亡鸡的脾细胞进行细胞培养，观察有无细胞病变(CPE)，即蚀斑，一般可在3～5 d出现。可通过荧光抗体技术(FAT)检测蚀斑，也可以采用聚合酶链式反应检测检样。

3.病理组织学诊断

主要以淋巴母细胞、大淋巴细胞、中淋巴细胞、小淋巴细胞及巨噬细胞的增生浸润为主，同时可见小淋巴细胞和浆细胞的浸润以及雪旺氏细胞增生。

4.免疫学诊断

主要采用琼脂扩散试验、酶联免疫吸附试验、病毒中和试验等。

(三)检疫后处理

发生疫情时，对发病鸡群进行扑杀和无害化处理，对鸡舍和周围环境进行消毒，对受威胁鸡群进行观察。

宰前检出本病时，扑杀病鸡并进行无害化处理；对同群鸡急宰，对内脏进行化制或销毁。宰后检出本病肿瘤时，对病鸡胴体及内脏进行无害化处理。

四、禽痘

禽痘是由禽痘病毒引起的禽类的一种高度接触性传染病，以体表无毛处的痘疹或呼吸道、口腔和食管部黏膜处的纤维素性坏死性伪膜为特征。

(一)临诊检疫要点

1.流行特点

鸡、火鸡和鸽易感，其他禽类易感性较低。病禽和带毒禽是主要的传染源，主要通过直接接触传播，脱落和碎散的痘痂是禽痘病毒散播的主要载体，库蚊、疟蚊和按蚊等吸血昆虫在传播本病中起着重要作用。禽痘一年四季都可发生，夏秋季较多。

2.临床症状

潜伏期一般为4～14 d，病程通常为3～4周。

(1)皮肤型禽痘。在身体的无羽毛部位，如冠、肉垂、嘴角、眼皮、耳球、腿、脚及翅的内侧等处形成痘疹。痘疹最初为灰白色小点，随后增大如豌豆，呈灰色或灰黄色，数目较多时可连成痂块。眼部痘痂可使眼缝完全闭合。

(2)黏膜型禽痘。在口腔、咽部、喉部、鼻腔、气管及支气管等部位形成痘疹。痘疹最初呈圆形黄色斑点，逐渐形成一层黄白色伪膜，并迅速融合增大形成白喉样膜。病禽张口呼吸，引起呼吸困难甚至窒息死亡。

(3)混合型禽痘。在皮肤、口腔和咽喉黏膜等多处同时发生痘疹。病禽生长缓慢、精神委顿、食欲减退，蛋鸡暂时性产蛋下降。一些病禽表现出严重的全身症状，并发生肠炎，迅速死亡，或急性症状消失后，转为慢性肠炎。

（二）实验室检测

1. 样品采集

皮肤、白喉及其他病变组织、血液。

2. 病原学检查

采集皮肤或白喉病变组织抹片镜检，观察禽痘病毒原生小体；或将病料接种鸡胚，观察鸡胚绒毛尿囊膜上的白色痘斑。也可采用聚合酶链式反应检测病料中的病原体。

3. 血清学检查

主要方法有病毒中和试验、琼脂扩散试验、血凝抑制试验、荧光抗体技术、酶联免疫吸附试验等。

（三）检疫后处理

发生疫情时，扑杀病禽并进行无害化处理，对禽舍和周围环境进行严格消毒，对受威胁禽群进行观察。

宰前检出本病时，扑杀病禽并进行无害化处理；同群禽隔离观察，确认无异常的，准予屠宰。

五、鸡球虫病

鸡球虫病是由艾美耳科艾美耳属球虫寄生于鸡肠道引起的一种原虫病，以消瘦、贫血和血便为特征。

（一）临诊检疫要点

1. 流行特点

艾美耳属球虫主要有柔嫩艾美耳球虫、毒害艾美耳球虫、堆型艾美耳球虫、巨型艾美耳球虫、早熟艾美耳球虫、和缓艾美耳球虫和布氏艾美耳球虫 7 个种，鸡是其唯一的天然宿主，各个品种、日龄的鸡都可感染，3～6 周龄的鸡多发。带虫鸡粪便污染的饲料、饮水、土壤及用具等都可能存在卵囊，鸡食入孢子化卵囊而感染。此外，各种禽类、昆虫、工具和工作人员等都可以机械地将卵囊由一地区带到另一地区而引起传播。

本病的发生与气温、湿度关系密切，在温暖多雨或地面潮湿时多发，在集约化鸡场没有季节性，只要温度、湿度达到卵囊的发育要求就有可能发生。

2. 临床症状

（1）急性型。由致病力较强的柔嫩艾美耳球虫和毒害艾美耳球虫引起。初期表现为精神沉郁，羽毛松乱，排出水样稀粪，并带有少量血液。柔嫩艾美耳球虫感染粪便呈棕红色，后期甚至排鲜血；毒害艾美耳球虫感染粪便呈棕褐色。

（2）慢性型。由其他致病力低的球虫引起。临床症状不明显，病鸡逐渐消瘦，间歇性腹泻，贫血，病程长，鸡群的均匀度差，产蛋量少。

3. 病理变化

各种球虫在肠道寄生的部位不同，造成肠道损伤的部位及程度也各不相同。

（1）柔嫩艾美耳球虫。主要损害盲肠。急性死亡者盲肠高度肿胀，出血严重，肠腔中充满凝血块和盲肠黏膜碎片;慢性者肠腔中有干酪样栓子。

(2)毒害艾美耳球虫。主要损害小肠。小肠中段高度肿胀,肠管显著充血,出血和坏死;肠壁增厚,肠内容物中含有大量血液、凝血块和脱落的黏膜。从浆膜面观察,在病灶区可见到小的灰白色斑点和红色出血点。

(3)堆型艾美耳球虫。主要损伤十二指肠。肠黏膜变薄,肠壁上有横纹状白斑,外观呈梯形,肠道苍白,含有水样液体。严重感染时白斑可扩展至小肠,并融合成片。

(4)巨型艾美耳球虫。主要损害小肠近端和中部。肠壁增厚,肠内容物呈淡灰色、淡褐色或淡黄色,有黏性,有时混有细小的血块。

(5)布氏艾美耳球虫。主要损害小肠下段。黏膜增厚,肠壁充血,内容物呈粉红色。

早熟艾美耳球虫与和缓艾美耳球虫的致病力弱,病变不明显。

(二)实验室检测

1.肠内容物或肠组织检查

将肠内容物或肠组织做成抹片或触片,覆以盖玻片,镜检,可看到球虫卵囊。

2.粪便检查

采用直接抹片法、饱和食盐水漂浮法或卵囊计数法,检查粪便中的球虫卵囊。

(三)检疫后处理

发现疫情时,扑杀病鸡并进行无害化处理,同群鸡隔离饲养并进行药物预防,对鸡舍和周围环境进行消毒。

宰前检出本病时,扑杀病鸡并进行无害化处理;同群禽隔离观察,确认无异常的,准予屠宰。宰后检出本病时,病变严重者,对胴体及内脏进行无害化处理;病变轻微者,对病变内脏进行无害化处理,其余部分不受限制。

六、鸭瘟

鸭瘟又称鸭病毒性肠炎,是由鸭瘟病毒引起的一种急性、热性、败血性传染病,以高热、腹泻、肿头、流泪和组织出血为特征。

(一)临诊检疫要点

1.流行特点

本病主要侵害鸭,鹅、天鹅也易感,1月龄以下雏鸭很少发病,成年鸭较为严重。传染源为病禽和带毒禽,主要通过消化道感染,也可通过呼吸道、交配、眼结膜感染。本病传播迅速,发病率和死亡率都很高。

2.临诊症状

潜伏期一般为3～7 d。病鸭体温升高至43 ℃以上,呈稽留热;精神委顿,食欲减少或废绝,两脚麻痹无力,严重的静卧在地上不愿走动;部分病鸭表现为头颈部肿胀,俗称“大头瘟”;多数病鸭有流泪和眼睑水肿等症状;排出绿色或灰白色稀粪,泄殖腔黏膜水肿,严重者黏膜外翻。

3.病理变化

可见败血症的病变,全身皮肤、黏膜和浆膜出血。头颈肿胀的病例,皮下组织有黄色胶样浸润。食道黏膜表面有小出血斑点或灰黄色伪膜覆盖;泄殖腔黏膜表面出血或覆盖一层灰褐色或绿色的坏死结痂；肠黏膜充血、出血，在空肠、回肠等部位有环状出血。产蛋母鸭卵泡充血、出血、变形，有时卵泡破裂，形成卵黄性腹膜炎。雏鸭法氏囊呈深红色，表面有针尖状的坏死灶，囊腔充满白色的凝固性渗出物。

(二)实验室检测

1.样品采集

病死鸭的肝脏、食道黏膜假膜、脾以及血液等。

2.病原的分离与鉴定

取病鸭的血液、肝、脾，经过处理后，接种于 9～14 日龄鸭胚或鸭胚胎成纤维细胞，收取尿囊液或细胞培养物，采用聚合酶链式反应、荧光定量聚合酶链式反应进行鉴定。

3.血清学检查

检查血清中的鸭瘟抗体，可采用病毒中和试验、酶联免疫吸附试验和荧光抗体技术等。

(三)检疫后处理

发生疫情时，扑杀病鸭并进行无害化处理，对鸭舍和周围环境进行严格消毒，对受威胁鸭群进行观察，必要时进行紧急接种。

宰前检出本病时，扑杀病鸭并进行无害化处理；同群鸭隔离观察，确认无异常的，准予屠宰。宰后检出本病时，对胴体及内脏进行无害化处理。

实践操作　鸡新城疫的检疫

【目的要求】

掌握鸡新城疫血凝及血凝抑制试验；熟练并规范进行各步操作；准确判断红细胞完全凝集和完全凝集抑制的图像。

【材料用品】

1.实验动物

待检病鸡、健康鸡、成年公鸡。

2.器材

96 孔 V 型反应板、25μL 定量移液器或变道定量移液器、血细胞振荡器、稀释棒、塑料采血管、玻璃注射器(1 mL 和 5 mL)、针头、刻度吸管(1 mL 和 5 mL)等。

3.试剂

1%鸡红细胞悬液、pH 7.2 PBS 溶液、鸡新城疫标准阳性血清、鸡新城疫标准阴性血清、鸡新城疫浓缩抗原、生理盐水、3.8%柠檬酸钠、青霉素、链霉素、酒精棉球、碘酊棉球等。

【方法步骤】

1.1%鸡红细胞悬液制备

采血管加抗凝剂，采成年健康未经免疫公鸡血液。用 10 倍量 PBS 或灭菌生理盐水(pH 7.0～7.2)离心(2 000 r/min，3～4 min)洗涤 3 次，弃去上清液，将红细胞泥用 PBS 或生理盐水配成 1%红细胞悬液。

2. 微量血凝(HA)试验

(1)于 96 孔 V 型反应板第 1 孔至第 12 孔各滴加 PBS(pH 7.0～7.2)25 μL,共滴 4 排。

(2)吸取浓缩抗原滴加于第 1 列孔,每孔 25 μL,充分混匀后移 25 μL 于第 2 孔,以此类推,由左至右顺序倍比稀释至第 11 孔,第 11 孔混匀后弃去 25 μL。第 12 孔为红细胞对照,不加病毒液。

(3)每孔中再加入 PBS 液 25 μL。

(4)每孔中加入 1%鸡红细胞悬液 25 μL,置于微型混合器上振荡 1 min,或手持血凝板绕圆圈混匀。

(5)结果判定。室温(20～25 ℃)下静置 30～40 min,待阴性对照红细胞全部沉降后,根据血凝图像判定结果,以出现完全凝集的抗原最大稀释倍数为该抗原的血凝滴度(血凝效价),每次 4 排重复,以几何平均值表示结果,血凝滴度高于第 10 孔时可继续增加稀释倍数。

3. 计算含 4 个血凝单位的抗原浓度

$$抗原应稀释的倍数=血凝滴度/4$$

或血凝试验中出现完全凝集的抗原最大稀释度向左退两孔的抗原稀释度,即抗原应稀释的倍数。

4. 微量血凝抑制(HI)试验

在完成血凝试验后,以 4 个血凝单位的抗原进行血凝抑制试验。

①取 PBS(pH 7.0～7.2)25 μL,加入第 1 至第 11 孔。

②于第 1 孔加入被检血清 25 μL,充分混匀后吸取 25 μL 移至第 2 孔,以此类推,至第 10 孔,第 10 孔混匀后弃去 25 μL。第 11 孔不加被检血清,第 12 孔加入标准阳性血清 25 μL。

③于第 1～12 孔每孔加入 4 单位病毒 25 μL,混匀。

④室温(20～25 ℃)下静置 30～40 min。

⑤于每孔加入 1%鸡红细胞 25 μL,振荡混合后在室温下静置 30～40 min,判定结果。每次测定应设已知滴度的标准阳性血清对照。

⑥结果判定。在对照出现正确结果的情况下,以完全抑制红细胞凝集的最大稀释度为该血清的血凝抑制滴度。鸡群血凝抑制滴度的高低在一定程度上反映了免疫保护水平的高低。血凝抑制滴度在 24 的鸡群保护率约为 50%;在 24 以下的非免疫鸡群保护率约为 10%,免疫过的鸡群保护率约为 40%;血凝抑制滴度在 26～210 的鸡群保护率可达 90%～100%。若鸡群有 10%左右的鸡出现 211 或 211 以上的血凝抑制滴度,说明鸡群已发生新城疫强毒的感染。

【实践报告】

鸡新城疫血凝及血凝抑制试验。

能力测验

一、单选题

1. 宰后检疫发现猪心脏有“虎斑心”病变特征,可怀疑的病变是(　　)。

A. 猪瘟　　B. 口蹄疫　　C. 炭疽　　D. 旋毛虫病

2. 具有抗酸性特性的是(　　)。

A. 猪红斑丹毒丝菌　　B. 结核分枝杆菌

C. 大肠杆菌　　D. 李斯特菌

3. 又可称作包虫病的疫病是(　　)。

A. 毛尾线虫病　　B. 类圆线虫病　　C. 伊氏锥虫病　　D. 棘球蚴病

4. 头颈部肿胀，俗称“大头瘟”的疫病是(　　)。

A. 小鹅瘟　　B. 鸭瘟　　C. 高致病性禽流感　　D. 鸡新城疫

5. 新城疫病毒含量最高的器官是(　　)。

A. 心脏、肝和肺　　B. 脑、脾、肺　　C. 血液　　D. 皮肤

二、判断题

1. 成年动物患口蹄疫时病死率低，幼龄动物病死率高。　　(　　)

2. 奶牛结核病常用皮内变态反应试验进行检疫。　　(　　)

3. 炭疽病多发于吸血昆虫多、雨水多、洪水泛滥的季节。　　(　　)

4. 鸡马立克病最易感日龄为 6～8 周龄。　　(　　)

5. 禽流感病毒属于 A 型流感病毒。　　(　　)

三、简答题

1. 猪场检出口蹄疫时应采取哪些处理措施？

2. 羊棘球蚴病的临诊检疫要点有哪些？

3. 鸡场检出高致病性禽流感时应采取哪些处理措施？

4. 鸡新城疫的临诊检疫要点有哪些？

项目六　动物、动物产品生产与流通环节的检疫

项目目标

1.知识　掌握动物、动物产品产地检疫的程序、出证条件及检疫结果处理；掌握动物宰前检疫的程序和内容及检疫处理；掌握动物宰后检疫方法和要求、程序和内容及检疫处理；熟悉运输防疫监督和市场防疫监督的程序及处理；了解进境动物检疫程序。

2.技能　能进行产地检疫申报和现场检疫以及检疫出证；能对动物进行宰前检疫及处理；能进行宰后同步检疫和处理及出证。

3.德育　具有法律意识、防疫意识、安全意识；爱岗敬业、虚心好学、遵纪守法、诚实守信、增强职业使命感。

知识准备

任务一　产地检疫

专家寄语

产地检疫的意义

产地检疫是指动物、动物产品在离开饲养地、生产地之前进行的检疫，即在饲养地、饲养户或指定地点进行的检疫。它是预防、控制和扑灭动物疫病的重要措施，是整个检疫工作的基础，是一项基层检疫工作。

通过产地检疫可以及时发现染疫动物、染疫动物产品及病死动物，将其控制在原产地，并在原产地安全处理，防止进入流通环节，防止疫情扩散，保障动物、动物产品安全，保护人体健康，维护公共卫生安全。

加强产地检疫可以调动畜主的防疫检疫积极性，促进基层防疫工作开展。

一、检疫申报

信息窗口

检疫公示牌

国家实行动物检疫申报制度。动物卫生监督机构应当根据动物检疫工作需要，合理设置动物检疫申报点，并向社会公布，在明显位置设置公示牌。公示内容包括检疫申报依据、检疫范围、检疫对象、检疫申报时限、检疫申报程序、管辖范围、辖区官方兽医及指定兽医专业人员信息、检疫申报点联系方式、监督电话等内容。

县级以上地方人民政府农业农村主管部门应当采取有力措施，加强动物检疫申报点建设。

1. 申报形式

申报检疫可到申报点填报或者通过传真、电子数据交换等方式申报，实施检疫时需补填检疫申报单。

2. 申报时限

动物在离开饲养地之前，货主应当向所在地动物卫生监督机构提出检疫申报。

(1)出售或者运输动物、动物产品的，应当提前 3 d 申报检疫。

(2)屠宰动物的，应当提前 6 h 申报检疫；急宰动物的，可以随时申报。

(3)向无规定动物疫病区输入相关易感动物，货主除按规定向输出地动物卫生监督机构申报检疫外，还应当在启运 3 d 前向输入地隔离场所在地动物卫生监督机构申报检疫。

(4)人工捕获的野生动物，应当在捕获后 3 d 内向捕获地动物卫生监督机构申报检疫。

3. 申报材料

申报检疫时，根据不同情形，提供相应书面材料。

(1)动物应当提交检疫申报单、强制免疫证明等一般性资料；农业农村部规定需进行实验室疫病检测的，需提交专业检测机构出具的实验室疫病检测报告；引进乳用、种用动物还需提供动物饲养场的《动物防疫条件合格证》《种畜禽生产经营许可证》。

(2)动物产品需提供检疫申报单、供体动物的强制免疫记录和实验室疫病检测报告，原毛、绒、角的消毒记录，精液和胚胎的采集、销售、移植记录和种蛋收集、消毒记录等。

(3)已经取得产地检疫证明的动物，从专门经营动物的集贸市场继续出售或运输的，或者展示、演出、比赛后需要继续运输的，需提供检疫申报单、原始检疫证明和完整进出场记录。原始检疫证明超过调运有效期的，还应当提供按规定需要进行实验室疫病检测的检测报告。

(4)跨省(自治区、直辖市)引进乳用种用家畜、种禽到达输入地隔离观察合格后需要继续运输的，需提供检疫申报单、原始检疫证明、隔离观察记录及饲养场或隔离场出具的《乳用种用家畜隔离检查证书》或《种禽隔离检查证书》(表 6-1)。

鼓励使用动物检疫管理信息化系统申报检疫。

表 6-1 乳用种用家畜/种禽隔离检查证书

隔离起止时间：　　年　月　日　至　　年　月　日

<table>
<tr><td>货主</td><td colspan="2"></td><td>联系人</td><td></td><td>电话</td><td></td></tr>
<tr><td>动物</td><td colspan="2"></td><td colspan="2">数量及单位（大写）</td><td colspan="2"></td></tr>
<tr><td>隔离场所</td><td colspan="6">省　　市（州）　　县（市、区）　　镇（乡、街道）</td></tr>
<tr><td>拟运地点</td><td colspan="6"></td></tr>
<tr><td>动物疫病
发生情况</td><td colspan="6">□未发生相关疫病　　□发生过相关疫病　　（填写疫病名称）</td></tr>
<tr><td rowspan="2">30 d 隔离
观察情况</td><td rowspan="2">有无异常　　□有　□无</td><td rowspan="2" colspan="2">实验室检测情况</td><td colspan="3">检测病种：</td></tr>
<tr><td colspan="3">检测结果：□合格　□不合格</td></tr>
<tr><td>群体状况</td><td>是否临床健康　□是　□否</td><td colspan="2">个体状况</td><td colspan="3">是否临床健康　□是　□否</td></tr>
<tr><td colspan="7">备注</td></tr>
<tr><td colspan="7">检查结论</td></tr>
<tr><td colspan="7">此（批）动物经隔离检查　　　　　　　　，本人对作出的结论负责。
执业兽医或动物防疫技术人员签字：　　　　　　签证时间：　　年　月　日
单位（公章）</td></tr>
</table>

注：1. 隔离期间有异常的，请在备注栏里填写具体情况。2. 拟运地点按照申报检疫目的地填写。

二、动物产地检疫

信息窗口

动物产地检疫对象

《农业农村部关于印发〈生猪产地检疫规程〉等 22 个动物检疫规程的通知》（农牧发〔2023〕16 号），确定了猪、牛、羊等畜禽的产地检疫对象。

猪：口蹄疫、非洲猪瘟、猪瘟、猪繁殖与呼吸综合征、炭疽、猪丹毒。

牛：口蹄疫、布鲁氏菌病、炭疽、牛结核病、牛结节性皮肤病。

羊：口蹄疫、小反刍兽疫、布鲁氏菌病、炭疽、蓝舌病、绵羊痘和山羊痘、山羊传染性胸膜肺炎。

家禽：高致病性禽流感、新城疫、马立克病、禽痘、鸡球虫病、鸭瘟、小鹅瘟、禽痘。

鹿、骆驼、羊驼：口蹄疫、布鲁氏菌病、炭疽、牛结核病。

马属动物：马传染性贫血、马鼻疽、马流感、马腺疫、马鼻肺炎。

犬：狂犬病、布鲁氏菌病、犬瘟热、犬细小病毒病、犬传染性肝炎。

兔：兔出血症、兔球虫病。

种用畜禽按《跨省调运乳用种用家畜产地检疫规程》和《跨省调运种禽产地检疫规程》进行检疫。

动物产地检疫包括检疫申报与受理、查验材料及畜禽标识、临床检查、实验室疫病检测、检疫结果处理和检疫记录等内容。

(一)检疫申报与受理

动物卫生监督机构接到检疫申报后,官方兽医及时对动物饲养者提供的申报材料进行审查。申报材料齐全、有效,当地无相关动物疫情,予以受理。受理后,动物卫生监督机构应当及时指派官方兽医或协检人员到现场或指定地点核实信息,开展临床健康检查。不予受理的,应当向申报方说明理由。动物产地检疫申报单如表6-2所示。

表6-2　动物产地检疫申报单

检疫申报单 (货主填写)	申报处理结果 (动物卫生监督机构填写)	检疫申报受理单 (动物卫生监督机构填写)
编号: 货主: 联系电话: 动物/动物产品种类: 数量及单位: 来源: 用途: 启运地点: 启运时间: 到达地点: 依照《动物检疫管理办法》规定,现申报检疫。 货主签字(盖章): 申报时间:　年　月　日	□受理。拟派员于　年　月　日到　　　实施检疫。 □不受理。理由: 经办人: 年　月　日 (动物卫生监督机构留存)	No. 处理意见: □受理:本所拟于　年　月　日派员到　　　实施检疫。 □不受理。理由: 经办人: 联系电话: 动物检疫专用章 年　月　日 (交货主)

(二)查验材料及畜禽标识

官方兽医到达现场后,查验以下材料:

(1)查验申报主体身份信息是否与检疫申报单相符。

(2)实行风险分级管理的,查验饲养场(户)分级管理材料。

(3)查验饲养场《动物防疫条件合格证》和养殖档案,种畜禽场还应查验《种畜禽生产经营许可证》,了解生产、免疫、监测、诊疗、消毒、无害化处理及相关动物疫病发生情况,确认动物已按规定进行强制免疫,并在有效保护期内;查验饲养户免疫记录,确认动物已按规定进行强制免疫,并在有效保护期内;了解是否使用未经国家批准的兽用疫苗;了解是否违反国家规定使用餐厨剩余物饲喂生猪。

(4)查验畜禽标识加施情况,确认动物佩戴的畜禽标识与检疫申报单、相关档案记录相符。

(5)查验实验室疫病检测报告是否符合要求,检测结果是否合格。

(6)已经取得产地检疫证明的动物出售或运输的,查验产地检疫证明是否真实并在调运有效期内,进出场记录是否完整;产地检疫证明超过调运有效期的,查验按规定需要进行实验室疫病检测的检测结果是否合格。

(7)跨省(自治区、直辖市)引进乳用种用动物到达输入地隔离观察合格后需要继续运输的，查验原始检疫证明、隔离观察记录以及《乳用种用家畜隔离检查证书》或《种禽隔离检查证书》。

(8)查验运输车辆、承运单位(个人)及车辆驾驶员是否备案。

(三)临床检查

临床检查是动物检疫最基本的方法，通过对动物进行群体检查和个体检查，以分辨病健，并得出是否为某种检疫对象的结论。

1. 检查方法

(1)群体检查。群体检查是以“群”为单位对动物群体进行现场检查。从静态、动态、饮食状态等方面进行检查，主要检查动物群体精神状况、呼吸状态、运动状态、饮水饮食、反刍状态及排泄物性状等。一般先进行静态检查，再进行动态检查，最后进行饮食状态检查。

群体检查的目的是对整群动物的健康状况作出初步评价，从群体中挑出患病或可疑患病动物，以便进一步进行个体检疫。

(2)个体检查。个体检查是指对群体检查中检出的可疑患病动物进行系统的临床检查。通过视诊、触诊和听诊等方法进行检查，主要检查动物个体精神状况、体温、呼吸、皮肤、被毛、可视黏膜、胸廓、腹部及体表淋巴结，排泄动作及排泄物性状等。

群体检查时如果没有发现异常动物，也须抽检 5%～20%进行个体检查，若个体检查发现患病动物，应再抽检 10%，当被检动物数量较少时，可直接进行个体检查。

2. 检查内容

(1)猪、牛、羊、家禽。根据《生猪产地检疫规程》《反刍动物产地检疫规程》《家禽产地检疫规程》要求开展以下疫病的临床检查。

猪：猪口蹄疫、非洲猪瘟、猪瘟、猪繁殖与呼吸综合征、炭疽、猪丹毒。

牛：口蹄疫、布鲁氏菌病、炭疽、牛结核病、牛结节性皮肤病。

羊：口蹄疫、小反刍兽疫、布鲁氏菌病、炭疽、蓝舌病、绵羊痘和山羊痘、山羊传染性胸膜肺炎。

家禽：高致病性禽流感、新城疫、马立克病、禽痘、鸡球虫病、鸭瘟、小鹅瘟。

(2)乳用种用家畜、种禽。省内调运乳用种用动物按《生猪产地检疫规程》《反刍动物产地检疫规程》《家禽产地检疫规程》的要求开展疫病临诊检查，跨省(自治区、直辖市)调运乳用种用动物还需增加以下疫病的检查。

猪：伪狂犬病、猪细小病毒感染。

牛：地方流行性牛白血病、牛传染性鼻气管炎(传染性脓疱外阴阴道炎)。

禽：禽白血病、禽网状内皮组织增殖病。

(四)实验室疫病检测

实验室疫病检测必须由动物疫病预防控制机构、取得相关资质认定、国家认可机构认可或者符合省级农业农村主管部门规定条件的实验室承担，并出具检测报告。

(1)对怀疑患有动物产地检疫规程规定疫病及临床检查发现其他异常情况的，应当按照相应疫病防治技术规范进行实验室疫病检测。

(2)需要进行实验室疫病检测的，猪、牛、羊的抽检比例不低于 10%，原则上不少于 10 头(只)，数量不足 10 头(只)的要全部检测；禽的抽检比例不低于 5%，原则上不少于 5 只，数量不足 5 只的要全部检测。

(3)乳用种用动物开展下列疫病(表6-3)的实验室疫病检测,并提供相应检测报告。通过农业农村部评审并公布的动物疫病无疫小区、国家级动物疫病净化场,无须开展相应疫病的检测。

表6-3 乳用种用动物实验室疫病检测种类

动物种类	疾病名称
猪	非洲猪瘟
牛	布鲁氏菌病、牛结核病
羊	布鲁氏菌病、小反刍兽疫
鸡	高致病性禽流感、新城疫、禽白血病
鸭	高致病性禽流感、鸭瘟
鹅	高致病性禽流感、小鹅瘟
鹿、骆驼、羊驼	口蹄疫、布鲁氏菌病、牛结核病
马(驴)	马传染性贫血、马鼻疽
兔	兔出血热

(五)检疫结果处理

1.检疫合格

经检疫合格,且运输车辆、承运单位(个人)及车辆驾驶员备案符合要求的,出具《动物检疫合格证明》;运输车辆、承运单位(个人)及车辆驾驶员备案不符合要求的,应当及时向农业农村部门报告,由农业农村部门责令改正的,方可出具《动物检疫合格证明》。

官方兽医应当及时将《动物检疫合格证明》有关信息上传至动物检疫管理信息化系统。

2.检疫不合格

经检疫不合格的,出具《检疫处理通知单》,并按照下列规定处理。

(1)发现申报主体信息与检疫申报单不符、风险分级管理不符合规定、畜禽标识与检疫申报单不符等情形的,货主按规定补正后,方可重新申报检疫。

(2)未按照规定进行强制免疫或强制免疫不在有效保护期的,及时向农业农村部门报告,货主按规定对动物实施强制免疫并在免疫有效保护期内,方可重新申报检疫。

(3)发现患有动物产地检疫规程规定动物疫病的,向农业农村部门或者动物疫病预防控制机构报告,应当按照相应疫病防治技术规范规定处理。

(4)发现患有动物产地检疫规程规定检疫对象以外动物疫病,影响动物健康的,向农业农村部门或者动物疫病预防控制机构报告,按规定采取相应防疫措施。

(5)发现不明原因死亡或怀疑为重大动物疫情的,应当按照《中华人民共和国动物防疫法》《重大动物疫情应急条例》和《农业农村部关于做好动物疫情报告等有关工作的通知》(农医发〔2018〕22号)的有关规定处理。

(6)发现病死动物的,按照《病死畜禽和病害畜禽产品无害化处理管理办法》等规定处理。

(7)发现货主提供虚假申报材料、养殖档案或畜禽标识不符合规定等涉嫌违反有关法律法规情形的,应当及时向农业农村部门报告,由农业农村部门按照规定处理。

(六)检疫记录

1.检疫工作记录

官方兽医应当及时填写检疫工作记录,详细登记货主姓名、地址、申报检疫时间、检疫时间、检疫地点、检疫动物种类、数量及用途、检疫处理、检疫证明编号等。

2. 存档

检疫申报单和检疫工作记录保存期限不得少于12个月，电子记录与纸质记录具有同等效力。

知识链接

1. 已经取得产地检疫证明的动物

已经取得产地检疫证明的动物，从专门经营动物的集贸市场继续出售或者运输的，或者动物展示、演出、比赛后需要继续运输的，经检疫符合下列条件的，出具动物检疫证明：

①有原始动物检疫证明和完整的进出场记录；

②畜禽标识符合规定；

③临床检查健康；

④原始动物检疫证明超过调运有效期，按规定需要进行实验室疫病检测的，检测结果合格。

2. 跨省（自治区、直辖市）引进的乳用种用动物

跨省（自治区、直辖市）引进的乳用种用动物到达输入地后，应当在隔离场或者饲养场内的隔离舍进行隔离观察，隔离期为30 d。经隔离观察合格的，方可混群饲养；不合格的，按照有关规定进行处理。隔离观察合格后需要继续运输的，货主应当申报检疫，并取得动物检疫证明。

3. 输入无规定动物疫病区的动物

输入无规定动物疫病区的相关易感动物，应当在输入地省级动物卫生监督机构指定的隔离场所进行隔离，隔离检疫期为30 d。隔离检疫合格的，由隔离场所在地县级动物卫生监督机构的官方兽医出具动物检疫证明。

三、动物产品检疫

动物产品产地检疫包括检疫申报与受理、查验材料、检疫结果处理和检疫记录等内容。

（一）检疫申报与受理

动物卫生监督机构接到检疫申报后，官方兽医根据申报材料审查情况和当地相关动物疫情状况，决定是否受理。受理的，应当及时指派官方兽医或协检人员到现场或指定地点实施检疫；不予受理的，应当说明理由。

（二）查验材料

（1）查验申报主体身份信息是否与检疫申报单相符。

（2）查验饲养场《动物防疫条件合格证》《种畜禽生产经营许可证》和养殖档案，了解供体动物生产、免疫、监测、诊疗、消毒、无害化处理及相关动物疫病发生情况，确认动物已按规定进行强制免疫，并在有效保护期内；查验饲养户免疫记录，确认供体动物已按规定进行强制免疫，并在有效保护期内；查验畜禽标识佩戴情况，确认供体动物佩戴的畜禽标识与检疫申报单、相关

档案记录相符；查验供体动物实验室疫病监测报告是否符合要求，检测结果是否合格。

(3)查验原毛、绒、角的消毒记录是否符合要求；查验精液、胚胎的采集、存贮、销售记录是否符合要求；查验种蛋的收集、消毒记录是否符合要求。

(三)检疫结果处理

1. 检疫合格

检疫合格的，出具《动物检疫合格证明》，按规定加施检疫标志。官方兽医应当及时将《动物检疫合格证明》有关信息上传至动物检疫管理信息化系统。

2. 检疫不合格

检疫不合格的，出具《检疫处理通知单》，并按照下列规定处理。

(1)发现申报主体信息与检疫申报单不符的，货主按规定补正后，方可重新申报检疫。

(2)发现供体动物未按照规定进行强制免疫或强制免疫时限不在有效保护期的，及时向农业农村部门报告，货主按规定对动物产品再次消毒后，方可重新申报检疫。

(3)发现供体动物染疫、疑似染疫或者死亡的，按照供体动物的相关规定处理。

(4)动物产品未按照规定消毒的，货主按规定对动物产品消毒后，方可重新申报检疫。

(5)实验室疫病检测结果不合格的，向农业农村部门报告，由货主对动物产品进行无害化处理。

(6)发现货主提供虚假申报材料、养殖档案及畜禽标识不符合规定等涉嫌违反有关法律法规的，应当及时向农业农村部门报告，由农业农村部门按照规定处理。

(四)检疫记录

1. 检疫工作记录

官方兽医应当及时填写检疫工作记录，详细登记货主姓名、地址、申报检疫时间、检疫时间、检疫地点、检疫动物种类、数量及用途、检疫处理、检疫证明编号等。

2. 存档

检疫申报单和检疫工作记录保存期限不得少于12个月，电子记录与纸质记录具有同等效力。

知识链接

精液、种蛋可能携带的病原体

牛冷冻精液可能携带下列疫病的病原体：结核病、副结核病、布鲁氏菌病、牛生殖道弯曲杆菌病、毛滴虫病、钩端螺旋体病、牛传染性鼻气管炎、牛白血病、蓝舌病、口蹄疫、牛流行热，牛病毒性腹泻/黏膜病、牛瘟、牛痘、牛传染性胸膜肺炎、Q热等。

种蛋可能携带下列疫病的病原体：鸡白痢、禽脑脊髓炎、产蛋下降综合征、禽白血病、鸡包涵体肝炎、鸡传染性贫血、禽病毒性关节炎、鸡毒支原体感染、禽大肠杆菌病。

四、产地检疫的出证

(一)产地检疫的出证条件

1. 动物须具备的条件

(1)来自非封锁区及未发生相关动物疫情的饲养场(户)。

(2)来自符合风险分级管理有关规定的饲养场(户)。

(3)申报材料符合检疫规程规定。

(4)畜禽标识符合规定。

(5)按照规定进行了强制免疫,并在有效保护期内。

(6)临床检查健康。

(7)需要进行实验室疫病检测的,检测结果合格。

2.动物产品须具备的条件

(1)种用动物来自非封锁区及未发生相关动物疫情的饲养场(户)。

(2)检疫申报提供的相关材料真实有效,符合检疫规程规定。

(3)生皮、原毛、绒、角按有关规定消毒合格;供体动物按照规定进行了强制免疫并在有效保护期内;畜禽标识符合规定;临床检查健康;需要进行实验室疫病检测的,检测结果合格。

(4)精液、卵、胚胎、种蛋按有关规定消毒合格;供体动物按照规定进行了强制免疫并在有效保护期内;畜禽标识符合规定;临床检查健康;需要进行实验室疫病检测的,检测结果合格。

(二)《动物检疫合格证明》的适用范围、有效期

A 证适用于跨省境出售或运输动物、动物产品;B 证限省内使用。

《动物检疫合格证明》的有效期,根据动物及动物产品种类、用途、运输距离等情况来确定。《动物检疫合格证明(动物 A)》的有效期视到达地点所需时间填写,最长不超过 5 d;《动物检疫合格证明(动物 B)》的有效期一般为 1 d,地域面积较大等特殊情况下可延长到 3 d。《动物检疫合格证明(产品 A)》的有效期视到达地点所需时间填写,最长不超过 7 d;《动物检疫合格证明(产品 B)》的有效期一般为 1 d,地域面积较大等特殊情况下可延长到 3 d。

专家寄语

《动物检疫合格证明》的使用

《动物检疫合格证明》的出具机构及人员必须是依法享有出证职权者,并经签字盖章方为有效。严格按使用范围用蓝色或黑色钢笔、签字笔,或打印填写。《动物检疫合格证明》混用无效,涂改无效。

实践操作　生猪产地检疫

【目的要求】

通过参与生猪产地检疫,掌握产地检疫的程序和内容。

【材料用品】

联系当地动物卫生监督机构,根据当地生猪报检情况,随官方兽医到不同的养殖场实施产

地检疫。

体温计、听诊器、酒精棉球等；产地检疫记录本。

【方法步骤】

1. 了解情况

官方兽医介绍当地实际情况，包括地理位置、周围环境、畜牧业发展状况、动物存栏量、补栏量、出栏量以及产地检疫工作开展情况等。

2. 实施检疫

在官方兽医和指导教师的带领下到场入户协助官方兽医检疫。到场后先向畜主出示证件，表明身份。

(1)查验材料及畜禽标识。查验申报主体身份信息是否与检疫申报单相符、饲养场(户)分级管理材料；查验饲养场《动物防疫条件合格证》和养殖档案，了解生产、免疫、监测、诊疗、消毒、无害化处理及相关动物疫病发生情况，确认生猪已按规定进行强制免疫，并在有效保护期内；了解是否使用未经国家批准的兽用疫苗，了解是否使用餐厨剩余物饲喂生猪；确认生猪佩戴的畜禽标识与检疫申报单、相关档案记录相符；查验实验室疫病检测报告是否符合要求，检测结果是否合格。

(2)临床检查。分别进行群体和个体检查。群体检查从静态、动态和饮食状态等方面检查生猪群体精神状况、呼吸状态、运动状态、饮水饮食情况及排泄物性状等；个体检查通过视诊、触诊和听诊等方法检查生猪个体精神状况、体温、呼吸、皮肤、被毛、可视黏膜、胸廓、腹部及体表淋巴结，排泄动作及排泄物性状等。

(3)结果判定。对来自非封锁区、申报材料符合规定、免疫在有效保护期内、畜禽标识符合规定、临床检查健康、需要进行的实验室疫病检测结果合格的判定为合格。

3. 检疫处理

(1)出具检疫证明。对检疫合格的，出具《动物检疫合格证明》。

目前，《动物检疫合格证明》采用电子出证。《动物检疫合格证明》的格式和项目填写说明见表 6-4 至表 6-7。

表 6-4 《动物检疫合格证明(动物 A)》

编号：

<table>
<tr><td>货主</td><td colspan="2"></td><td colspan="2">联系电话</td><td></td></tr>
<tr><td>动物种类</td><td colspan="2"></td><td colspan="2">数量及单位</td><td></td></tr>
<tr><td>启运地点</td><td colspan="5">省　　市(州)　　县(市、区)　　乡(镇)　　村
(养殖场、交易市场)</td></tr>
<tr><td>到达地点</td><td colspan="5">省　　市(州)　　县(市、区)　　乡(镇)　　村
(养殖场、屠宰场、交易市场)</td></tr>
<tr><td>用途</td><td></td><td>承运人</td><td></td><td>联系电话</td><td></td></tr>
</table>

续表 6-4

<table>
<tr><td>运载方式</td><td colspan="2">□公路□铁路□水路□航空</td><td>运载工具
牌号</td><td></td></tr>
<tr><td>运载工具消毒情况</td><td colspan="4">装运前经　　　　　　　　　　　　消毒</td></tr>
<tr><td colspan="5">本批动物经检疫合格，应于　　　日内到达有效。

官方兽医签字：
签发日期：　　年　月　日

（动物卫生监督所检疫专用章）</td></tr>
<tr><td>牲畜耳标号</td><td colspan="4"></td></tr>
<tr><td>动物卫生监督
检查站签章</td><td colspan="4"></td></tr>
<tr><td>备注</td><td colspan="4"></td></tr>
</table>

第　联　共　联

注：1. 本证书一式两联，第一联由动物卫生监督所留存，第二联随货同行。

2. 跨省调运动物到达目的地后，货主或承运人应在 24 h 内向输入地动物卫生监督机构报告。

3. 牲畜耳标号只需填写后 3 位，可另附纸填写，需注明本检疫证明编号，同时加盖动物卫生监督机构检疫专用章。

4. 动物卫生监督所联系电话：

5. 项目填写要求

货主：货主为个人的，填写个人姓名；货主为单位的，填写单位名称。

联系电话：填写移动电话，无移动电话的，填写固定电话。

动物种类：填写动物的名称，如猪、牛、羊、马、骡、驴、鸭、鸡、鹅、兔等。

数量及单位：数量和单位连写，不留空格。数量及单位以汉字填写，如叁头、肆只、陆匹、壹佰羽。

启运地点：饲养场（养殖小区）、交易市场的动物填写生产地的省、市、县名和饲养场（养殖小区）、交易市场名称；散养动物填写生产地的省、市、县、乡、村名。

到达地点：填写到达地的省、市、县名，以及饲养场（养殖小区）、屠宰场、交易市场或乡镇、村名。

用途：视情况填写，如饲养、屠宰、种用、乳用、役用、宠用、试验、参展、演出、比赛等。

承运人：填写动物承运者的名称或姓名；公路运输的，填写车辆行驶证上法定车主名称或名字。

联系电话：填写承运人的移动电话或固定电话。

运载方式：根据不同的运载方式，在相应的“□”内划“√”。

运载工具牌号：填写车辆牌照号及船舶、飞机的编号。

运载工具消毒情况：写明消毒药名称。

到达时效：视运抵到达地点所需时间填写，最长不得超过 5 d，用汉字填写。

牲畜耳标号：由货主在申报检疫时提供，官方兽医实施现场检疫时进行核查。牲畜耳标号只需填写顺序号的后 3 位，可另附纸填写，并注明本检疫证明编号，同时加盖动物卫生监督所检疫专用章。

动物卫生监督检查站签章：由途经的每个动物卫生监督检查站签章，并签署日期。

签发日期：用简写汉字填写。如二〇一二年四月十六日。

备注：有需要说明的其他情况可在此栏填写。

表 6-5 《动物检疫合格证明(动物 B)》

编号：

货主			联系电话		
动物种类		数量及单位		用途	
启运地点	市(州)　县(市、区)　乡(镇)　村 (养殖场、交易市场)				
到达地点	市(州)　县(市、区)　乡(镇)　村 (养殖场、屠宰场、交易市场)				
牲畜耳标号					
本批动物经检疫合格,应于当日内到达有效。 官方兽医签字： 签发日期：　年　月　日 (动物卫生监督所检疫专用章)					

第　联　共　联

注:1.本证书一式两联,第一联由动物卫生监督所留存,第二联随货同行。
2.本证书限省境内使用。
3.牲畜耳标号只需填写后 3 位,可另附纸填写,并注明本检疫证明编号,同时加盖动物卫生监督所检疫专用章。
4.项目填写要求
启运地点:饲养场(养殖小区)、交易市场的动物填写生产地的市、县名和饲养场(养殖小区)、交易市场名称;散养动物填写生产地的市、县、乡、村名。
到达地点:填写到达地的市、县名,以及饲养场(养殖小区)、屠宰场、交易市场或乡镇、村名。
其他项目同《动物检疫合格证明(动物 A)》。

表 6-6 《动物检疫合格证明(产品 A)》

编号：

货主		联系电话	
产品名称		数量及单位	
生产单位名称地址			
目的地	省　市(州)　县(市、区)		
承运人		联系电话	
运载方式	□公路　□铁路　□水路　□航空		

续表 6-6

运载工具牌号		装运前经　　　　消毒
本批动物产品经检疫合格，应于　　日内到达有效。 官方兽医签字： 签发日期：　　年　月　日 （动物卫生监督所检疫专用章）		
动物卫生监督检查站签章		
备注		

第　联　共二联

注：1. 本证书一式两联，第一联由动物卫生监督所留存，第二联随货同行。

2. 动物卫生监督所联系电话：

3. 项目填写要求

产品名称：填写动物产品的名称，如“猪肉”“牛皮”“羊毛”等，不得只填写为“肉”“皮”“毛”。

数量及单位：数量和单位连写，不留空格。数量及单位以汉字填写，如叁拾公斤、伍拾张、陆佰枚。

生产单位名称地址：填写生产单位全称及生产场所详细地址。

目的地：填写到达地的省、市、县名。

到达时效：视运抵到达地点所需时间填写，最长不得超过 7 d，用汉字填写。

备注：有需要说明的其他情况可在此栏填写，如作为分销换证用，应在此注明原检疫证明号码及必要的基本信息。

其他项目同《动物检疫合格证明（动物 A）》。

表 6-7 《动物检疫合格证明(产品 B)》

编号：

货主		产品名称	
数量及单位		产地	
生产单位名称地址			
目的地			
检疫标志号			
备注			
本批动物产品经检疫合格，应于当日内到达有效。 官方兽医签字： 签发日期：　　年　月　日 （动物卫生监督所检疫专用章）			

第　联　共二联

注：1. 本证书一式两联，第一联由动物卫生监督所留存，第二联随货同行。

2. 本证书限省境内使用。

3. 项目填写要求

目的地：填写到达地的市、县名。

检疫标志号：对于“带皮猪肉产品”，填写检疫滚筒印章号码；其他动物产品按农业农村部有关规定执行。

其他项目同《动物检疫合格证明（产品 A）》。

(2)出具《检疫处理通知单》。对检疫不合格的,出具《检疫处理通知单》。《检疫处理通知单》的格式和项目填写说明见表6-8。

表6-8 《检疫处理通知单》

检疫处理通知单

编号:____________

____________:

按照《中华人民共和国动物防疫法》和《动物检疫管理办法》有关规定,你(单位)的____________

____

经检疫不合格,根据____________________________

____

之规定,决定进行如下处理:

一、____________________________________

二、____________________________________

三、____________________________________

四、____________________________________

动物卫生监督所(公章)

年　月　日

官方兽医(签名):

当事人签收:

注:1.本通知单一式两份,一份交当事人,一份动物卫生监督所留存。

2.动物卫生监督所联系电话:

3.当事人联系电话:

4.项目填写要求

编号:年号+6位数字顺序号,以县为单位自行编制。

《检疫处理通知单》应载明货主的姓名或单位。

《检疫处理通知单》应载明动物和动物产品种类、名称、数量,数量应大写。

引用国家有关法律法规应当具体到条、款、项。

写明无害化处理方法。

4.检疫记录

规范填写《动物产地检疫工作记录单》,并由畜主签字。

【实践报告】

根据实践情况,写一份如何进行产地检疫的报告。

任务二　动物屠宰检疫

标准对接　初、中级动物检疫检验员工作内容(国家职业标准)

1. 能按规程要求对动物进行临床检查。
2. 能按规程要求对动物屠宰实施疫病同步检查,并对检查结果进行综合判定。
3. 能按规程要求对肉品品质进行同步检验,并对检验结果进行综合判定。
4. 能按规定对相关部位采样、压片、镜检。
5. 能按规定准确摘除“三腺”,并进行无害化处理。
6. 能根据检查、检验结果,协助相关人员对合格动物、动物产品出具相关证明。
7. 能按照规定,对不合格动物及动物产品进行无害化处理。

信息窗口

动物屠宰检疫对象

《农业农村部关于印发〈生猪产地检疫规程〉等22个动物检疫规程的通知》(农医发〔2023〕16号),确定了猪、牛、羊、家禽的屠宰检疫对象。

猪:口蹄疫、非洲猪瘟、猪瘟、猪繁殖与呼吸综合征、炭疽、猪丹毒、囊尾蚴病、旋毛虫病。

牛:口蹄疫、布鲁氏菌病、炭疽、牛结核病、牛传染性鼻气管炎(传染性脓疱外阴阴道炎)、牛结节性皮肤病、日本血吸虫病。

羊:口蹄疫、小反刍兽疫、炭疽、布鲁氏菌病、蓝舌病、绵羊痘和山羊痘、山羊传染性胸膜肺炎、棘球蚴病、片形吸虫病。

家禽:高致病性禽流感、新城疫、鸭瘟、马立克病、禽痘、鸡球虫病。

兔:兔出血热、兔球虫病。

马属动物:马传染性贫血、马鼻疽、马流感、马腺疫。

动物屠宰检疫是指对被宰动物所进行的宰前检疫和在屠宰过程中所进行的同步检疫。动物屠宰检疫是动物产品检疫的关键环节,做好动物屠宰检疫是保障市场肉品安全和让人民群众吃上“放心肉”的重要手段,也是防止疫病传播和保护人民身体健康的重要措施。

一、动物宰前检疫

动物宰前检疫是对待宰动物进行活体检疫,也是动物在屠宰之前最后一次认真、仔细的检疫,是屠宰检疫的前提和保障。

(一)宰前检疫的目的和意义

1.及时检出患病动物

经过宰前检疫,及时发现患病动物,做到早发现、早处理,防止疫病扩散,尤其是对宰前症状明显,宰后病理变化不大的动物疫病如口蹄疫、猪水疱病、狂犬病、破伤风等和某些中毒性疾病的检查有重要意义。宰前检疫减轻了宰后检疫的压力,对保障肉品安全起到了重要的作用。

2.及时进行病健分离

通过宰前检疫,及时发现患病动物和伤残动物,使病健隔离,病健分宰,减少肉品污染,确保肉品卫生质量,减少经济损失。

(二)宰前检疫的程序和内容

1.检疫申报

(1)申报检疫。货主在屠宰前 6 h 向所在地动物卫生监督机构申报检疫,急宰的可以随时申报。应提供检疫申报单以及动物入场时附有的动物检疫证明、入场查验登记、待宰巡查等记录。

(2)申报受理。动物卫生监督机构接到检疫申报后,应当及时对申报材料进行审查。材料齐全的,予以受理,由派驻(出)的官方兽医实施检疫;不予受理的,应当说明理由。

(3)回收检疫证明。官方兽医应当回收动物入场时附有的动物检疫证明,并将有关信息上传至动物检疫管理信息化系统。

2.宰前检查

(1)现场核查申报材料与待宰生猪信息是否相符。

(2)官方兽医按照《动物产地检疫规程》中“临床检查”的内容实施检查。

3.结果处理

(1)合格动物。准予屠宰。

(2)不合格动物。由官方兽医出具《检疫处理通知单》,按下列规定处理。

①发现染疫或者疑似染疫的,向农业农村部门或者动物疫病预防控制机构报告,并对货主采取隔离等控制措施。

②发现病死动物的,按照《病死畜禽和病害畜禽产品无害化处理管理办法》等规定处理。

③现场核查待宰动物信息与申报材料或入场时附有的动物检疫证明不符,涉嫌违反有关法律法规的,向农业农村部门报告。

④确认为无碍于肉食安全且濒临死亡的动物,可以急宰。

二、动物宰后检疫

宰后检疫是指动物在放血解体的情况下,直接检查肉尸、内脏,根据其病理变化和异常现象进行综合判断,得出检疫结论。宰后检疫包括对动物疫病的检查(由动物卫生监督机构派驻官方兽医按照动物检疫规程实施)和肉品品质检验(由屠宰企业自行实施)两大方面。肉品品质检验主要包括对普通病的检查,对屠宰加工质量和“三腺”摘除情况的检查,对注水肉及“瘦肉精”等有害物质的检查。

(一)动物宰后检疫的意义

1.检出宰前难发现的疫病

动物宰后,肉尸和内脏充分暴露,能更直观、更准确地发现肉尸和内脏的病理变化,对临诊症状不明显、宰前难发现的疫病如猪旋毛虫病、猪囊尾蚴病等较容易检出，弥补了宰前检疫的不足，从而防止疫病的传播和人兽共患病的发生。

2. 及时发现畜禽胴体和内脏的某些非传染性病变

通过宰后检疫可以发现如黄疸肉、黄脂肉、脓毒症、尿毒症、肿瘤、水肿、局部化脓、异色、异味等有碍肉品卫生的情况，以便及时剔除，保证肉品卫生安全。

(二)宰后检疫的基本方法和要求

1. 宰后检疫的基本方法

宰后检疫主要通过感官检验，必要时辅以实验室检验。

(1)检疫工具及使用方法。宰后检疫使用的工具主要是检疫刀、检疫钩和锉棒(图 6-1)。使用时，左手持检疫钩固定组织，右手持检疫刀切开检验部位。

检疫人员应准备两套检疫工具，以便随时更换，一旦被污染，应彻底消毒后方可使用。

(2)感官检验。感官检验包括视检、剖检、触检和嗅检，以视检和剖检为主。

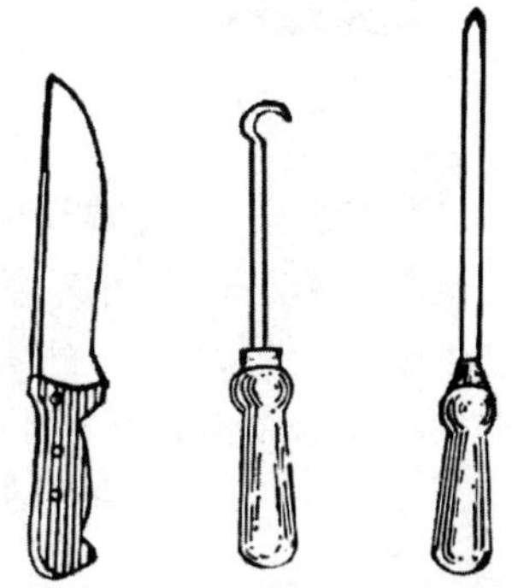

图 6-1　宰后检疫工具示意图

(引自潘洁，2014)

①视检。用肉眼直接观察胴体皮肤、肌肉、脂肪、胸腹膜、骨骼、关节、天然孔及各种脏器浅表暴露部位的色泽、形状、大小、组织状态等，判断有无病理变化或异常，为进一步剖检提供方向。

②剖检。用检疫刀切开肉尸或脏器的深部组织或隐蔽部分，观察其有无病理变化，对淋巴结、肌肉、脂肪、脏器的剖检非常重要，尤其是对淋巴结的剖检。

③触检。通过触摸受检组织和器官，感觉其弹性、硬度以及深部有无隐蔽或潜在性的变化。触检可减少剖检的盲目性，提高剖检效率，必要时将触检可疑的部位剖开视检，这对发现深部组织或器官内的硬块很有意义。

④嗅检。嗅闻被检胴体、脏器有无异常气味，借以判定肉品质量和食用价值，为实验室检验提供指导。生前动物患有尿毒症，宰后肉品有尿骚味；生前用药时间较长，宰后肉品有残留的药味；病猪、死猪冷宰后肉品有一定的尸腐味等，都可通过嗅闻检查出来。

(3)实验室检验。经过感官检验，对屠宰畜禽的胴体或内脏，不能确诊其所患疾病以及是否有碍于肉食卫生，或已发现有异味的胴体、脏器，从感官上难以辨别性质时，必须进行实验室检验。实验室检验包括细菌学检验、组织病理学检验、血清学检验、理化检验和寄生虫学检验等。

2. 宰后检疫的要求

(1)对检疫环节的要求。检疫环节应密切配合屠宰加工工艺流程，不能与生产的流水作业相冲突，所以宰后检疫常被分为若干环节安插在屠宰加工过程中。

(2)对检疫内容的要求。严格按屠宰检疫规程规定的检疫内容、检查部位进行。为保证检验的顺利和正确作出卫生评价，必须把每一个动物的胴体、头、内脏及其皮张编上同一号码，以便发现疑问时及时追踪检查。

(3)对剖检的要求。为保证肉品的卫生质量和商品价值，剖检时只能在一定的部位按一定的方向剖开，肌肉应顺肌纤维方向切开，受检的淋巴结应纵切，切口的大小、深浅要适度，禁止乱切和拉锯式的切割，以免破坏胴体、头、内脏的完整性。

(4)对环境保护的要求。为防止肉品污染和环境污染，切开脏器、脓肿或血肿等病变组织时，一定要防止脓、血等病变材料污染胴体、地面、器具以及检验人员。当发现重大疫病时，立即停宰，上报疫情，封锁现场，按相关规定处理。

（5）对检疫人员的要求。检疫人员在同步检疫过程中应做好卫生安全防护，同时每年应体检，发现患有人兽共患病或体表有化脓性伤口时，应停止工作。

（三）宰后检疫的程序和内容

专家寄语

同步检疫是关键

同步检疫与屠宰操作相对应（图 6-2），对同一畜禽的胴体及脏器、蹄、头等统一编号进行检疫。多数屠宰加工企业设有自动或半自动的架空轨道，采取流水作业，高速运转。同步检疫即在轨道运行中，对同一畜禽的胴体、内脏、头、蹄等在分离时实行同时、等速、对照的集中检疫，发现问题时方便查对。同时要防止肉品污染，做到头、蹄、内脏、胴体“四不落地”。

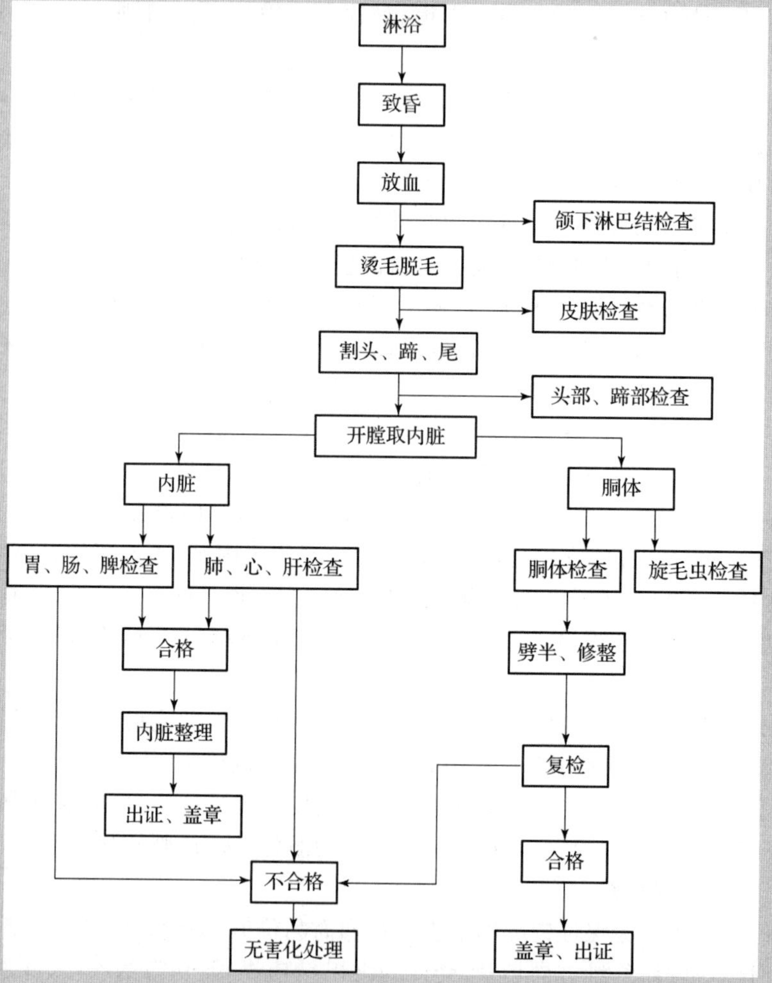

图 6-2　生猪屠宰工艺与宰后检疫点的设置

1. 生猪宰后检疫的程序和内容

猪的宰后检疫程序：头部、蹄部检查→皮肤检查→内脏检查→胴体检查→旋毛虫检查→复检。

(1)头部、蹄部检查。

①头部检查。猪的头部检查分两步进行：第一步在放血后，烫毛、脱毛或剥皮前，借助放血刀口，剖检两侧颌下淋巴结，视检有无肿大、水肿和胶样浸润，切面是否呈砖红色，有无坏死灶(紫、黑、黄)，检查有无咽炭疽、猪瘟、非洲猪瘟、结核病等，并设专人摘除甲状腺。第二步在割头后，在左、右侧下颌骨平行处切开咬肌，检查猪囊尾蚴；同时观察鼻盘、唇和口腔黏膜，检查有无口蹄疫、猪水疱病、猪传染性萎缩性鼻炎等疫病。

②蹄部检查。观察蹄部有无水疱、溃疡、烂斑等，检查有无口蹄疫等疫病。

(2)皮肤检查。在烫毛、脱毛之后，开膛取内脏之前，主要观察皮肤表面有无出血斑点、疹块、坏死、溃疡等病变。检查有无猪瘟、非洲猪瘟、猪丹毒、猪肺疫、猪弓形虫病等疫病。

(3)内脏检查。取出内脏前，观察胸腔、腹腔有无积液、粘连、纤维素性渗出物。取出内脏后，检查分两组进行，第一组为胃、肠、脾；第二组为肺、心、肝。

①胃、肠、脾检查。

脾：视检脾形状、大小、色泽，触检弹性，观察有无显著肿胀、淤血、颜色变暗、质地变脆、坏死灶、边缘出血性梗死、被膜隆起及粘连等病变，必要时剖检脾实质。检查有无猪瘟、非洲猪瘟、炭疽、猪丹毒等疫病。

胃、肠：视检胃、肠浆膜，观察形状、色泽，检查有无淤血、出血、坏死、胶冻样渗出物和粘连，然后剖检肠系膜淋巴结。检查有无肠炭疽、猪瘟、非洲猪瘟、猪丹毒等疫病。

②肺、心、肝检查。

肺：视检肺形状、大小、色泽，触检弹性，检查肺实质有无坏死、萎陷、水肿、淤血、实变、结节、纤维素性渗出物等病变，然后剖检支气管淋巴结，必要时剖检气管、支气管。检查有无结核病、猪肺疫及各种肺炎病变。

心：视检心包，切开心包膜，检查有无变性、心包积液、纤维素性渗出物、淤血、出血、坏死等病变。剖开左心室，检查心肌、心内膜及血液凝固状态，检查有无慢性猪丹毒(二尖瓣有菜花样赘生物)、猪囊尾蚴及口蹄疫(“虎斑心”)。

肝：视检肝形状、大小、色泽，触检弹性，剖检肝门淋巴结，必要时剖检胆管，检查有无淤血、肿胀、变性、黄染、坏死、硬化、肿物、结节、纤维素性渗出物、寄生虫等病变。

(4)胴体检查。包括整体检查、腰肌检查、肾脏检查和淋巴结检查。

①整体检查。视检肉体色泽，判断放血程度。检查皮肤、皮下组织、脂肪、肌肉、淋巴结、骨骼以及胸腔、腹腔浆膜有无淤血、出血、疹块、脓肿和其他异常等，检查有无黄疸肉、黄脂肉、红膘肉、消瘦肉及白肌肉等。

②腰肌检查。沿荐椎与腰椎结合部两侧肌纤维方向切开 10 cm 左右切口，检查有无囊尾蚴。

③肾脏检查。剥离两侧肾被膜，视检肾脏形状、大小、色泽，触检质地，检查有无贫血、出血、淤血、肿胀等病变。必要时纵向剖检肾脏，检查切面皮质、髓质部有无颜色变化、出血及隆起等。检查有无猪瘟、非洲猪瘟、猪丹毒等疫病。

④淋巴结检查。剖开两侧腹股沟浅淋巴结(肉尸倒挂时，位于最后一个乳头上方的皮下脂肪内)，检查有无淤血、肿大、出血、坏死、增生等病变。必要时剖检腹股沟深淋巴结、髂内淋巴结。

(5)旋毛虫检查。取左右膈脚各 30 g 左右，与胴体编号一致，撕去肌膜，对感官检查有异常的进行镜检。

(6)复检。必要时，官方兽医对上述检疫情况进行复检，综合判定检疫结果，防止错检、漏检。重点对“三腺”(甲状腺、肾上腺、病变淋巴结)的摘除情况进行检查，人若误食，会引起食物中毒。

2. 牛羊宰后检疫的程序和内容

牛羊宰后检疫程序：头部、蹄部检查→内脏检查→胴体检查→复检。牛屠宰工艺与宰后检疫点的设置见图 6-3。

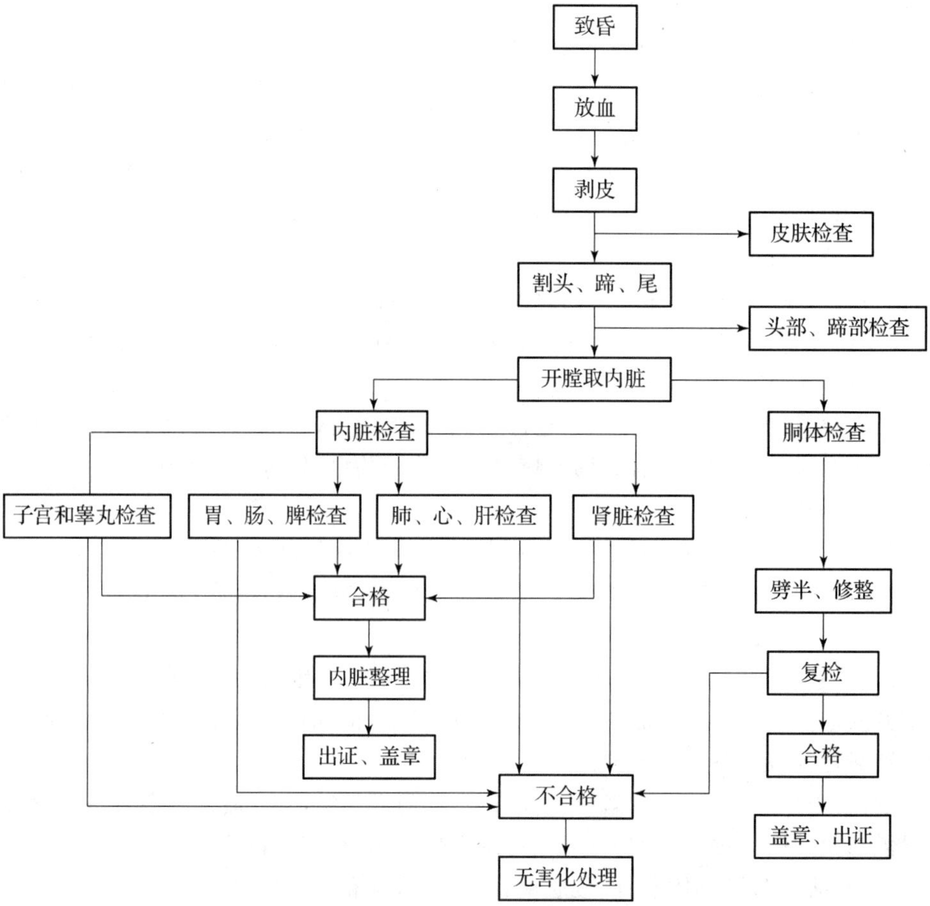

图 6-3　牛屠宰工艺与宰后检疫点的设置

(1)头部、蹄部检查。

①头部检查。检查唇、齿龈及舌面有无水疱、溃疡、烂斑等；剖检一侧咽后内侧淋巴结和两侧下颌淋巴结(羊必要时剖检下颌淋巴结)，同时检查咽喉黏膜和扁桃体有无病变，检查有无结核、炭疽等疫病。

②蹄部检查。检查蹄冠、蹄叉皮肤有无水疱、溃疡、烂斑、结痂等，检查有无口蹄疫。

(2)内脏检查。

①胃、肠、脾检查。开膛后首先检查脾的大小、色泽、弹性，注意增大的程度和质地状态，检查炭疽；然后检查浆膜及肠系膜，剖开肠系膜淋巴结，检查形状、色泽及有无肿胀、淤血、出血、

粘连、结节、坏死等，必要时剖开胃肠，检查内容物、黏膜及有无出血、淤血、糜烂、化脓、结节、寄生虫等。

②肺、心、肝检查。首先检查肺两侧肺叶实质、色泽、形状、大小及有无淤血、出血、水肿、化脓、实变、结节、粘连、寄生虫等，剖检一侧支气管淋巴结，检查内容物、黏膜及有无出血、结节、寄生虫等；然后检查心的形状、大小、色泽及有无淤血、出血、肿胀等；最后检查肝的大小、色泽，触检其弹性和硬度（羊注意看有无大小不一的突起），剖开肝门淋巴结，并以刀横断胆管，挤压内容物，检查有无肝片吸虫。必要时剖开肝实质、胆囊和胆管，检查有无硬化、萎缩、日本血吸虫等。

③肾脏检查。检查其弹性和硬度及有无出血、淤血、贫血等。必要时剖检肾脏，检查切面皮质、髓质部有无颜色变化、出血及隆起等。

④子宫和睾丸检查。检查母畜子宫浆膜有无出血、黏膜有无黄白色或干酪样结节；检查公畜睾丸有无肿大，睾丸、附睾有无化脓、坏死灶等。

(3)胴体检查。

①整体检查。检查皮下组织、脂肪、肌肉、淋巴结以及胸腔、腹腔浆膜有无淤血、出血、疹块、脓肿、结节和其他异常等。

②淋巴结检查。剖检颈浅淋巴结、髂下淋巴结，检查切面形状、色泽、大小及有无肿胀、淤血、出血、坏死灶等，必要时检查腹股沟深淋巴结。

(4)复检。必要时，官方兽医对上述检疫情况进行复检，综合判定检疫结果。

3.家禽宰后检疫要点

家禽的宰后检疫主要是胴体检查和内脏检查。

(1)胴体检查。

①体表。检查色泽、气味、光洁度、完整性及有无水肿、痘疮、化脓、外伤、溃疡、坏死灶、肿物等。

②冠和髯。检查有无出血、发绀、水肿、结痂、溃疡及形态有无异常等。

③眼。检查眼睑有无出血、水肿、结痂，眼球是否下陷等。

④爪。检查有无出血、淤血、增生、肿物、溃疡及结痂等。

⑤肛门。检查有无紧缩、淤血、出血等。

(2)抽检。日屠宰量在1万只以上（含1万只）的，按照1%的比例抽样检查；日屠宰量在1万只以下的抽检60只。抽检发现异常情况的，应当适当扩大抽检比例和数量。

①皮下。检查有无出血点、炎性渗出物等。

②肌肉。检查颜色是否正常，有无出血、淤血、结节等。

③鼻腔。检查有无淤血、肿胀和异常分泌物等。

④口腔。检查有无淤血、出血、溃疡及炎性渗出物等。

⑤喉头和气管。检查有无水肿、淤血、出血、糜烂、溃疡和异常分泌物等。

⑥肺脏和气囊。检查有无结节，肺有无颜色异常，囊壁有无增厚浑浊、纤维素性渗出物等。

⑦肾脏。检查有无肿大、出血、苍白、结节等。

⑧腺胃和肌胃。检查浆膜面有无异常。剖开腺胃，检查腺胃黏膜和乳头有无肿大、淤血、出血、坏死灶和溃疡等；切开肌胃，剥离角质膜，检查肌层内表面有无出血、溃疡等。

⑨肠道。检查浆膜有无异常。剖开肠道，检查小肠黏膜有无淤血、出血等，检查盲肠黏膜有无枣核状坏死灶、溃疡等。

⑩肝脏和胆囊。检查肝脏形状、大小、色泽及有无出血、坏死灶、结节、肿物等。检查胆囊有无肿大等。

⑪脾脏。检查形状、大小、色泽及有无出血和坏死灶、灰白色或灰黄色结节等。

⑫心脏。检查心包和心外膜有无炎症变化等，心冠状沟脂肪、心外膜有无出血点、坏死灶、结节等。

⑬法氏囊(腔上囊)。检查有无出血、肿大等。剖检有无出血、干酪样坏死等。

⑭体腔。检查内部清洁程度和完整度，有无赘生物、寄生虫等。检查体腔内壁有无凝血块、粪便和胆汁污染和其他异常等。

(3)复检。必要时，官方兽医对上述检疫情况进行复检，综合判定检疫结果。

(四)宰后组织器官常见的变化

1.淋巴结的变化

动物屠宰放血后，淋巴结多呈灰白色或灰黄色，圆形或椭圆形。

(1)淋巴结水肿。外观淋巴结肿大，有光泽，触摸柔软，切开，切面苍白，边缘外翻，中央隆起、挤压流出多量透明液体。见于机体的营养不良性水肿或外伤引起的局部淋巴单纯性水肿。

(2)浆液性淋巴结炎。淋巴结肿大明显，有光泽，触摸柔软，切开，切面是鲜红色，湿润多汁、边缘外翻，中央隆起，挤压流出多量透明淡红黄色的液体。多见于急性传染病的初期，特别是机体组织器官的局部性炎症，其周围的淋巴结会出现此变化。

(3)出血性淋巴结炎。外观淋巴结肿大呈暗红色，富有光泽。多见于急性败血性传染病，如炭疽、猪瘟等。出血性淋巴结炎的变化随疫病种类不同，各具一定特征，如猪局部炭疽、颌下淋巴结和肠系膜淋巴结的切面呈砖红色，并有灰白色坏死灶，淋巴结变硬，淋巴结周围组织有少量的胶样浸润；患猪瘟时全身淋巴结出血肿大，呈暗红色或黑红色，切面呈红白相间的大理石样，周边出血较明显。

(4)化脓性淋巴结炎。外观淋巴结肿大，表面或切面有大小不等的黄白色化脓灶，有时整个淋巴结形成一个脓包。这种变化多继发于淋巴结所属组织器官的化脓性炎症和化脓疮。在猪链球菌病、马腺疫、马鼻疽等疾病过程中，淋巴结出现化脓。

(5)急性增生性淋巴结炎。眼观淋巴结肿大，质地柔软；切开边缘外翻，中央隆起，切面呈灰白色浑浊的颗粒状，像脑髓样，称为“髓样变”。多见于猪副伤寒、猪支原体肺炎等疫病。

(6)慢性增生性淋巴结炎。眼观淋巴结肿大，质地坚实；切面呈灰白色，可见粟粒大到蚕豆大的结节，中心坏死呈干酪样。多见于结核、鼻疽、布鲁氏菌病等慢性传染病。

2.局部性和全身性组织变化

(1)皮肤、肌肉和器官的出血。宰后检验中经常看到胴体某些部位和内脏组织器官的出血现象，其可能是传染病、中毒、败血症等病理因素引起，也可能是机械性或屠宰因素造成。

病理性出血：活体动物患传染病、中毒性疾病、败血症时，组织器官出血多是全身性的出血，以皮肤、黏膜、浆膜、筋膜的出血斑点常见，其相应的淋巴结也有出血变化。

机械性出血：动物受到鞭打、挤压造成肌肉外伤、骨折，局部组织受损伤，血管破裂，宰后可见背部皮肤、皮下、肌肉间等部位出血。吊宰可使大腿和腰部的肌肉有斑点状甚至条纹状出血。电麻致昏时，如果电压过大、持续时间过长，可以引起很多组织器官出血，其中常见于肺，其次是头、颈部的淋巴结等。机械性出血，出血处为鲜红色、大小不一、边缘不整齐，相应的淋巴结出血仅出现在边缘，呈鲜红色，且不肿大。

(2)组织水肿。组织水肿是由于体液在组织间隙蓄积过多。宰后检验时，在机体的任何部位发现局灶性水肿，其周围有黄、红色的胶样浸润时，必须确定是否患炭疽或是恶性水肿。

(3)脓肿。由于组织器官感染了化脓性细菌，组织坏死、液化形成充满脓汁的包囊和囊腔。宰后检出脓肿，特别是脓肿是由其他部位转移而来，要确定是否为脓毒败血症。

(4)结节。组织器官表面或实质内的坚硬凸起即结节，多呈圆形或半圆形，灰白色或黄白色，大小不等，触摸坚硬。结核杆菌形成的结节具有特殊结构，结节中心呈干酪样坏死或钙化，呈黄白色，质地坚硬。

3. 内脏器官的变化

(1)心脏病变。

虎斑心：心脏发生脂肪变性时，在心外膜下和心室乳头肌肉柱等部位的静脉管周围，眼观可见许多横列的黄色条纹，形似虎皮上的斑纹，故称之为“虎斑心”。“虎斑心”是口蹄疫的典型病变，具有诊断意义。

绒毛心：发生纤维素性心包炎时，心脏表面覆盖有易于剥落的黄白色薄层纤维素，病程稍长的病例，这种纤维素因心脏跳动而摩擦牵引，形成绒毛状，称为“绒毛心”。常见于慢性沙门氏菌病、结核病、支原体肺炎等疫病。

(2)肺脏病变。

肺水肿：肺脏体积肿大，重量增加，色泽变淡，有光泽；切开后从切面流出多量带泡沫的清亮的液体。见于左心衰竭、浆液性肺炎、中毒等。

肺炎：肺脏体积肿大，表面、切面呈暗红色，质地坚实，失去弹性。常出现在猪肺疫、牛出败等疾病过程中。

屠宰加工不当，也能造成肺部异常，如肺呛水，常见于猪，因放血后未死亡，放入烫池后，挣扎、呼吸将水吸入肺。呛水部肿大湿润，呈污灰色，切开后从切面流出多量污水或带毛、血的浑浊液体。肺呛血，发生于牛，屠宰时由于同时切断气管、血管、食管，血液可从气管断端进入气管到肺。呛血部多在肺脏的膈叶背缘，呛血的范围大小不一，形状不一，鲜红色，有弹性，切开后从切面流出血液或条索状游离的凝血块。

(3)肝脏病变。

乳斑肝：常见于猪肝。肝表面可见散在或密布麦粒大小的灰白色乳斑状坏死灶，边缘呈放射状；切开病灶部位，其他部分结构和质地正常。乳斑肝是猪蛔虫病时血液中的蛔虫幼虫，途经肝脏移行所造成。

脂肪肝：早期，肝脏肿大，肝脏边缘由锐变钝。晚期，由于肝细胞的坏死崩解，体积逐渐缩小，肝的颜色呈黄褐色或土黄色，切面上肝小叶结构模糊，触摸有油腻感。由病原体感染和中毒因素引起，常见于败血性疫病。

饥饿肝：肝脏特征是黄褐色甚至泥土色，肝小叶明显，小叶间质清楚，但肝脏体积未增大，结构和质地正常。饥饿肝是屠宰的牲畜因饥饿引起的一种色泽异常变淡的肝脏，主要原因是长途运输，惊慌，奔跑和挣扎。

(4)脾脏病变。

败血脾：是由各种败血症导致的急性脾炎或急性脾肿。表现为体积明显肿大，质地柔软，暗红或蓝紫色，切面泥样无结构，多血。见于炭疽、猪丹毒等急性败血性传染病和血孢子虫病。

脾脏出血性梗死：脾不肿大或略肿大，脾脏边缘有暗红色稍凸起的坏死灶，切开后，坏死部分呈倒三角形，数量、大小不等。见于猪瘟、猪蓝耳病。

(5)肾脏病变。

急性肾小球肾炎：肾脏肿大，皮质色泽变淡，有点状出血，见于猪瘟；肾脏肿大，呈暗红色，表面和切面上有出血点，见于猪丹毒。

白斑肾：由感染或中毒引起的以淋巴细胞浸润和结缔组织增生为特征的非化脓性间质肾炎。在肾表面可见灰白色，油脂状斑点和斑块。

4. 性状异常肉

肉品性状异常主要指色泽异常和掺假。

(1)红膘肉。指皮下充血、出血或血液浸润脂肪致使皮肤、皮下脂肪发红，主要发生在猪的某些传染病过程中。猪在烫毛时水温过高，也可造成皮肤、皮下脂肪发红。

(2)黄脂肉。指皮下或腹腔脂肪发黄，而机体其他组织器官不发黄，胴体在吊挂 24 h 后黄色变淡甚至消失，发生的原因与饲料和体内维生素缺乏有关，如生前饲喂黄玉米、胡萝卜、棉籽饼、鱼粉、蚕蛹过多。

(3)黄疸肉。由于血液中的胆红素代谢障碍，使全身的皮肤、脂肪、黏膜、浆膜、关节囊液及内脏器官均染成黄色。多见于马传染性贫血、钩端螺旋体病、锥虫病、梨形虫病等疫病。某些化学物质和中毒病也能引起黄疸，黄疸肉品放置时间越长，黄色越深。

(4)白肌肉。又称“PSE 肉”。肌肉苍白，质地松软，切面有液体渗出。仅发生于猪，主要见于背最长肌、腰肌，其原因与宰前应激、遗传和品种有关。猪在宰前受电麻等强烈刺激后，肾上腺素分泌增多，使肌肉中肌糖原酵解加快，乳酸产生过多，pH 由正常时的 5.8～6.4 降到 5.7 以下，引起肌蛋白变性，细胞持水能力下降。

(5)白肌病肉。心肌和骨骼肌发生变性和坏死，与饲料中缺乏维生素 E 和硒有关。病变肌肉呈白色、黄白色条纹或斑块，切面干燥，似鱼肉样。

(6)注水肉。肉质肿胀，湿润光亮，色淡，质地柔软，弹性降低，指压留有痕迹，复原缓慢或不能复原。切开肌肉，断面湿润或流出水样液体，将肉吊挂有水滴出。

注水冻肉：刀切有冰碴样感觉，严重时有冰层。

注水白条鸡：皮肤紧张，过度肥胖，无自然皱褶，肢翅伸直不贴胴体，爪伸直紧张，肛门突出，毛孔明显胀大，

(五)宰后检疫结果处理

1. 合格动物产品

经同步检疫合格的，由官方兽医按照检疫申报批次对动物的胴体及生皮、原毛、绒、脏器、血液、蹄、头、角出具动物检疫证明并且加盖检疫验讫印章(图 6-4)或者加施其他检疫标志(图 6-6 至图 6-8)；对肉品品质检验合格的，由定点屠宰场加盖肉品品质检验合格验讫印章(图 6-5)或附具肉品品质检验合格标志，出具肉品品质检验合格证明，即具备两证两章。

图 6-4 滚动检疫印章示意图

图 6-5 圆形检验合格印章示意图

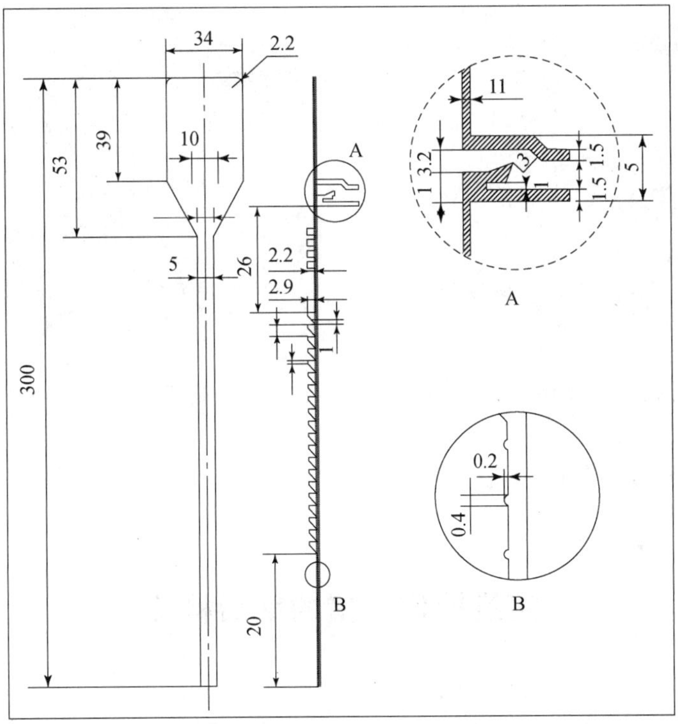

单位：mm

图 6-6 牛羊塑料卡环式检疫验讫标志轧带、锁扣、标牌示意图

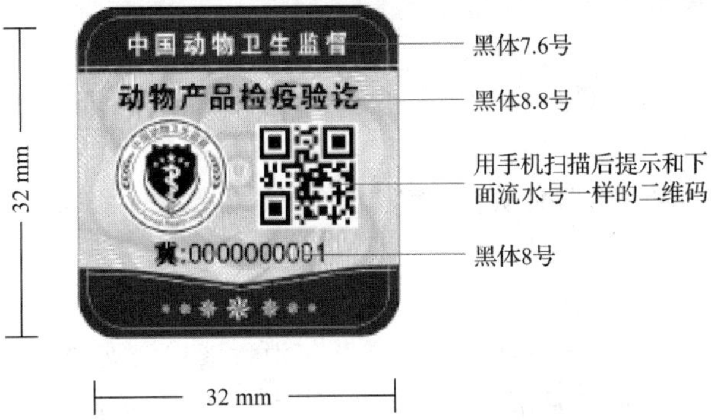

图 6-7 牛羊动物产品检疫验讫标签示意图

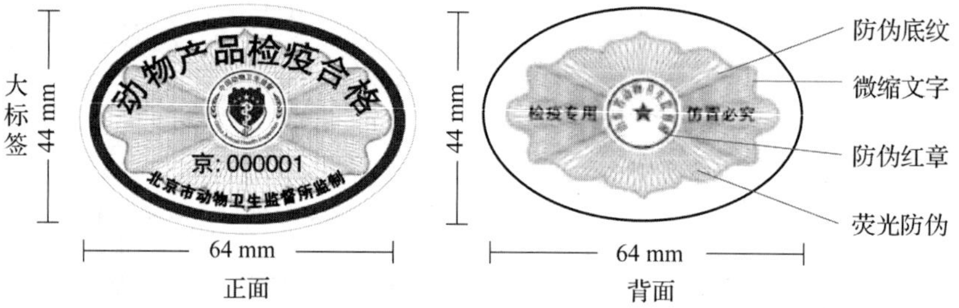

图 6-8 动物产品检疫粘贴标志(分大标签和小标签)

知识链接

宰后检疫合格标准

①进入屠宰加工场所时,具备有效的动物检疫证明,畜禽标识符合国家规定。

②申报材料符合相关屠宰检疫规程规定。

③待宰动物临床检查健康。

④同步检疫合格。

⑤需要进行实验室疫病检测的,检测结果合格。

官方兽医应当做好检疫申报、宰前检查、同步检疫、检疫结果处理等环节的记录。

2. 存档

检疫申报单和检疫工作记录保存期限不得少于 12 个月,电子记录与纸质记录具有同等效力。

实践操作　猪的宰后检疫

【目的要求】

了解屠宰加工企业中检验点的设置;掌握猪宰后检疫的程序、要点和操作技术以及常见病变的鉴别和检疫后的处理方法。

【材料用品】

检验刀、检验钩、锉棒、显微镜、剪刀、镊子、二氧异氰尿酸钠、来苏尔、检疫记录表格、工作帽、工作服、胶靴、手套等。

提前联系当地的动物卫生监督机构,随官方兽医到生猪屠宰场实施宰后同步检疫。

【方法步骤】

1. 检疫工具的消毒

检疫工具使用后放于二氯异氰尿酸钠或来苏尔消毒液中浸泡消毒 30～40 min,用清水冲去消毒液,擦干后备用。检疫工具不可用水煮沸,不可用火焰、蒸汽、高温热空气消毒,以免造成手柄松动、脱落和影响刀刃的锋利程度。

2.头部、蹄部检查

(1)颌下淋巴结检查。将宰杀放血后的猪体倒悬在架空轨道上,腹面朝向检查者或仰卧在检验台上待检。

剖检颌下淋巴结时,一般由两人操作。助手以右手握住猪的右前蹄,左手持检验钩,钩住颈部放血口右侧壁中间部分,向右牵引;检验者左手持检验钩,钩住放血口左侧壁中间部分,向左侧拉开切口,右手持检验刀从放血口向深部并向下方纵切一刀,使放血口扩大至喉头软骨和下颌前端。再以喉头为中心,朝向下颌骨的内侧,左右下颌角各作一平行切口,即可在下颌骨内侧、颌下腺下方(胴体倒挂时)找出左右淋巴结(图 6-9)并进行剖检,检查有无肿大、水肿和胶样浸润,切面是否呈砖红色,有无坏死灶(紫、黑、黄)等,同时摘除甲状腺。如在流水生产线上进行操作,则由一人操作,左手持检验钩钩住放血口、右手持检验刀按上述方法切开放血口下颌角内侧,找到淋巴结即可。

(2)咬肌检查。如果头部连在胴体上,用检疫钩钩住颈部断面上咽喉部,提起猪头,在两侧下颌角外侧沿与咬肌纤维垂直方向平行切开两侧咬肌,观察有无猪囊尾蚴寄生。如果头已从胴体上割下,则可放在检验台上剖检两侧咬肌(图 6-10)。

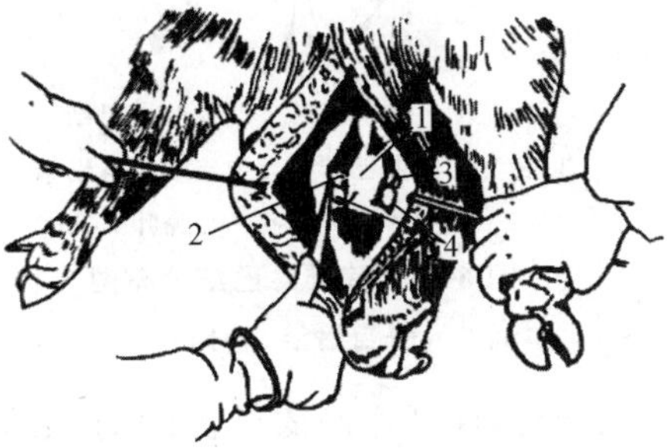

1.咽喉部隆起　2.下颌骨　3.颌下腺　4.颌下淋巴结

图 6-9　颌下淋巴结剖检示意图

(引自潘洁,2014)

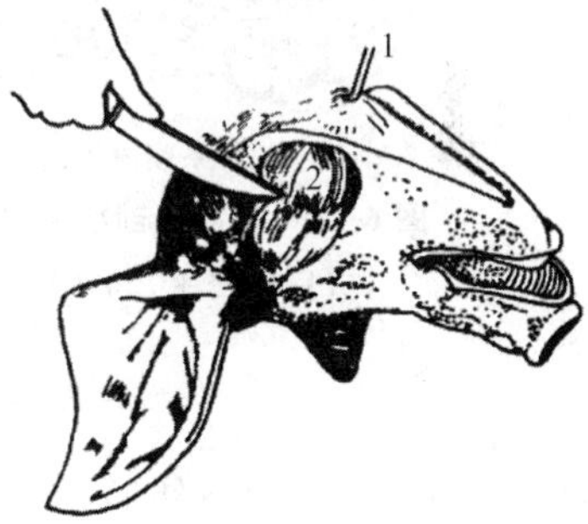

1.检疫钩钩住的部分　2.被切开的咬肌

图 6-10　猪咬肌剖检示意图(离体猪头)

(引自潘洁,2014)

(3)鼻唇部检查。观察有无水疱、溃疡、烂斑,必要时检查口腔、舌面、喉头黏膜,以检出口蹄疫、猪水疱病等。

(4)蹄部检查。持检疫刀轻触蹄部,观察蹄部有无水疱、溃疡、烂斑等;检查有无口蹄疫等疫病。

3.皮肤检查

烫毛后、开膛前进行体表皮肤检查。主要观察全身皮肤的完整性及其色泽的改变,特别注意耳根、四肢内外侧、胸腹部、背部及臀部等处,观察有无点状、斑状出血性变化或弥漫性发红;有无疹块、痘疮、黄染等;有无鞭伤、刀伤等异常情况。

4.内脏检查

(1)胃、肠、脾检查。受检脏器必须与胴体同步编号。先视检脾的外形、大小、色泽,触检其硬度,观察其边缘有无楔形梗死,必要时再剖检脾;然后检查胃、肠的外形和色泽,看其浆膜有无粘连、出血、水肿、坏死及溃疡等变化。将胃放在检验者左前方,大肠放在正前方,用手将两者间肠管较细、弯曲较多的空肠部分提起,使肠系膜铺开,便可见一串珠状隆起即肠系膜淋巴结群。先观察其外表有无肿胀、出血,周围组织有无胶样浸润,然后用刀在肠系膜上作一条与小肠平行的切口,切开串珠状隆起,即可在脂肪中剖检肠系膜淋巴结(图 6-11),重点注意有无猪肠型炭疽。必要时剖检胃肠,检查黏膜有无淤血、出血、水肿、坏死、溃疡。

（2）肺、心、肝检查。

①肺检查。先进行外观和肺实质检查，用长柄钩将肺悬挂，观察肺的形状、大小、色泽，触检其弹性及有无结节等变化；或将肺平放在检验台上，使肋面朝上，肺纵沟对着检验员进行检验。然后进行剖检，切开咽喉头、气管和支气管，观察喉头、气管和支气管黏膜有无变化，再观察肺实质有无异常变化，主要观察有无炎症、结核结节和寄生虫寄生等。最后剖检支气管淋巴结（图 6-12），左手持检疫钩钩住主动脉弓，向左牵引，右手持检疫刀切开主动脉弓与气管之间的脂肪至支气管分叉处，观察左侧支气管淋巴结，并剖检；再用检疫钩钩住右肺尖叶，向左下方牵引，使肺腹面朝向检验者，用检疫刀在右肺尖叶基部和气管之间紧贴气管切开至支气管分叉处，观察右侧支气管淋巴结，并剖检。

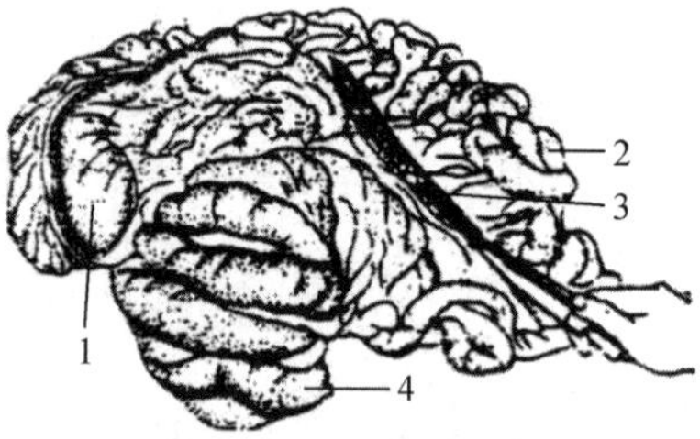

1. 胃　2. 小肠　3. 肠系膜淋巴结　4. 大肠

图 6-11　猪胃肠剖检术式

（引自朱俊平，2019）

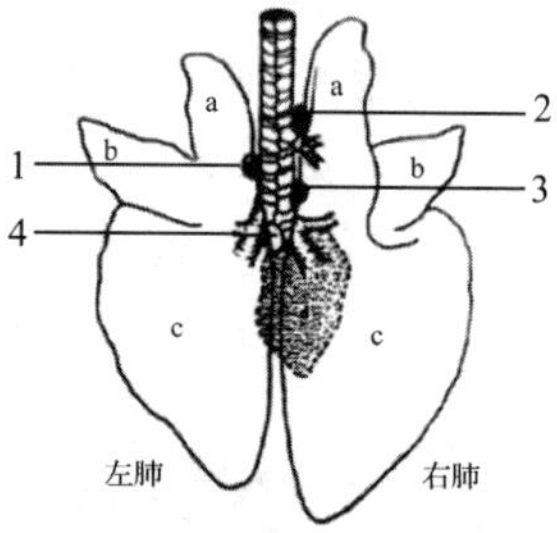

1. 左支气管淋巴结　2. 尖叶淋巴结

3. 右支气管淋巴结　4. 中支气管淋巴结

a. 尖叶　b. 心叶　c. 膈叶

图 6-12　猪肺淋巴结分布图

（引自潘洁，2014）

②心脏检查。先观察外形，检查心包及心包液有无变化，注意心脏的形状、大小及表面情况，心外膜有无炎性渗出物，有无创伤，心肌内有无猪囊尾蚴寄生。然后用检疫钩钩住心脏左纵沟，用检疫刀在与左纵沟平行的心脏后缘房室分界处纵剖心脏（图 6-13），观察心肌、心内膜、心瓣膜及血液凝固状态，特别应注意心瓣膜上有无增生性变化及心肌内有无猪囊尾蚴寄生。

③肝检查。首先视检形状、大小、色泽，触检弹性，观察有无淤血、变性、坏死、硬化、结节及寄生虫等病变；然后用检疫钩牵起肝门处脂肪，用检疫刀切开脂肪，找到肝门淋巴结，剖开进行检查（图 6-14）；并剖检胆管及胆囊，观察有无异常变化。

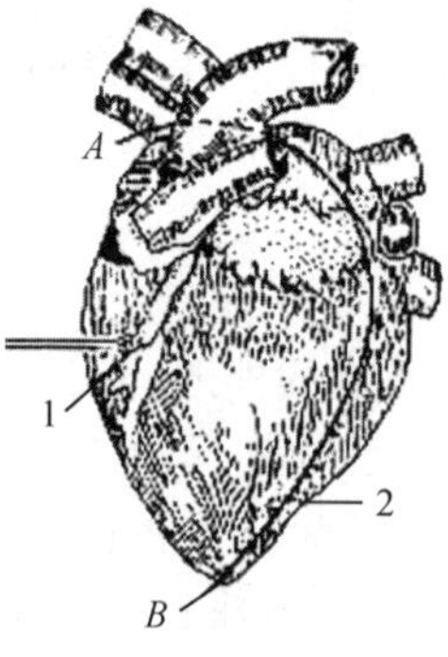

1. 左纵沟　2. 从 A 到 B 是纵剖切开线

图 6-13　猪心脏剖检示意图

（引自潘洁，2014）

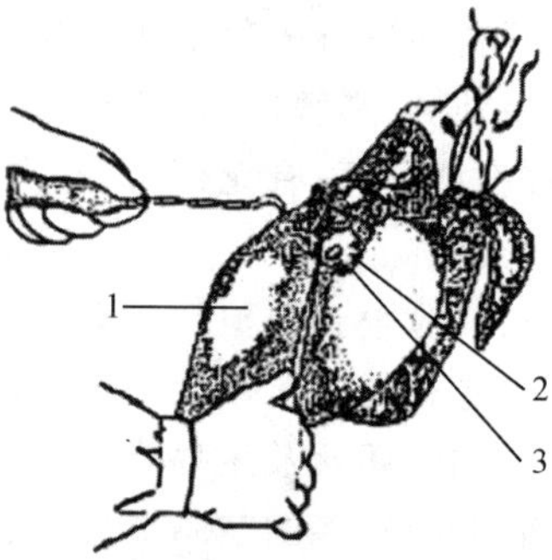

1. 肝脏腹面　2. 淋巴结周围结缔组织　3. 肝门淋巴结

图 6-14　猪肝门淋巴结剖检示意图

（引自潘洁，2014）

5.胴体检查

(1)一般检查。主要观察胴体色泽、血管中血液潴留情况、肌肉切口湿润程度,以判定放血程度。视检皮肤、皮下组织、脂肪、肌肉、骨骼以及胸膜和腹膜有无病变。

(2)腰肌检查。用检疫钩固定胴体,沿荐椎与腰椎结合部两侧肌纤维方向切开 10 cm 左右的切口(图 6-15),检查有无猪囊尾蚴寄生。

(3)肾检查。一般在胴体上检疫。用检疫钩钩住肾盂部,再用检疫刀沿肾边缘处,顺着肾纵轴轻轻地切开肾包膜,切口长约 3.5 cm,然后将检疫钩一边向左下方牵引,一边向外转动,与此同时,以刀尖背面向右上方挑起肾包膜,两手同时配合,将肾包膜剥离。观察肾脏的形状、大小、弹性、色泽及有无贫血、淤血、出血、肿胀等病变。必要时沿肾脏边缘纵向切开,观察皮质、髓质部颜色等情况。在检查肾的同时摘除肾上腺。

(4)主要淋巴结的剖检。重点剖检腹股沟浅淋巴结(图 6-16),必要时剖检腹股沟深淋巴结和髂内淋巴结。

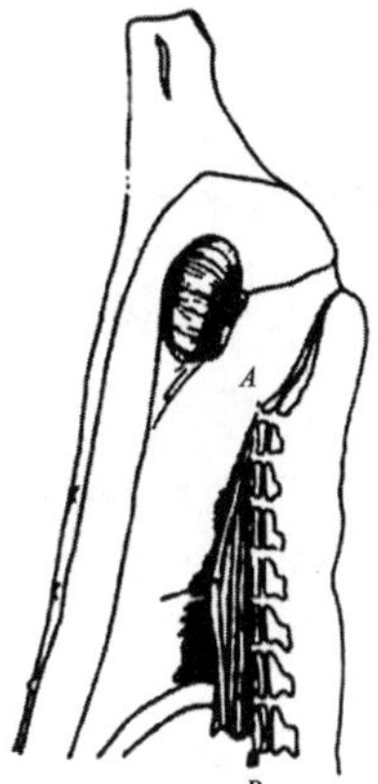

A 到 *B* 是切开腰肌的切线

图 6-15　猪腰肌剖检示意图

(引自潘洁,2014)

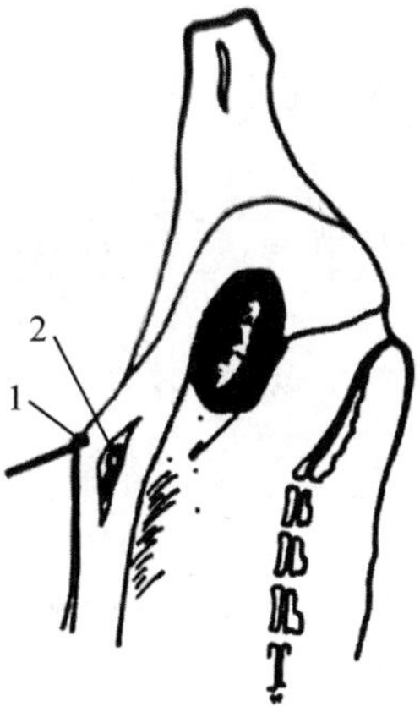

1.检验钩着钩处　2.剖检切口与切口中的淋巴结

图 6-16　猪腹股沟浅淋巴结剖检示意图

在悬挂的胴体上,以检疫钩钩住最后乳头稍上方的皮下组织向外侧牵拉,用检疫刀从脂肪组织层正中部纵切,即可发现被切开的腹股沟浅淋巴结,观察有无淤血、水肿、出血、坏死、增生等病变。

6.旋毛虫检查

开膛取出腹腔脏器后,取左右膈脚各 30 g 左右,编上与胴体一致的号码,送旋毛虫检疫室进行旋毛虫检查。

7.复检

对上述检疫情况进行复检,重点检查对“三腺”的摘除。

8.检疫处理

检疫合格的,胴体加盖检疫滚筒印章,动物产品包装加施检疫合格标志,出具《动物检疫合格证明》。检疫不合格的,填写《检疫处理通知单》,按有关规定进行处理。

9.检疫记录表填写

填写屠宰检疫工作情况日记录表。做好动物检疫档案材料归档工作。

【实践报告】

根据技能训练情况，写一份猪宰后检疫的实践报告。

实践操作　猪肉寄生虫检验

【目的要求】

掌握猪囊虫、旋毛虫的检验方法。

【材料用品】

1. 检验材料

猪头、猪肉。

2. 标本

猪囊虫浸清标本、旋毛虫和住肉孢子虫镜检标本、虫体挂图。

3. 器材

显微镜、手术刀、剪刀、镊子、载玻片、滴管、旋毛虫压片器等。

4. 试剂

50%甘油溶液、10%盐酸溶液、生理盐水。

【方法步骤】

1. 教师讲解

指导教师讲解虫体挂图、标本；学生观察，了解虫体形态特征。

2. 猪囊虫的检验

主要检查的肌肉为咬肌、舌肌、腰肌、膈肌和肩胛肌，也可检查心、肝、肺等。

(1)视检。仔细观察咬肌等被检猪肉表面有无白色、囊泡状凸起。

(2)剖检。用解剖刀或手术刀剖开咬肌检查。

(3)镜检。采集有可疑虫体寄生肌肉或内脏器官，用手术刀将其切成约 1 cm 厚的薄片，以手术刀和镊子剥离肌肉等组织中的囊尾蚴，用生理盐水洗净；以手术剪剪开囊壁，取出完整的头节，以滤纸吸干囊液后，将其置于两张载玻片之间并压片；将压片置于低倍显微镜(40×)下，仔细观察虫体头节的形态和特征。

(4)判定。猪囊虫在肌肉中呈米粒大至黄豆大的囊泡，白色半透明，囊内壁有一米粒大小的白色头节，肉眼可见；镜检可见到头节的顶突、小钩、吸盘；发生钙化后呈黄白色。滴加稀盐酸后镜检，能见到角质小钩和崩解的虫体团块。

3. 旋毛虫检验

(1)采样。猪宰后检疫采取左右膈肌脚各 30 g。平时训练可取膈肌、腹斜肌等肌肉。

(2)视检。将膈肌的肌膜和脂肪撕去，纵向拉平膈肌，在充足的自然光线下，肉眼观察表面有无针尖大、半透明、隆起的乳白色或灰白色小点，然后再剪开肉样深部进行观察。

(3)压片。从左右膈肌脚不同部位，顺肌纤维方向至少剪取 28 粒燕麦粒大小的肉样(视检到的小白点必须剪下)，将肉样均匀放置在夹压玻璃板上，排成一排，每个夹压玻璃板可放置 16 粒，将另一夹压玻璃板重叠在放有肉样的玻璃板上，并旋动螺丝，加压使肉粒压成半透明薄片。

(4)镜检。将制好的压片置于低倍显微镜下，从压片一端的边沿开始观察，直到另一端为止，逐个检查每个视野，不得漏检。视野中的肌纤维呈淡黄蔷薇色。

(5)结果判定。

①肌细胞内有圆形或椭圆形包囊，且包囊中央有蜷曲的虫体，判定为形成包囊的旋毛虫(图 6-17)。

②肌细胞内有呈直杆状或略蜷曲状态虫体，判定为无包囊的旋毛虫(图 6-18)。

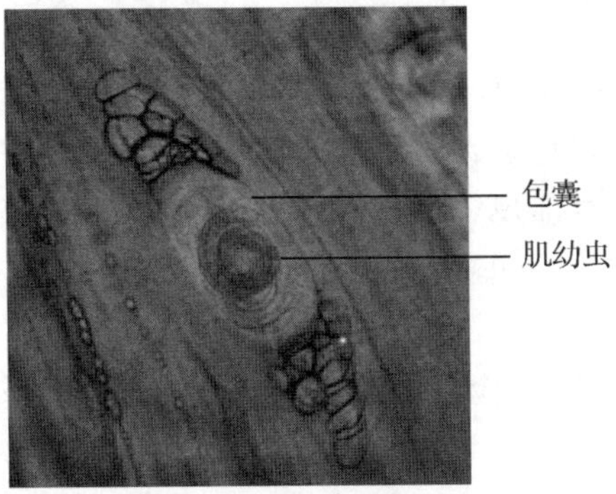

图 6-17　形成包囊的旋毛虫电镜下判定示意图

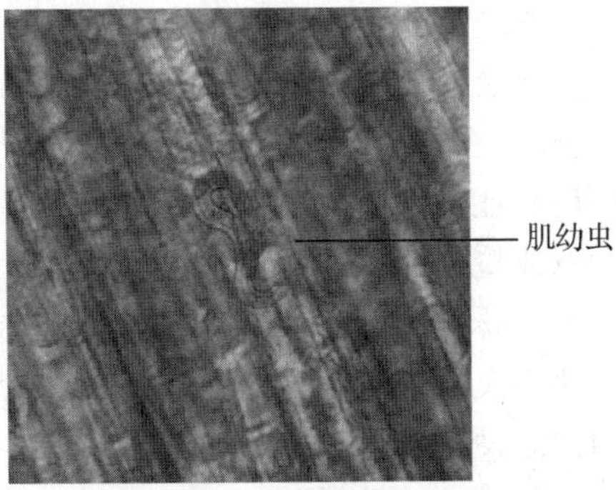

图 6-18　无包囊的旋毛虫电镜下判定示意图

③发现数量不等、浓淡不均的黑色钙化物，滴加少许 10%盐酸溶液，静置 1～2 min 后，观察发现形成包囊的旋毛虫或无包囊的旋毛虫。

④发现形成包囊的旋毛虫和无包囊的旋毛虫均判定为旋毛虫感染。

【实践报告】

写出猪囊虫、旋毛虫的肉品检验方法。

任务三　运输与市场防疫监督

一、运输防疫监督

专家寄语

运输防疫监督的意义

运输防疫监督是指对动物、动物产品在运输过程中进行的监督检查，并作出处理的一种行政执法行为。

运输防疫监督可以防止动物疫病的传播，因在运输过程中，动物比较集中，相互接触，感染疫病的机会增多。同时运输时动物又受到许多不良因素的刺激，抗病能力下降，极易暴发疫病。因此，做好运输防疫监督，及时查出不合格的动物、动物产品，对防止动物疫病远距离传播有重要作用。

运输防疫监督可以促进产地检疫工作，凡是未经过产地检疫的动物及动物产品运出饲养地和生产地时，均为不合格，要给予处罚。因此，运输防疫监督可以促进经营者主动办理产地检疫合格证明，使产地检疫工作得到保证，也为市场检疫监督奠定了良好的基础。

(一)运输防疫监督的程序

1. 查证验物

动物及动物产品运输时，应附有《动物检疫合格证明》，动物产品还应有检疫标志。查验《动物检疫合格证明》是否合法有效，是否加盖印章，填写是否规范(条件具备的在网上查验电子证明)，证物是否相符。查验动物是否佩戴农业农村部规定的畜禽标识，动物产品是否有验讫印章或检疫标志。查验从事运输动物的单位、个人以及车辆备案情况。

2. 动物、动物产品检查

执法人员对动物进行临床检查，对动物产品进行感官检查。必要时，对疑似染疫的动物、动物产品采样，进行实验室检查。

3. 运输检疫监督的处理

(1)准许运输。指定通道检查符合下列条件的，准予放行。

①持有合法有效检疫证明，动物佩戴农业农村部规定的畜禽标识，动物产品附有验讫印章或检疫标志，证物相符。

②运输单位、个人以及车辆备案符合要求。

③抽查运输动物临床检查健康，动物产品无异常。

④农业农村部规定的其他检查事项符合规定。

(2)补检。对依法应当检疫而未经检疫进入流通领域的动物及其产品进行的检疫。

①未经检疫的动物。对未检疫的动物进行补检，并依法处罚。补检合格(畜禽标识符合规定、申报材料齐全并符合要求、临床检查健康、实验室疫病检测结果合格)且运输车辆、承运单位(个人)及车辆驾驶员备案符合要求的，出具《动物检疫合格证明》；补检不合格，出具《检疫处理通知单》，并按照相关动物产地检疫规程的规定处理。

②未经检疫的生皮、原毛、绒、角。对其进行补检和依法处罚。经补检合格的(外观检查无腐烂变质、按照规定进行消毒、实验室疫病检测结果合格)出具《动物检疫合格证明》；不合格的，出具《检疫处理通知单》，及时向农业农村部门报告，由农业农村部门监督货主对动物产品进行无害化处理。

③未经检疫的胴体、肉、脏器、脂、血液、精液、卵、胚胎、骨、蹄、头、筋、种蛋等动物产品，不予补检，予以收缴销毁。

(二)运输防疫监督的要求

(1)从事动物运输的单位、个人以及车辆，应当在所在地县级人民政府农业农村主管部门进行备案。

(2)不得运输信息不相符或未取得检疫证明的动物，运输途中不准宰杀、销售动物。

(3)跨省(自治区、直辖市)通过道路运输动物的，应当接受省(自治区、直辖市)人民政府设立的指定通道的动物防疫检查站检查；经检查合格，方可入省境或者过省境。指定通道动物防疫检查站应当将检查情况进行详细记录，确保动物检疫信息可追溯。

(4)发现动物染疫或者疑似染疫的，应当立即向发现地农业农村主管部门或动物疫病预防控制机构报告，并迅速采取隔离、消毒等控制措施。按规定做好病死动物及运载工具中的垫料、排泄物等污物的无害化处理工作，不得擅自弃置和处理。

(5)应当按照检疫证明载明的目的地和时限运输。

(6)运输用于继续饲养或者屠宰的动物到达目的地后，应当在 24 h 内向启运地县级动物卫生监督机构报告；在接收动物后 24 h 小时内向所在地县级动物卫生监督机构报告。

(7)应当按照车辆清洗消毒技术要求，在动物装载前、卸载后对运输车辆清洗消毒，并对清除的垫料、排泄物、污物等进行无害化处理。

(8)应当建立健全运输台账，详细记录检疫证明编号、动物名称、动物数量、运输时间、启运地点、到达地点、运输路线、车辆清洗、消毒以及运输活动中死亡、染疫或者疑似染疫动物的处置等情况。备案车辆运输台账保存期限不得少于一年；跨省运输动物的备案车辆定位系统相关信息记录保存期限不得少于六个月。

二、市场防疫监督

专家寄语

市场防疫监督的意义

市场防疫监督是指对进入市场的动物、动物产品在交易过程中进行的监督检查，并作出处理的一种行政执法行为。

市场是一种多渠道经营场所，是动物及动物产品的集散地，市场内的动物、动物产品交易具有由分散到集中、再由集中到分散的特点，疫病也就容易通过市场交易而扩散。

做好市场防疫监督，能有效地防止未经检疫检验的动物、动物产品和染疫动物、病害胴体的上市交易，防止疫病扩散，保护人畜健康。同时进一步促进产地检疫、屠宰检疫工作的开展和运输防疫监督工作的实施，使产地检疫、屠宰检疫、运输防疫监督和市场防疫监督环环相扣，保证肉品卫生安全，促进畜牧业经济发展和市场经济贸易。

(一)市场防疫监督的程序

1. 查证验物

执法人员查验《动物检疫合格证明》是否合法有效，然后检查动物、动物产品的种类、数量(重量)与检疫证明是否一致，核实证物是否相符；查验动物是否佩戴有合格的畜禽标识；检查胴体、内脏上有无验讫印章或检疫标志以及检验刀痕，加盖的印章是否规范有效，核实交易的动物、动物产品是否经过检疫。

2. 动物、动物产品检查

以感官检查为主，力求快速准确。

(1)动物检查。主要通过观察动物全身状态如营养、精神、姿势，结合体温检查和疫情调查，确定动物健康状况。

(2)动物产品检查。鲜肉产品采用感官检查结合剖检，重点检查病死动物肉和肉的新鲜度以及“三腺”的摘除情况，必要时进行实验室检验。其他动物产品（如骨、蹄、角、皮、毛、绒）多数带有包装，注意观察外包装是否完整，有无霉变等现象。

3. 市场防疫监督的处理

（1）合格。持有合法有效检疫证明，动物佩戴农业农村部规定的畜禽标识，动物产品附有验讫印章或检疫标志，证物相符，动物、动物产品检查结果符合检疫要求，准许交易。

（2）不合格。发现动物、动物产品异常的，进行隔离、查封、扣押和处理；对依法应当检疫而未经检疫的动物和动物产品，具备补检条件的实施补检，不具备补检条件的予以收缴销毁；发现有禁止经营的动物、动物产品的，责令停止经营，立即采取有效措施追回已售出的动物、动物产品，没收违法所得和未售出的动物、动物产品。

（二）市场检疫监督的要求

（1）市场上禁止出售的动物、动物产品：封锁的疫区内与所发生的动物疫病有关的动物及其产品；染疫或疑似染疫的动物、动物产品；病死、毒死或死因不明的动物、动物产品；依法应当检疫而未经检疫或检疫不合格的动物、动物产品；腐败变质、发霉、污秽不洁、混有异物和其他感官性状不良的动物产品；其他不符合国务院农业农村主管部门有关动物防疫规定的动物、动物产品。

（2）动物、动物产品应在指定地点进行交易，同时建立定期休市和清洗消毒等防疫制度，防止疫情传入和传出。

（3）在交易前、交易后要对交易场所进行清扫、消毒，保持清洁卫生。

（4）粪便、垫草、污物采取发酵等方法处理，病死动物按国家有关规定进行无害化处理。

（5）建立市场防疫监督报告制度，定期向当地动物卫生监督机构报告防疫情况。

实践调查　农贸市场肉品调查实践

【目的要求】

充分认识肉品安全的重要性；掌握市场上肉品的卫生监督程序。

【材料用品】

城区某农贸市场、超市或集市，提前联系当地动物卫生监督所，随执法人员进行市场监督检查。

【方法步骤】

1. 查看鲜肉市场卫生情况

学生随执法人员进入市场，听从教师和执法人员安排，并观察肉品摊点卫生情况。

2. 验证

向出售鲜肉的摊主索要动物检疫证明，看是否合格有效，是否加盖印章，填写是否规范。

3. 查物

（1）查验印章。查看胴体是否盖有验讫印章或加封检疫标志，如已盖验讫印章，观察验讫印章的真伪，检疫标志与证明是否相符。

（2）检验胴体。检查头、胴体和内脏的应检部位有无检验刀痕，“三腺”是否摘除干净，然后检查胴体的放血程度和放血部位的状态，再检查皮肤、脂肪、肌肉、胸腹膜等，注意观察胴体的卫生状况，有无腐败变质。

4. 处理

(1)检查各项均合格，可以出售。

(2)未经检疫的肉品，收缴销毁。

(3)经过检疫但有异常的肉品，按有关规定处理。

【实践报告】

根据调查实践情况，写一份农贸市场肉品防疫监督的实践报告。

任务四　进出境动物检疫

一、进境检疫

专家寄语

进境检疫的意义

进境检疫是指对动物、动物产品和其他检疫物在进入国境过程中进行的检疫。为了保护国家不受外来动物疫病侵袭，我国禁止下列物品进境：动物病原体(包括菌种、毒种等)、害虫及其他有害生物；动物疫情流行的国家和地区的有关动植物、动植物产品和其他检疫物；动物尸体等。因科学研究等特殊需要引进上述禁止进境物的，必须事先提出申请，经国家动植物检疫机关批准方可引进。

进境检疫是为了防止国外动物疫病传入我国，保护国内农、林、牧、渔业生产和人体健康，促进对外经济贸易的发展。只有经检疫未发现国家规定应检疫的疫病，方准进入我国国境。

信息窗口

禁止携带、邮寄进境的动物及其产品和其他检疫物

中华人民共和国农业农村部和中华人民共和国海关总署联合发布第470号公告(2021年10月20号发布)，规定禁止携带、寄递进境的动物及其产品和其他检疫物如下：

1. 动物及动物产品类

①活动物(犬、猫除外)。包括所有的哺乳动物、鸟类、鱼类、甲壳类、两栖类、爬行类、昆虫类和其他无脊椎动物，动物遗传物质。

②(生或熟)肉类(含脏器类)及其制品。

③水生动物产品。干制，熟制，发酵后制成的食用酱汁类水生动物产品除外。

④动物源性乳及乳制品。包括生乳、巴氏杀菌乳、灭菌乳、调制乳、发酵乳、奶油、黄油、奶酪、炼乳等乳制品。

⑤蛋及其制品。包括鲜蛋、皮蛋、咸蛋、蛋液、蛋壳、蛋黄酱等蛋源产品。

⑥燕窝。经商业无菌处理的罐头装燕窝除外。

⑦油脂类，皮张、毛类，蹄(爪)、骨、牙、角类及其制品。经加工处理且无血污、肌肉和脂肪等的蛋壳累、蹄(爪)骨角类、贝壳类、甲壳类等工艺品除外。

⑧动物源性饲料、动物源性中药材、动物源性肥料。

2.其他检疫物类

①菌种、毒种、寄生虫等动植物病原体，害虫及其他有害生物，兽用生物制品，细胞、器官组织、血液及其制品等生物材料及其他高风险生物因子。

②动物尸体、动物标本、动物源性废弃物。

③转基因生物材料。

④国家禁止进境的其他动植物、动植物产品和其他检疫物。

(一)进境动物检疫

1.检疫审批

货主或代理人在签订贸易合同或协议前应向中华人民共和国海关总署(以下简称海关总署)提出申请，并取得《中华人民共和国进境动植物检疫许可证》。

2.境外预检

海关总署视进口动物品种、数量和输出国家(或地区)的情况，依据我国与输出国家(或地区)签署的输入动物的检疫和卫生条件议定书规定，派预检兽医到输出国家(或地区)配合输出国家(或地区)官方检疫机构执行检疫任务。

3.报检

动物进境之前，货主或其代理人须持《中华人民共和国进境动植物检疫许可证》、输出国家(或地区)官方检疫机构出具的检疫证书、贸易合同、信用证、发票等单证向进境口岸和指定海关报检。输入种用动物在入境前30 d报检，输入其他动物在入境前15 d报检。

4.进境现场检疫

输入动物抵达进境口岸时，需对上下运输工具或接近动物的人员实施防疫消毒处理，检疫人员登机(登轮、登车)进行现场检疫。查验输出国官方检疫证明；查阅运行日志、贸易合同、发票、装箱单等；查看随行兽医记录；清点动物数目，核对货证是否相符；对动物逐头进行临诊检查。

对现场检疫合格的，将进境动物运往口岸海关指定的动物隔离场，实施隔离检疫。检疫不合格的按疫病性质处理，如发现有一类传染病症状的动物须立即封锁现场，禁止动物卸离运输工具，并立即报告上一级检疫机关。

5.隔离检疫

进境种用大中型动物应当在国家隔离场隔离检疫45 d；进境种用大中型动物之外的其他动物应当在国家隔离场或者指定隔离场隔离检疫30 d。

隔离期间，海关对隔离场实行监督管理，官方驻场兽医按照有关规定对动物进行临床观察和实验室检测。一般在动物进隔离场后 7 d 内采集样品进行实验室检验，样品保存时间至少 6 个月。

6. 检疫后处理

经检疫合格，在报关单上加盖印章或者签发《检疫放行通知单》，准予进境。检出我国规定的一类疫病的阳性动物，则全群退回或全群扑杀并销毁；检出二类疫病的阳性动物，则退回或扑杀，同群其他动物隔离观察。

(二)进境动物产品检疫

1. 检疫审批

货主或代理人在签订贸易合同或协议前应向海关总署提出申请，并取得《中华人民共和国进境动植物检疫许可证》。

2. 报检

精液、胚胎，在进境前 30 d 报检，其他产品在进境前 7 d 报检。

3. 现场检疫

查验检疫证书，核对单证与货物是否相符；检查有无腐败变质现象，容器、包装是否完好。

检验后符合要求的，进境动物产品允许卸离运输工具，调离现场；发现散包、容器破裂的，由货主或者其代理人负责整理完好，方可卸离运输工具。根据情况，对运输工具的有关部位及装载动物产品的容器、外表包装、铺垫材料、被污染场地等进行消毒处理。

需要进行实验室检疫的，按照规定采取样品。

4. 检疫后处理

经检疫合格的，由口岸海关在报关单上加盖印章或者签发《检疫放行通知单》，运往口岸机构注册的生产、加工储存企业封存；经检疫不合格的，由口岸海关签发《检疫处理通知单》，通知货主或者其代理人进行除害、退回或者销毁处理。经除害处理合格的，准予进境。

二、出境检疫

专家寄语

出境检疫的意义

出境检疫是指对输出其他国家或地区的动物、动物产品和其他检疫物出境前实施的检疫。

出境检疫是为了防止疫病、疫情的传出，履行我国在动植物检疫方面承担的国际义务，保护我国动植物及其产品在国际上的声誉，促进对外经济贸易的发展。

(一)出境动物检疫

1. 报检

货主或其代理人应在需隔离动物出境前 60 d 向启运地海关预报检，并提交与出境动物有关的资料，隔离前 7 d 正式报检；无隔离检疫要求的，至少在报关或装运前 7 d 报检。

2. 产地检疫

需要产地检疫的动物，由县级以上动物卫生监督机构按输入国家或地区的要求和我国的有关规定实施检疫并出具检疫证明。所在地岸海关可以根据需要到产地监督管理。

3. 隔离检疫

出境前需进行隔离检疫的动物,必须在海关指定的隔离场(或注册饲养场隔离区)隔离检疫;依据输入国家(或地区)及我国有关动物检验检疫规定,或双边动物检疫协定,或贸易合同中订明的检疫要求进行临床检疫、专项检查、免疫接种和实验室检验。

4. 出证

经启运地海关检疫合格,出具《动物卫生证书》或者在报关单上加盖印章,准予出境。

5. 运输监管

经启运地口岸海关检疫合格,运往出境口岸时,运输、邮电部门凭启运地口岸海关签发的检疫单证运递,国内其他检疫机关不再检疫。装载动物出境的运输工具,装载前应当在口岸海关监督下进行消毒处理。

6. 离境口岸检疫

出境动物运达出境口岸,经口岸海关进行临床检疫或复检,随原运输工具出境的,由出境口岸海关验证放行;改换运输工具出境的,换证放行。

(二)出境动物产品检疫

1. 报检

货主或其代理人最迟应在报关或装运前 7 d 向出口生产加工企业所在地海关报检,对于个别检验检疫周期较长的货物,应留有相应的检验检疫时间。

2. 实施检疫

所在地口岸海关依据输入国家或者地区和我国有关动植物检疫规定,或双边检疫协定,或贸易合同中订明的检疫要求在仓库或者货场实施检疫;根据需要,也可以在生产、加工过程中实施检疫。待检动物产品,应当数量齐全、包装完好、堆放整齐、唛头标记明显。

3. 处理

经检验合格的动物产品,出具《兽医卫生证书》或在报关单上加盖印章,准予出境;经检疫不合格又无有效方法进行除害处理的,不准出境。

特别关注

严防猴痘入境

2022 年 5 月 7 日,发现首例猴痘病例,随后多国报告病例。7 月 23 日世界卫生组织宣布,猴痘疫情已构成“国际关注的突发公共卫生事件”。截至 10 月 31 日,已有 100 多个国家和地区报告了超过 7.7 万例猴痘确诊病例,36 例死亡病例。

我国为严防猴痘入境,海关总署及时组织专家开展风险评估,发布疫情警示通报,部署全国海关在口岸加强入境卫生检疫工作:严格落实入境人员健康申报、体温监测、医学巡查、采样检测等各项卫生检疫措施;加强进境携带、寄递物检疫和啮齿动物检疫;扎实做好实验室生物安全管理和检测工作准备;持续强化与航空公司的沟通联系和口岸健康宣教;同时,强化多部门联防联控,严防疫情输入风险。

检疫员信箱

读者：猪、牛、羊佩戴的耳标怎样回收？

检疫员：猪、牛、羊佩戴的耳标在屠宰环节由屠宰企业剪断收回，交给当地动物卫生监督机构。回收的耳标由县级动物卫生监督机构统一组织销毁，并做好销毁记录。

读者：新办的动物屠宰场如何办理《动物防疫条件合格证》手续？

检疫员：先向所在县级人民政府农业农村主管部门提出申请并附《动物防疫条件审查申请表》、场所地理位置图和各功能区布局平面图、设施设备清单、管理制度文本、人员情况说明、工作人员无人畜共患传染病等有关材料。然后接受该农业农村主管部门结合选址综合评估结果完成现场核查。经审查合格后，发放《动物防疫条件合格证》。再持《动物防疫条件合格证》到工商部门申办登记注册手续。

能力测验

一、名词解释

产地检疫　宰前检疫　同步检疫　运输防疫监督　市场防疫监督　进境检疫

二、单选题

1. 出售或运输的动物，应当提前（　　）申报检疫。

A. 6 h　　B. 3 d　　C. 10 d　　D. 15 d

2. 根据生猪产地检疫规程，下列疫病不是生猪产地检疫对象的是（　　）。

A. 口蹄疫　　B. 炭疽　　C. 猪肺疫　　D. 非洲猪瘟

3. 根据家禽产地检疫规程，下列疫病不是家禽产地检疫对象的是（　　）。

A. 高致病性禽流感　　B. 鸡传染性喉气管炎

C. 鸡马立克病　　D. 鸭瘟

4. 根据动物产地检疫规程，产地检疫对象中没有布鲁氏菌病的动物是（　　）。

A. 猪　　B. 牛　　C. 羊　　D. 犬

5. 动物检疫合格证明的有效期，省内运输的动物、动物产品一般为（　　）。

A. 1 d　　B. 3 d　　C. 5 d　　D. 7 d

6. 动物检疫合格证明的有效期，跨省运输动物最长不超过（　　）。

A. 1 d　　B. 3 d　　C. 5 d　　D. 7 d

7. 输入无规定动物疫病区的相关易感动物，应当在输入地隔离期限（　　）。

A. 7 d　　B. 15 d　　C. 30 d　　D. 45 d

8. 检疫申报单和检疫工作记录应保存（　　）以上。

A. 3 个月　　B. 6 个月　　C. 9 个月　　D. 12 个月

9. 跨省（自治区、直辖市）引进的乳用、种用动物到达输入地后，应当在隔离场隔离检疫期为（　　）。

A. 7 d　　B. 15 d　　C. 30 d　　D. 45 d

10. 根据乳用、种用动物产地检疫规程，下列疫病不是实验室检查的是（　　）。

A. 非洲猪瘟　　B. 布鲁氏菌病　　C. 牛结核病　　D. 炭疽

11. 根据生猪屠宰检疫规程，下列疫病不是生猪屠宰检疫对象的是（　　）。

A. 猪瘟　　B. 猪繁殖与呼吸综合征

C. 猪肺疫　　D. 非洲猪瘟

12. 根据牛屠宰检疫规程，下列疫病不是牛屠宰检疫对象的是（　　）。

A. 口蹄疫　　B. 布鲁氏菌病　　C. 牛结核病　　D. 牛传染性胸膜肺炎

13. 生猪宰后进行（　　）个环节的检疫。

A. 5　　B. 4　　C. 3　　D. 2

14. 猪宰后头部检查时，在左右侧下颌骨平行处切开咬肌，检查的疫病是（　　）。

A. 炭疽　　B. 猪瘟　　C. 猪囊尾蚴病　　D. 猪旋毛虫病

15. 旋毛虫检验时，采样的部位是（　　）。

A. 咬肌　　B. 腰肌　　C. 膈肌脚　　D. 心肌

16. 猪宰后检疫时，要摘除的"三腺"不包括（　　）。

A. 甲状腺　　B. 肾上腺　　C. 胸腺　　D. 病变淋巴结

17. 猪宰后检疫时，肠系膜淋巴结作长度不少于（　　）的弧形切口。

A. 10 cm　　B. 15 cm　　C. 20 cm　　D. 5 cm

18. 对检疫合格肉品加盖的验讫印章印油，颜色统一使用（　　）。

A. 紫色　　B. 蓝色　　C. 红色　　D. 绿色

19. 经检疫合格的猪胴体加盖（　　）检疫标志。

A. 圆形　　B. 三角形　　C. 正方形　　D. 长方形滚动

20. 进境动物，检出我国规定的一类疫病的阳性动物，连同其同群动物全群退回或者（　　）处理。

A. 全群宰杀　　B. 加工处理

C. 全群扑杀并销毁尸体　　D. 销毁

三、判断题

1. 产地检疫是预防、控制和扑灭动物疫病的重要措施，是整个动物检疫工作的基础。（　　）

2. 动物在离开饲养地之前，其经营单位和个人应主动向所在地动物卫生监督机构提出检疫申报。（　　）

3.《动物检疫合格证明（产品 A）》的有效期，最长不超过 5 d。（　　）

4. 产地检疫时，官方兽医到达检疫现场，需要查验申报主体身份信息。（　　）

5. 出售骨、角、生皮、原毛、绒等动物产品需要提前 3 d 申报检疫。（　　）

6. 参加展览或演出的动物运输时，应附有《动物检疫合格证明》。（　　）

7. 确认为无碍于肉品安全且濒临死亡的生猪，可以正常屠宰。（　　）

8. "三腺"是指甲状腺、肾上腺和淋巴结。（　　）

9. 宰后检疫的方法以感官检查为主，必要时辅以实验室检查。（　　）

10. 宰后检疫剖检时，只能在一定的部位按一定的方向剖开，肌肉应顺肌纤维方向切开。（　　）

11. 猪腹股沟浅淋巴结位于最后一个乳头上方（肉尸倒挂时）的皮下脂肪内。（　　）

12. 运输途中，可以自行对死因不明的动物进行无害化处理。（　　）

13. 动物卫生监督机构可以对动物产品进行采样、留验、抽检。（　　）

14. 对市场销售的肉类产品进行监督检查时以实验室检验为主。（　　）

15. 禁止转让、伪造或者变造检疫证明、检疫标志或者畜禽标识。（　　）

16. 动物、动物产品应在指定的地点进行交易，同时建立消毒防疫制度。（　　）

17. 与我国毗邻国家或者地区发生重大动物疫情时，应停止边境地区相关动物及其产品的交易活动。（　　）

18. 进境种用大中型动物应当在国家隔离场隔离检疫 45 d。（　　）

三、简答题

1. 动物产地检疫时，具备哪些条件可以出具《动物检疫合格证明》？

2. 动物产品产地检疫时，具备哪些条件可以出具《动物检疫合格证明》？

3. 如何实施生猪产地检疫？

4. 实施动物宰前检疫的意义是什么？

5. 生猪宰后检疫的程序和内容有哪些？

6. 宰后检疫如何处理？

7. 为什么把市场检疫监督和运输检疫监督工作的重点放在查证验物上？

8. 在检疫监督过程中，如何处理应当检疫而未经检疫的动物、动物产品？

9. 实施运输检疫监督有何意义？

10. 进出境检疫有何意义？

参考文献

白文彬，于康震. 2002. 动物传染病诊断学[M]. 北京：中国农业出版社.

陈溥言，2006. 家畜传染病学[M]. 5 版. 北京：中国农业出版社.

陈继明，2008. 重大动物疫病监测指南[M]. 北京：中国农业科学技术出版社.

陈杖榴，2009. 兽医药理学[M]. 3 版. 北京：中国农业出版社.

胡新岗，桂文龙，2012. 动物防疫技术[M]. 北京：中国农业出版社.

鞠兴荣，2008. 动植物检验检疫学[M]. 北京：中国轻工业出版社.

李长友，秦德超，肖肖，2011. 一二三类动物疫病释义[M]. 北京：中国农业出版社.

李舫，2014. 动物微生物与免疫技术[M]. 2 版. 北京：中国农业出版社.

刘秀梵，2012. 兽医流行病学[M]. 3 版. 北京：中国农业出版社.

刘跃生，2011. 动物检疫[M]. 杭州：浙江大学出版社.

陆承平，2013. 兽医微生物学[M]. 5 版. 北京：中国农业出版社.

宁宜宝，2008. 兽用疫苗学[M]. 北京：中国农业出版社.

潘洁，2014. 动物防疫与检疫技术[M]. 3 版. 北京：中国农业出版社.

汪明，2003. 兽医寄生虫学[M]. 3 版. 北京：中国农业出版社.

王功民，马世春，2011. 兽医公共卫生[M]. 北京：中国农业出版社.

王志亮，陈义平，单虎，2007. 现代动物检验检疫方法与技术[M]. 北京：化学工业出版社.

徐百万，2010. 动物疫病监测技术手册[M]. 北京：中国农业出版社.

闫若潜，2014. 动物疫病防控工作指南[M]. 3 版，北京：中国农业出版社.

张苏华，刘佩红，沈素芳，2007. 动物产地检疫员手册[M]. 上海：上海科学技术出版社.

朱俊平，2019. 动物防疫与检疫技术[M]. 北京：中国农业出版社.

安建，张穹，尹成杰，2007. 中华人民共和国动物防疫法释义[M]. 北京：中国农业出版社.

东北农学院. 1979. 临床诊疗基础[M]. 北京，农业出版社.

国务院办公厅，2012. 国家中长期动物疫病防治规划(2012—2020 年).

金宁一，胡仲明，冯书章，2007. 新编人兽共患病学[M]. 北京：科学出版社.

刘长明，危艳武，等，2012. 猪圆环病毒病防控技术的研究进展[J]. 中国畜牧兽医学会动物传染病学分会第十二次人兽共患病学术研讨会暨第六届第十四次教学专业委员会论文集：12-15

刘健. 2001. 动物防疫与检疫技术[M]. 北京：中国农业出版社.

刘玲，2013. 从兽药质量抽检信息看兽药管理[J]. 中国兽药杂志，47(5)：54-57.

农业部人事劳动司，农业职业技能培训教材编审委员会，2004. 动物疫病防治员[M]. 北京：中国农业出版社.

农业部人事劳动司，农业职业技能培训教材编审委员会，2004. 动物检疫检验工[M]. 北京:中国农业出版社.

潘洁,2009.动物防疫与检疫技术[M].2版.北京:中国农业出版社.

万强,2013.当前动物疫病防治形势与对策[J].中国动物检疫,30(8):1-3.

王素梅,2013.关于对死亡动物生物安全处理及资源化利用的建议[J],中国动物检疫,30(7):15-17.

杨锡林,1999.家畜寄生虫病学[M].2版.北京:中国农业出版社.

中国动物卫生与流行病学中心国际兽医事务处,2013.2013年3~4月全球重大动物疫情综述[J].中国动物检疫,30(5):86-88.

中国人民解放军兽医大学,1985.兽医微生物学[M].长春:中国人民解放军兽医大学训练部.

中国兽药典委员会,2011.中华人民共和国兽药典兽药使用指南,生物制品卷[M].2010年版.北京:中国农业出版社.

中国兽药典委员会,2011.中华人民共和国兽药典兽药使用指南,化学药品卷[M].2010年版.北京:中国农业出版社.

中央农业广播电视学校,1992.鸡病防治[M].北京:农业出版社.

潘洁,2014.动物防疫与检疫技术[M].3版.北京:中国农业出版社.

朱俊平,匡存林,2019.动物防疫与检疫技术[M].4版.北京:中国农业出版社.

朱俊平,葛爱民,2022.动物防疫与检疫技术[M].2版.北京:中国农业出版社.

胡新岗,桂文龙,2012.动物防疫技术[M].北京:中国农业出版社.

闫若潜,孙清莲,李桂喜,2014.动物疫病防控工作指南[M].3版.北京:中国农业出版社.

李舫,沈美艳,2019.动物微生物与免疫技术[M].3版.北京:中国农业出版社.

白文彬,于康震,等,2002.动物传染病诊断学[M].北京:中国农业出版社.

陈学风,2019.猪病防治[M].4版.北京:中国农业出版社.

农业部人事劳动司,农业职业技能培训教材编审委员会,2004.动物疫病防治员[M].北京:中国农业出版社.

农业部人事劳动司,农业职业技能培训教材编审委员会,2004.动物检疫检验工[M].北京:中国农业出版社.

中华人民共和国人力资源和社会保障部,中华人民共和国农业农村部,2020.动物疫病防治员国家职业标准[S].

中华人民共和国人力资源和社会保障部,中华人民共和国农业农村部,2020.动物检疫检验员国家职业标准[S].

附　　录

附录一　兽药产品批准文号——编制格式

参考《兽药产品批准文号管理办法》(2015 年 12 月 3 日农业部令 2015 年第 4 号公布,2019 年 4 月 25 日农业农村部令 2019 年第 2 号、2022 年 1 月 7 日农业农村部令 2022 年第 1 号修订)

兽药产品批准文号的编制格式为兽药类别简称＋企业所在地省(自治区、直辖市)序号＋企业序号＋兽药品种编号。

格式如下:

1. 兽药类别简称

药物饲料添加剂的类别简称为“兽药添字”;血清制品、疫苗、诊断制品、微生态制品等类别简称为“兽药生字”;中药材、中成药、化学药品、抗生素、生化药品、放射性药品、外用杀虫剂和消毒剂等类别简称为“兽药字”;原料药简称为“兽药原字”;农业农村部核发的临时兽药产品批准文号简称为“兽药临字”。

2. 企业所在地省(自治区、直辖市)序号

企业所在地省(自治区、直辖市)序号用 2 位阿拉伯数字表示,由农业农村部规定并公告(附表 1)。

附表 1　省(自治区、直辖市)序号

省(自治区、直辖市)	序号	省(自治区、直辖市)	序号
北京市	01	湖北省	17
天津市	02	湖南省	18
河北省	03	广东省	19
山西省	04	广西壮族自治区	20
内蒙古自治区	05	海南省	21
辽宁省	06	四川省	22
吉林省	07	重庆市	23
黑龙江省	08	贵州省	24
上海市	09	云南省	25
江苏省	10	西藏自治区	26

续附表 1

省(自治区、直辖市)	序号	省(自治区、直辖市)	序号
浙江省	11	陕西省	27
安徽省	12	甘肃省	28
福建省	13	青海省	29
江西省	14	宁夏回族自治区	30
山东省	15	新疆维吾尔自治区	31
河南省	16		

3. 企业序号

企业序号按省(自治区、直辖市)排序,用 3 位阿拉伯数字表示,由省级人民政府兽医主管部门发布。

4. 兽药品种编号

兽药品种编号用 4 位阿拉伯数字表示,由农业农村部规定并公告。

附录二　病死及病害动物无害化处理技术规范

为贯彻落实《中华人民共和国动物防疫法》《生猪屠宰管理条例》《畜禽规模养殖污染防治条例》等有关法律法规,防止动物疫病传播扩散,保障动物产品质量安全,规范病死及病害动物和相关动物产品无害化处理操作技术,制定本规范。

1. 适用范围

本规范适用于国家规定的染疫动物及其产品、病死或者死因不明的动物尸体,屠宰前确认的病害动物、屠宰过程中经检疫或肉品品质检验确认为不可食用的动物产品,以及其他应当进行无害化处理的动物及动物产品。

本规范规定了病死及病害动物和相关动物产品无害化处理的技术工艺和操作注意事项,处理过程中病死及病害动物和相关动物产品的包装、暂存、转运、人员防护和记录等要求。

2. 引用规范和标准

GB 19217　医疗废物转运车技术要求(试行)

GB 18484　危险废物焚烧污染控制标准

GB 18597　危险废物贮存污染控制标准

GB 16297　大气污染物综合排放标准

GB 14554　恶臭污染物排放标准

GB 8978　污水综合排放标准

GB 5085.3　危险废物鉴别标准

GB/T 16569　畜禽产品消毒规范

GB 19218　医疗废物焚烧炉技术要求(试行)

GB/T 19923 城市污水再生利用 工业用水水质

当上述标准和文件被修订时,应使用其最新版本。

3. 术语和定义

3.1 无害化处理

本规范所称无害化处理,是指用物理、化学等方法处理病死及病害动物和相关动物产品,消灭其所携带的病原体,消除危害的过程。

3.2 焚烧法

焚烧法是指在焚烧容器内,使病死及病害动物和相关动物产品在富氧或无氧条件下进行氧化反应或热解反应的方法。

3.3 化制法

化制法是指在密闭的高压容器内,通过向容器夹层或容器内通入高温饱和蒸汽,在干热、压力或蒸汽、压力的作用下,处理病死及病害动物和相关动物产品的方法。

3.4 高温法

高温法是指常压状态下,在封闭系统内利用高温处理病死及病害动物和相关动物产品的方法。

3.5 深埋法

深埋法是指按照相关规定,将病死及病害动物和相关动物产品投入深埋坑中并覆盖、消毒,处理病死及病害动物和相关动物产品的方法。

3.6 硫酸分解法

硫酸分解法是指在密闭的容器内,将病死及病害动物和相关动物产品用硫酸在一定条件下进行分解的方法。

4 病死及病害动物和相关动物产品的处理

4.1 焚烧法

4.1.1 适用对象

国家规定的染疫动物及其产品、病死或者死因不明的动物尸体,屠宰前确认的病害动物、屠宰过程中经检疫或肉品品质检验确认为不可食用的动物产品,以及其他应当进行无害化处理的动物及动物产品。

4.1.2 直接焚烧法

4.1.2.1 技术工艺

4.1.2.1.1 可视情况对病死及病害动物和相关动物产品进行破碎等预处理。

4.1.2.1.2 将病死及病害动物和相关动物产品或破碎产物,投至焚烧炉本体燃烧室,经充分氧化、热解,产生的高温烟气进入二次燃烧室继续燃烧,产生的炉渣经出渣机排出。

4.1.2.1.3 燃烧室温度应≥850 ℃。燃烧所产生的烟气从最后的助燃空气喷射口或燃烧器出口到换热面或烟道冷风引射口之间的停留时间应≥2 s。焚烧炉出口烟气中氧含量应为6%～10%(干气)。

4.1.2.1.4 二次燃烧室出口烟气经余热利用系统、烟气净化系统处理,达到GB 16297要求后排放。

4.1.2.1.5 焚烧炉渣与除尘设备收集的焚烧飞灰应分别收集、贮存和运输。焚烧炉渣按一般固体废物处理或作资源化利用;焚烧飞灰和其他尾气净化装置收集的固体废物需按

GB 5085.3 要求作危险废物鉴定，如属于危险废物，则按 GB 18484 和 GB 18597 要求处理。

4.1.2.2　操作注意事项

4.1.2.2.1　严格控制焚烧进料频率和重量，使病死及病害动物和相关动物产品能够充分与空气接触，保证完全燃烧。

4.1.2.2.2　燃烧室内应保持负压状态，避免焚烧过程中发生烟气泄漏。

4.1.2.2.3　二次燃烧室顶部设紧急排放烟囱，应急时开启。

4.1.2.2.4　烟气净化系统，包括急冷塔、引风机等设施。

4.1.3　炭化焚烧法

4.1.3.1　技术工艺

4.1.3.1.1　病死及病害动物和相关动物产品投至热解炭化室，在无氧情况下经充分热解，产生的热解烟气进入二次燃烧室继续燃烧，产生的固体炭化物残渣经热解炭化室排出。

4.1.3.1.2　热解温度应≥600 ℃，二次燃烧室温度≥850 ℃，焚烧后烟气在 850 ℃以上停留时间≥2 s。

4.1.3.1.3　烟气经过热解炭化室热能回收后，降至 600 ℃左右，经烟气净化系统处理，达到 GB 16297 要求后排放。

4.1.3.2　操作注意事项

4.1.3.2.1　应检查热解炭化系统的炉门密封性，以保证热解炭化室的隔氧状态。

4.1.3.2.2　应定期检查和清理热解气输出管道，以免发生阻塞。

4.1.3.2.3　热解炭化室顶部需设置与大气相连的防爆口，热解炭化室内压力过大时可自动开启泄压。

4.1.3.2.4　应根据处理物种类、体积等严格控制热解的温度、升温速度及物料在热解炭化室里的停留时间。

4.2　化制法

4.2.1　适用对象

不得用于患有炭疽等芽孢杆菌类疫病，以及牛海绵状脑病、痒病的染疫动物及产品、组织的处理。其他适用对象同 4.1.1。

4.2.2　干化法

4.2.2.1　技术工艺

4.2.2.1.1　可视情况对病死及病害动物和相关动物产品进行破碎等预处理。

4.2.2.1.2　病死及病害动物和相关动物产品或破碎产物输送入高温高压灭菌容器。

4.2.2.1.3　处理物中心温度≥140 ℃，压力≥0.5 MPa(绝对压力)，时间≥4 h(具体处理时间随处理物种类和体积大小而设定)。

4.2.2.1.4　加热烘干产生的热蒸汽经废气处理系统后排出。

4.2.2.1.5　加热烘干产生的动物尸体残渣传输至压榨系统处理。

4.2.2.2　操作注意事项

4.2.2.2.1　搅拌系统的工作时间应以烘干剩余物基本不含水分为宜，根据处理物量的多少，适当延长或缩短搅拌时间。

4.2.2.2.2　应使用合理的污水处理系统，有效去除有机物、氨氮，达到 GB 8978 要求。

4.2.2.2.3 应使用合理的废气处理系统，有效吸收处理过程中动物尸体腐败产生的恶臭气体，达到 GB 16297 要求后排放。

4.2.2.2.4 高温高压灭菌容器操作人员应符合相关专业要求，持证上岗。

4.2.2.2.5 处理结束后，需对墙面、地面及其相关工具进行彻底清洗消毒。

4.2.3 湿化法

4.2.3.1 技术工艺

4.2.3.1.1 可视情况对病死及病害动物和相关动物产品进行破碎预处理。

4.2.3.1.2 将病死及病害动物和相关动物产品或破碎产物送入高温高压容器，总质量不得超过容器总承受力的五分之四。

4.2.3.1.3 处理物中心温度≥135 ℃，压力≥0.3 MPa（绝对压力），处理时间≥30 min（具体处理时间随处理物种类和体积大小而设定）。

4.2.3.1.4 高温高压结束后，对处理产物进行初次固液分离。

4.2.3.1.5 固体物经破碎处理后，送入烘干系统；液体部分送入油水分离系统处理。

4.2.3.2 操作注意事项

4.2.3.2.1 高温高压容器操作人员应符合相关专业要求，持证上岗。

4.2.3.2.2 处理结束后，需对墙面、地面及其相关工具进行彻底清洗消毒。

4.2.3.2.3 冷凝排放水应冷却后排放，产生的废水应经污水处理系统处理，达到 GB 8978 要求。

4.2.3.2.4 处理车间废气应通过安装自动喷淋消毒系统、排风系统和高效微粒空气过滤器（HEPA 过滤器）等进行处理，达到 GB 16297 要求后排放。

4.3 高温法

4.3.1 适用对象

同 4.2.1。

4.3.2 技术工艺

4.3.2.1 可视情况对病死及病害动物和相关动物产品进行破碎等预处理。处理物或破碎产物体积（长×宽×高）≤125 cm^3（5 cm×5 cm×5 cm）。

4.3.2.2 向容器内输入油脂，容器夹层经导热油或其他介质加热。

4.3.2.3 将病死及病害动物和相关动物产品或破碎产物输送入容器内，与油脂混合。常压状态下，维持容器内部温度≥180 ℃，持续时间≥2.5 h（具体处理时间随处理物种类和体积大小而设定）。

4.3.2.4 加热产生的热蒸汽经废气处理系统后排出。

4.3.2.5 加热产生的动物尸体残渣传输至压榨系统处理。

4.3.3 操作注意事项

同 4.2.2.2。

4.4 深埋法

4.4.1 适用对象

发生动物疫情或自然灾害等突发事件时病死及病害动物的应急处理，以及边远和交通不便地区零星病死畜禽的处理。不得用于患有炭疽等芽孢杆菌类疫病，以及牛海绵状脑病、痒病的染疫动物及产品、组织的处理。

4.4.2　选址要求

4.4.2.1　应选择地势高燥，处于下风向的地点。

4.4.2.2　应远离学校、公共场所、居民住宅区、村庄、动物饲养和屠宰场所、饮用水源地、河流等地区。

4.4.3　技术工艺

4.4.3.1　深埋坑体容积以实际处理动物尸体及相关动物产品数量确定。

4.4.3.2　深埋坑底应高出地下水位 1.5 m 以上，要防渗、防漏。

4.4.3.3　坑底撒一层厚度为 2～5 cm 的生石灰或漂白粉等消毒药。

4.4.3.4　将动物尸体及相关动物产品投入坑内，最上层距离地表 1.5 m 以上。

4.4.3.5　生石灰或漂白粉等消毒药消毒。

4.4.3.6　覆盖距地表 20～30 cm，厚度不少于 1～1.2 m 的覆土。

4.4.4　操作注意事项

4.4.4.1　深埋覆土不要太实，以免腐败产气造成气泡冒出和液体渗漏。

4.4.4.2　深埋后，在深埋处设置警示标识。

4.4.4.3　深埋后，第一周内应每日巡查 1 次，第二周起应每周巡查 1 次，连续巡查 3 个月，深埋坑塌陷处应及时加盖覆土。

4.4.4.4　深埋后，立即用氯制剂、漂白粉或生石灰等消毒药对深埋场所进行 1 次彻底消毒。第一周内应每日消毒 1 次，第二周起应每周消毒 1 次，连续消毒三周以上。

4.5　化学处理法

4.5.1　硫酸分解法

4.5.1.1　适用对象

同 4.2.1。

4.5.1.2　技术工艺

4.5.1.2.1　可视情况对病死及病害动物和相关动物产品进行破碎等预处理。

4.5.1.2.2　将病死及病害动物和相关动物产品或破碎产物，投至耐酸的水解罐中，按每吨处理物加入水 150～300 kg，后加入 98% 的浓硫酸 300～400 kg（具体加入水和浓硫酸量随处理物的含水量而设定）。

4.5.1.2.3　密闭水解罐，加热使水解罐内升至 100～108 ℃，维持压力≥0.15 MPa，反应时间≥4 h，至罐体内的病死及病害动物和相关动物产品完全分解为液态。

4.5.1.3　操作注意事项

4.5.1.3.1　处理中使用的强酸应按国家危险化学品安全管理、易制毒化学品管理有关规定执行，操作人员应做好个人防护。

4.5.1.3.2　水解过程中要先将水加入到耐酸的水解罐中，然后加入浓硫酸。

4.5.1.3.3　控制处理物总体积不得超过容器容量的 70%。

4.5.1.3.4　酸解反应的容器及储存酸解液的容器均要求耐强酸。

4.5.2　化学消毒法

4.5.2.1　适用对象

适用于被病原微生物污染或可疑被污染的动物皮毛消毒。

4.5.2.2　盐酸食盐溶液消毒法

4.5.2.2.1　用2.5%盐酸溶液和15%食盐水溶液等量混合，将皮张浸泡在此溶液中，并使溶液温度保持在30 ℃左右，浸泡40 h，1 m^2 的皮张用10 L消毒液(或按100 mL 25%食盐水溶液中加入盐酸1 mL配制消毒液，在室温15 ℃条件下浸泡48 h，皮张与消毒液之比为1∶4)。

4.5.2.2.2　浸泡后捞出沥干，放入2%(或1%)氢氧化钠溶液中，以中和皮张上的酸，再用水冲洗后晾干。

4.5.2.3　过氧乙酸消毒法

4.5.2.3.1　将皮毛放入新鲜配制的2%过氧乙酸溶液中浸泡30 min。

4.5.2.3.2　将皮毛捞出，用水冲洗后晾干。

4.5.2.4　碱盐液浸泡消毒法

4.5.2.4.1　将皮毛浸入5%碱盐液(饱和盐水内加5%氢氧化钠)中，室温(18～25 ℃)浸泡24 h，并随时加以搅拌。

4.5.2.4.2　取出皮毛挂起，待碱盐液流净，放入5%盐酸液内浸泡，使皮上的酸碱中和。

4.5.2.4.3　将皮毛捞出，用水冲洗后晾干。

5　收集转运要求

5.1　包装

5.1.1　包装材料应符合密闭、防水、防渗、防破损、耐腐蚀等要求。

5.1.2　包装材料的容积、尺寸和数量应与需处理病死及病害动物和相关动物产品的体积、数量相匹配。

5.1.3　包装后应进行密封。

5.1.4　使用后，一次性包装材料应作销毁处理，可循环使用的包装材料应进行清洗消毒。

5.2　暂存

5.2.1　采用冷冻或冷藏方式进行暂存，防止无害化处理前病死及病害动物和相关动物产品腐败。

5.2.2　暂存场所应能防水、防渗、防鼠、防盗，易于清洗和消毒。

5.2.3　暂存场所应设置明显警示标识。

5.2.4　应定期对暂存场所及周边环境进行清洗消毒。

5.3　转运

5.3.1　可选择符合GB 19217条件的车辆或专用封闭厢式运载车辆。车厢四壁及底部应使用耐腐蚀材料，并采取防渗措施。

5.3.2　专用转运车辆应加施明显标识，并加装车载定位系统，记录转运时间和路径等信息。

5.3.3　车辆驶离暂存、养殖等场所前，应对车轮及车厢外部进行消毒。

5.3.4　转运车辆应尽量避免进入人口密集区。

5.3.5　若转运途中发生渗漏，应重新包装、消毒后运输。

5.3.6　卸载后，应对转运车辆及相关工具等进行彻底清洗、消毒。

6　其他要求

6.1　人员防护

6.1.1　病死及病害动物和相关动物产品的收集、暂存、转运、无害化处理操作的工作人员应经过专门培训，掌握相应的动物防疫知识。

6.1.2　工作人员在操作过程中应穿戴防护服、口罩、护目镜、胶鞋及手套等防护用具。

6.1.3　工作人员应使用专用的收集工具、包装用品、转运工具、清洗工具、消毒器材等。

6.1.4　工作完毕后，应对一次性防护用品作销毁处理，对循环使用的防护用品消毒处理。

6.2　记录要求

6.2.1　病死及病害动物和相关动物产品的收集、暂存、转运、无害化处理等环节应建有台账和记录。有条件的地方应保存转运车辆行车信息和相关环节视频记录。

6.2.2　台账和记录

6.2.2.1　暂存环节

6.2.2.1.1　接收台账和记录应包括病死及病害动物和相关动物产品来源场（户）、种类、数量、动物标识号、死亡原因、消毒方法、收集时间、经办人员等。

6.2.2.1.2　运出台账和记录应包括运输人员、联系方式、转运时间、车牌号、病死及病害动物和相关动物产品种类、数量、动物标识号、消毒方法、转运目的地以及经办人员等。

6.2.2.2　处理环节

6.2.2.2.1　接收台账和记录应包括病死及病害动物和相关动物产品来源、种类、数量、动物标识号、转运人员、联系方式、车牌号、接收时间及经手人员等。

6.2.2.2.2　处理台账和记录应包括处理时间、处理方式、处理数量及操作人员等。

6.2.3　涉及病死及病害动物和相关动物产品无害化处理的台账和记录至少要保存两年。

附录三　全国畜间人兽共患病防治规划（2022—2030年）

人兽共患病防治工作事关畜牧业高质量发展和人民群众身体健康，事关公共卫生安全和国家生物安全，是贯彻落实乡村振兴战略和健康中国战略的重要内容，是政府社会管理和公共服务的重要职责。为落实习近平总书记关于“人病兽防、关口前移”的重要指示精神，加强畜间人兽共患病防治工作，依据《中华人民共和国动物防疫法》《中华人民共和国传染病防治法》《中华人民共和国进出境动植物检疫法》《中华人民共和国生物安全法》等法律法规，编制本规划。

一、防治形势

（一）防治成效

近年来，国家出台一系列政策措施，推进畜间人兽共患病防治工作，取得显著成效。法律法规不断健全，修订动物防疫法，颁布生物安全法，实施国家中长期动物疫病防治规划，完善畜间人兽共患病防治配套规章、应急预案和技术标准规范。防治机制不断优化，落实地方政府属地管理、部门监管和生产经营者主体责任，健全强制免疫、监测流调、应急处置、区域化管理、联防联控等制度。防疫体系不断完善，推进动物防疫行政管理、监督执法和技术支撑体系建设，改善动物疫病监测、检疫监督等基础设施和装备条件。疫情形势总体稳定，高致病性禽流感等畜间人兽共患病得到有效控制，全国基本消灭了马鼻疽，日本血吸虫病、棘球蚴病（包虫病）、狂犬病等得到稳定控制，畜间流行率显著降低。

（二）困难挑战

我国畜禽饲养基数大，动物疫病种类多、分布广，部分疫病在局部地区出现反弹，防治形势依然复杂严峻。一是畜间人兽共患病种类多，病原复杂，流行范围广。高致病性禽流疫情随候鸟迁徙传播的风险持续存在，布鲁氏菌病（以下简称“布病”）疫情在一些地区居高不下，局部地区牛结核病和包虫病疫情形势依然严峻，炭疽病原感染及传播途径更趋复杂。二是基层动物防疫体系职能淡化、力量弱化、支持虚化等问题比较突出。一些地方对畜间人兽共患病防治重视不够，经费保障不足，设施设备陈旧老化，基层机构大量撤并，专业技术人员匮乏，动物防疫、检疫和监管工作存在短板漏洞。三是畜禽养殖总量大，规模化程度总体不高，生物安全水平较低。中小规模养殖场户占比高，生物安全防护意识和能力参差不齐，部分养殖场户对畜间人兽共患病危害认识不足，防疫主体责任落实不到位。活畜禽长途调运和市场交易频繁，传统的养殖、流通和消费方式在短期内难以根本改变，疫病发生和跨区域传播扩散风险持续存在。四是周边及主要贸易国家和地区动物疫情频发，多种外部风险因素相互交织，防治任务繁重艰巨。随着全球化进程加快，动物及动物产品跨境流动频繁，外来畜间人兽共患病传入风险不断加大。野生动物疫源疫病跨种传播感染人和畜禽的情况时有发生，气候环境和生态系统变化以及极端天气增多，进一步加大畜间人兽共患病发生、传播和扩散风险。

（三）面临机遇

习近平总书记在十九届中央政治局第三十三次集体学习时对畜间人兽共患病防治提出明确要求，强调要坚持人病兽防、关口前移，从源头前端阻断人兽共患病的传播途径。2022 年中央一号文件明确提出，要做好人兽共患病源头防控。随着经济社会发展和人民生活水平的提高，人民群众对畜牧业生产安全、动物产品质量安全和公共卫生安全的要求不断提升，为做好畜间人兽共患病防治奠定了良好社会基础。当前，我国正开启全面建设社会主义现代化国家新征程，全面实施乡村振兴战略和健康中国战略，推动构建“人类卫生健康共同体”，为兽医卫生事业全面融入国家公共卫生体系，推动畜间人兽共患病防治工作再上新台阶提供了重要战略机遇。国家颁布实施生物安全法，修订实施动物防疫法等法律法规，为加强畜间人兽共患病防治知识宣传教育、落实关键防治措施、实施科学精准防治和有效防控提供了有力法治保障。

二、总体思路

（一）指导思想

以习近平新时代中国特色社会主义思想为指导，深入贯彻落实党中央、国务院关于全面加强国家生物安全风险防控和治理体系建设的决策部署，坚持人民至上、生命至上，实行积极防御、系统治理，健全完善畜间人兽共患病防治体制机制，全面夯实基层基础，提升风险防范和综合防治能力，有计划地控制、净化和消灭若干种严重危害畜牧业生产和人民群众健康安全的畜间人兽共患病，维护畜牧业生产安全、公共卫生安全和国家生物安全。

（二）基本原则

1. 源头防治，突出重点。坚持人病兽防、关口前移，实行预防为主、预防与控制净化消灭相结合的方针，聚焦重点病种，织密筑牢防治畜间人兽共患病的第一道防线，从前端阻断传播路径，切实降低流行率，有效防范传播风险。

2. 政府主导，多方参与。严格落实地方各级人民政府属地管理、部门监管和生产经营者主体责任，采取监督指导和激励相结合的措施，调动从业者主动防疫的内生动力，鼓励和引导社会力量广泛参与，形成政府、部门、社会组织和生产经营者分工明确、各司其职的防治机制。

3. 因地制宜，因病施策。实行一病一策、分类指导，分病种、分区域、分阶段采取差异化防治策略，根据不同病种的流行规律、传播特点和防治现状，制定实施有针对性的防治措施，精准防治，逐步实现从场群、区域到整体的控制、净化和消灭目标。

4. 协调配合，统筹推进。有效整合现有畜间人兽共患病防治资源，理顺防治体制机制，明确各方事权，协调各方力量，强化联防联控和群防群控，形成防控合力。确定国家重点防治病种，突出重点区域、聚焦重点环节、落实重点措施，统筹推进各项防治工作。

（三）防治目标

到 2030 年，逐步形成有效保障畜牧业高质量发展和人民群众身体健康的畜间人兽共患病防治能力，动物防疫机构队伍、法律法规和基础设施更加完善，应急响应机制更加健全，快速感知和识别新发突发疫病能力不断提高，全社会协同防范能力和水平显著提升。重点防治病种得到有效控制，畜间布病、牛结核病、包虫病等病种流行率明显下降，高致病性禽流感稳定控制，炭疽疫情保持平稳，马鼻疽实现消灭，犬传人狂犬病逐步消除，日本血吸虫病实现消除。常规防治病种流行率稳定控制在较低水平。重点防范的外来疫病传入和扩散风险有效降低。

专栏 1　实施防治防范的主要畜间人兽共患病

病种分类	病种
重点防治（8 种）	高致病性禽流感、布病（布鲁氏菌病）、牛结核病、狂犬病、炭疽、包虫病（棘球蚴病）、日本血吸虫病、马鼻疽
常规防治（14 种）	弓形虫病、钩端螺旋体病、沙门氏菌病、日本脑炎（流行性乙型脑炎）、猪链球菌Ⅱ型感染、旋毛虫病、囊尾蚴病、李氏杆菌病（李斯特菌病）、类鼻疽、片形吸虫病、鹦鹉热、Q 热、利什曼原虫病、华支睾吸虫病
外来防范（2 种）	牛海绵状脑病、尼帕病毒性脑炎

专栏 2　重点畜间人兽共患病防治目标

病种	到 2025 年	到 2030 年
高致病性禽流感	全国达到控制标准，部分区域达到免疫无疫标准	全国维持控制标准，进一步扩大免疫无疫区域
布病（布鲁氏菌病）	50％以上的牛羊种畜场（站）和 25％以上的规模奶畜场达到净化或无疫标准	75％以上的牛羊种畜场（站）和 50％以上的规模奶畜场达到净化或无疫标准
日本血吸虫病（预期性）	有效控制和消除危害，全国达到传播阻断标准	全国达到消除标准
包虫病（棘球蚴病）	98％以上的流行县家犬及家畜病原学监测个体阳性率控制在 5％以下	100％的流行县家犬及家畜病原学监测个体阳性率控制在 5％以下
狂犬病	注册犬免疫密度达 90％以上，免疫犬 100％建立免疫档案	注册犬免疫密度达 95％以上，免疫犬 100％建立免疫档案

续专栏 2

病种	到 2025 年	到 2030 年
牛结核病	25%以上的规模奶牛养殖场达到净化或无疫标准	50%以上的规模奶牛养殖场达到净化或无疫标准
炭疽	重点地区应免家畜免疫密度达 90%以上，畜间疫情保持点状低发	重点地区应免家畜免疫密度达 95%以上，畜间疫情保持点状低发
马鼻疽	全国消灭	维持全国消灭

三、策略措施

对重点防治病种，国家制定防治技术规范、标准，根据防控需要制定应急实施方案，实行全国统防、部门联防，一病一策、精准治理，区域协同、有效防控。对境外流行、尚未传入的畜间人兽共患病，加强风险防范、监测预警和应急准备，加强口岸和边境防控，强化联防联控。

（一）高致病性禽流感

目前我国高致病性禽流感防控形势总体平稳，要继续落实免疫、监测、扑杀等综合防治措施。

重点防治措施。一是做好强制免疫。坚持预防为主，全面开展家禽强制免疫和抗体监测，确保家禽群体免疫保护水平。有条件的地区，可根据监测评估结果和防治实际探索建立免疫退出机制。二是加强监测预警。组织实施家禽和野禽监测计划，密切监视禽流感病毒流行动态、毒株变异、致病力变化情况。三是严格检疫监管和市场准入。严禁未经检疫、来源不明的家禽及产品入市销售，严格执行活禽市场防疫管理制度，加强疫病监测，发现禽流感病毒污染立即采取休市、消毒等应急处置措施。县级以上地方人民政府应当根据本地情况，依法决定在城市特定区域禁止活禽交易。倡导健康消费理念，加快推进“规模养殖、集中屠宰、冷链运输、冰鲜上市”的生产消费模式。四是推进区域化管理。鼓励、支持各地及养殖场户开展高致病性禽流感净化场、无疫小区和无疫区建设，不断提高家禽养殖场所生物安全水平。

（二）布病（布鲁氏菌病）

目前我国布病防控形势严峻，对牛羊健康养殖和公共卫生安全构成较大威胁，要继续坚持免疫与净化相结合，严格落实各项综合防治措施，逐步降低畜间流行率。

重点防治措施。一是实施专项防控行动。实施畜间布病防控五年行动方案，强化条件保障，做好技术支持，加强督促指导，全面落实监测、免疫、扑杀、消毒、无害化处理、人员防护等关键措施。二是推进区域化管理。各地根据布病流行状况和畜牧业产业布局，以县为单位确定免疫区和非免疫区，免疫区严格规范开展布病强制免疫，非免疫区强化日常监测和剔除，加大对高风险畜群、地区和环节监测力度。积极推进布病净化场、无疫小区、无疫区建设，提升养殖环节生物安全水平。三是强化牛羊调运监管。严格落实牛羊产地检疫和落地报告制度，做好隔离观察。全面实施畜禽运输车辆和主体备案制度，加强活畜跨区域调运监管，严格指定通道管理。除布病净化场、无疫小区、无疫区，以及用于屠宰和种用乳用外，跨省调运活畜时，禁止布病易感动物从高风险区域向低风险区域调运。四是加强奶畜风险监测。支持奶畜养殖场户开展布病自检，探索建立生鲜乳布病等病原微生物风险监测评估制度。

专栏3　布病防控五年行动

农业农村部印发《畜间布鲁氏菌病防控五年行动方案(2022—2026 年)》(农牧发〔2022〕13 号),按照源头防控突出重点、因地制宜综合施策、技术创新强化支撑、健全机制持续推进的基本原则,全面落实监测排查、强制免疫、消毒灭源、净化无疫、检疫监督、调运监管、疫情处置、宣传培训、效果评估等 9 项重点任务,强化组织指导、经费保障、技术支持、措施联动、进展反馈等 5 项保障措施。力争通过 5 年时间,有效降低畜间布病总体流行率,提升牛羊群体健康水平,建成一批高水平的牛羊布病净化场和无疫小区。

(三)牛结核病

我国牛结核病在奶牛群体中仍有一定程度流行,防控形势不容乐观,要坚持预防为主,严格落实监测净化、检疫监管、无害化处理等综合防治措施。

重点防治措施。一是加强监测。加大养殖场、屠宰场和交易市场监测力度,及时准确掌握病原分布和疫情动态,科学评估风险,逐步建立完善奶牛个体档案和可追溯标识,对感染牛及时追踪溯源,并对溯源牛群进行持续监测。二是加快推进净化工作。制定净化实施方案,分区域、分步骤统筹推进牛结核病净化工作。对养殖场户实行分类指导、一场一策、逐步净化,有计划地开展防治工作。三是加强生物安全管理。指导养殖场户加强生物安全防控,落实日常消毒措施,提高生物安全水平,及时扑杀牛结核病感染牛,并进行无害化处理。四是加强奶牛群体风险监测。支持奶牛养殖场户开展牛结核病自检,探索建立生鲜乳牛结核病等病原微生物风险监测评估制度。

(四)狂犬病

狂犬病是我国法定报告传染病中病死率最高的人兽共患病,要强化免疫、监测流调、疫情处置等关键防治措施落实。

重点防治措施。一是严格实施犬只免疫。指导犬只饲养单位和个人要切实履行法定义务,定期为犬只接种狂犬病疫苗,确保构筑有效免疫屏障。各地可根据狂犬病流行情况、监测评估结果和当地实际,将犬只狂犬病纳入地方动物疫病强制免疫病种。推进狂犬病免疫接种点建设,规范动物诊疗机构接种管理,对免疫犬只建立免疫档案。二是开展监测流调。对出现异常攻击行为或发生不明原因死亡的疑似患病动物及时开展病原学监测,发现确诊病例及时开展疫情溯源和流行病学调查。三是做好应急处置。发生疑似动物狂犬病疫情,及时划定高风险场所或区域,落实传染源调查、高风险区犬只紧急免疫等应急处置措施,严格按规定对染疫动物进行无害化处理。四是加强流浪犬和农村犬只防疫管理。按照动物防疫法规定,指导乡镇人民政府、街道办事处、村(居)民委员会做好本辖区流浪犬的控制和处置,防止疫病传播;县级人民政府和乡级人民政府、街道办事处要结合本地实际做好农村地区饲养犬只的防疫管理工作。

(五)炭疽

目前我国炭疽疫情总体呈点状发生态势,有明显的季节性、区域性,以老疫点和疫源地为高发地区,要强化监测排查、应急处置、针对性免疫、检疫监管等综合防治措施。

重点防治措施。一是做好监测报告。加强高发季节高风险地区监测预警,及早发现和报告疫情。二是严格规范处置疫情。按照"早、快、严、小"原则做好疫情处置,对病畜进行无血扑杀和无害化处理,掩埋点设立永久性警示标志,疫源地周边禁止放牧。三是做好针对性免疫。

根据疫情动态和风险评估结果制定重点地区免疫计划，适时开展家畜免疫。四是加强动物卫生监管。严格检疫和调运监管，严厉打击收购、加工、贩运、销售病死动物及其产品等违法违规行为，对死亡动物严格执行"四不准一处理"（不准宰杀、不准食用、不准出售、不准转运，对死亡动物进行无害化处理）措施。加强日常监管，重点地区要加强病死草食动物无害化处理专项整治，根据防控需要配备可移动大动物尸体焚化设备。

（六）包虫病（棘球蚴病）

目前我国包虫病疫情总体比较平稳，四川、西藏、青海等地区疫情相对较重，要实施以控制传染源为主、中间宿主防控与病人查治相结合的综合防治策略。

重点防治措施。一是做好家犬驱虫。包虫病流行区强化家犬登记管理，按户建立家犬驱虫登记卡。全面实行家犬拴养，因地制宜实施限养。根据当地实际定期开展犬驱虫。做好犬粪深埋、焚烧等无害化处理工作。二是加强流浪犬管控。乡镇人民政府、街道办事处、村（居）民委员会要采取措施控制并减少流浪犬数量，在流浪犬聚集场所或经常出没区域定期投放驱虫药饵，并集中收集犬粪进行无害化处理。三是加强综合防疫管理。做好家畜免疫，每年对新生羔羊和新补栏羊进行免疫接种，有条件的地区可对牦牛等进行免疫接种。做好易感动物监测，对牛、羊及家犬做好病原学监测，对免疫动物开展抗体监测。强化家畜屠宰管理，规范开展屠宰检疫，做好病变内脏的无害化处理，不得随意丢弃家畜脏器。四是加强流行区宣传教育。对牧民和养殖、屠宰、交易等环节从业者做好防治知识宣传，引导养成良好卫生习惯，不随意丢弃家畜内脏，不用生鲜内脏喂犬，对病变内脏进行无害化处理。

（七）日本血吸虫病

日本血吸虫病是严重危害人体健康的重大畜间人兽共患病，要坚持以控制传染源为主的综合防治策略，实施人畜同步查治。

重点防治措施。一是开展家畜疫情监测。开展家畜血吸虫病疫情监测，每年按照国家动物疫病监测与流行病学调查计划进行家畜查治，控制家畜感染，实行网络化和信息化管理，掌握疫情动态。二是加强家畜传染源管理。大力推进农业耕作机械化，逐步淘汰耕牛或以机耕代牛耕，在暂未淘汰耕牛的流行区逐步推行家畜集中圈养。鼓励有条件的流行区发展替代养殖业，减少易感动物饲养量。加强家畜粪便管理，在血吸虫病疫区实施沼气池建设，对人、畜粪便进行无害化处理，通过发酵等方式杀灭虫卵，减少直接排放污染环境，有效切断传播途径。做好流行区易感家畜的检疫工作。三是实施农业灭螺工程。结合农业种植结构调整，对符合条件的水田实施水改旱或者水旱轮作。在有钉螺分布的低洼沼泽地带（非基本农田）开挖池塘、实施标准化池塘改造，发展优质水产养殖业，实行蓄水灭螺。

（八）其他畜间人兽共患病

针对畜间人兽共患病传播流行的三个环节（传染源、传播途径、易感动物），实施综合防治措施，积极开展病媒生物防制和消杀，加强饲养管理，不断提高养殖场所生物安全水平。

重点防治措施。对马鼻疽，继续实施消灭计划，严格落实监测、扑杀、无害化处理、移动控制等关键措施。对日本脑炎（流行性乙型脑炎）、猪链球菌Ⅱ型感染和鹦鹉热，在流行区域对猪、马、牛、羊等易感家畜进行疫苗接种。对旋毛虫病、囊尾蚴病，以屠宰场为重点，严格宰后检疫检验，做好污染肉品的无害化处理。对其他常规防治病种，加强饲养管理、环境消毒、无害化处理、药物治疗、疫病净化，加强人员防护和个人卫生。对牛海绵状脑病、尼帕病毒性脑炎等外来病种，加强国际疫情监视，做好传入风险分析和预警；加强联防联控，健全跨部门协作机制，强化入境检疫和边境监管措施，提高人兽共患病发现识别和防控能力；在边境、口岸等高风险区域开展应急演练，提高应急处置能力。

四、重点任务

（一）完善防治措施

深入推进畜间人兽共患病强制免疫先打后补改革，完善以养殖场户为责任主体，以企业执业兽医、乡村兽医、村级防疫员和特聘防疫专员等社会化服务队伍为技术依托的强制免疫网络。严格落实疫情报告制度，明确疫情报告责任和标准，健全疫情报告体系。完善畜间人兽共患病应急预案和应急响应机制，加强应急物资和能力储备。加强牛羊屠宰管理，有序推进牛羊集中或定点屠宰，健全入场动物查证验物、待宰采样检测和检验检疫制度，建立牛羊屠宰场基础信息系统，强化与动物检疫电子出证系统对接，实现牛羊从产地到屠宰的全程闭环监管。有条件的省份，省级农业农村主管部门在严格确保生物安全的前提下，可探索开展布病、包虫病、牛结核病监测阳性动物集中无害化处理和资源化利用试点。

（二）抓好监测净化

完善监测预警体系，健全以国家兽医实验室和省市县三级动物疫病预防控制机构为主体的畜间人兽共患病监测预警网络。加强专项监测，有针对性地开展常规监测、净化监测和无疫监测，做到及时发现、快速感知、准确识别。加强宠物疫病、野生动物疫源疫病、外来动物疫病监测预警。强化同卫生健康、海关、林草等部门沟通协调和资源共享，及时相互通报监测信息。强化畜间人兽共患病净化工作，推进防治工作从有效控制向净化消灭转变。建立完善相关奖补政策和激励机制，加快推进畜间人兽共患病净化场、无疫小区和无疫区的建设，建成一批高水平畜间人兽共患病净化场和无疫小区。通过示范带动、典型引领，不断提升养殖环节生物安全水平。

专栏 4　畜间人兽共患病净化

农业农村部印发《农业农村部关于推进动物疫病净化工作的意见》（农牧发〔2021〕29 号），按照企业主体政府支持、因地制宜分类施策、点面结合整体推进的基本原则，通过明确净化范围、集成净化技术、完善净化模式、做好净化指导、开展净化评估等措施，以种畜场、奶畜场和规模养殖场为对象，稳步推进布病、牛结核病等畜间人兽共患病净化；以种畜禽场和规模养殖场为切入点，探索开展高致病性禽流感等重大动物疫病净化。

（三）强化科技支撑

积极支持有条件的单位开展畜间人兽共患病防治相关技术研究和推广，实施新发畜间人兽共患病应急科研攻关储备项目。建设国家人畜共患传染病防控技术研究中心、国家动物疫病防控技术集成创新中心和区域动物疫病防控技术集成基地，组织开展多部门、跨学科联合攻关，加强动物疫病预防控制机构、科研院所和企业科研资源集成融合，构建基础性、前沿性、实用性技术研究、集成创新和示范推广平台，增强防治技术原始创新、集成推广和引进吸收转化能力，解决制约防治工作的关键技术问题。加强畜间人兽共患病检测试剂、标准样品、仪器设备、治疗药物、中医药技术等方面的研发推广，加快推进新型疫苗和快速诊断与鉴别诊断技术产品的引进、研发、注册和应用，完善相关畜间人兽共患病诊断检测标准，健全畜间人兽共患病菌毒种库、疫苗和诊断制品标准物质库。

（四）推进智慧防治

实施智慧防疫能力提升行动，全面提升畜间人兽共患病系统治理能力。运用互联网、大数据、人工智能、区块链等现代信息技术，织牢织密监测预警网络。建立以动物移动监管为核心的全链条智慧监管体系，建成覆盖养殖场户、屠宰企业、指定通道、无害化处理场、交易市场的智能监控信息系统，开展动物养殖、运输、交易、屠宰、无害化处理等全链条精细化监管，实现养殖档案电子化、检疫证明无纸化、运输监管闭环化。将信息系统配备及与政府监管系统对接情况，纳入养殖场、屠宰场等标准化示范创建，以及动物疫病净化场、无疫小区和无疫区建设评估验收内容，不断提高智慧监管能力水平。

专栏5　全国智慧防疫能力提升行动

以规模养殖场和畜禽屠宰场点为关键控制节点，以直联直报系统、牧运通 APP 及省级畜牧兽医信息平台等为支撑，建立健全养殖、运输、屠宰全链条防疫、检疫监管智慧信息系统。逐步建设覆盖全国所有规模养殖场和畜禽屠宰场的视频监控系统，对规模养殖场实施电子养殖档案管理，逐步实现养殖档案电子化、屠宰管理标准化、检疫证明无纸化。

（五）加强宣传教育

制定畜间人兽共患病防控培训计划，对动物养殖、屠宰加工、动物疫病防控等高风险从业人员，加强畜间人兽共患病防治技术培训，分类编制畜间人兽共患病防治指南，定期组织开展专项健康教育。监督相关单位建立健全人员防护制度，采取有效的卫生防护、医疗保健措施，定期组织工作人员开展健康检查。利用多种方式和重要节点，开展形式多样的主题宣传活动，广泛宣传畜间人兽共患病防治政策和知识，倡导健康饮食和良好生活习惯，提高社会公众防范意识。

（六）完善服务体系

着力培育多元兽医社会化服务组织，完善以执业兽医、乡村兽医为主体，其他兽医从业人员和社会力量为补充的兽医社会化服务体系。鼓励社会化服务体系为生产经营主体提供疫病检测、诊断和治疗等防治服务。积极推进将强制免疫、采样监测、协助检疫等兽医公益服务事项交由社会化服务体系承担。建立完善兽医社会化服务相关制度和标准，强化监督管理，加快构建政府主导的公益性兽医社会化服务与市场主导的经营性兽医社会化服务深度融合的长效机制。

（七）夯实基层基础

加强基层动物防疫体系建设，开展基层动物防疫体系运行效能评估，重点强化市县级动物疫病预防控制机构和动物卫生监督机构，明确机构设置和职能定位，充实畜间人兽共患病防控力量，足额配齐配强乡镇专业人员，实行定责定岗定人，完善工作机制，提升专业能力。各级农业农村部门要加强统筹协调和工作调度，指导动物疫病预防控制机构、动物卫生监督机构、农业综合行政执法机构加强协调配合，共同做好畜间人兽共患病防治工作。协调建立分级投入、分级管理机制，推动地方财政加大兽医实验室投入，加强对不同生物安全级别的实验室的建设和管理。

五、组织保障

(一)强化责任落实

省级农业农村部门要报请省级人民政府，成立畜间人兽共患病防治工作领导小组，加强组织协调和统筹调度，分解目标任务，明确各方责任。结合本地畜间人兽共患病流行情况和经济社会发展状况，制定实施本行政区域的畜间人兽共患病防治规划。全面落实政府属地管理责任、部门监管责任和生产经营者主体责任，确保畜间人兽共患病防治规划各项目标任务和措施落到实处。

(二)强化条件保障

省级农业农村部门要统筹使用中央财政动物防疫补助等经费项目，协调加大省级财政支持力度，全面推进免疫、监测、流调、扑杀、净化、评估、检疫监督、无害化处理、应急处置、人员防护等畜间人兽共患病防治工作。县级以上地方人民政府要采取措施稳定畜间人兽共患病防控队伍，将畜间人兽共患病防治经费纳入本级财政预算，保障公益性事业经费支出，落实畜牧兽医医疗卫生津贴等相关待遇，确保畜间人兽共患病防治责有人负、活有人干、事有人管。

专栏6　重点支持政策项目

1.强制免疫补助

主要用于开展动物疫病强制免疫、免疫效果监测评价、疫病监测和净化、人员防护等相关防控措施，以及实施强制免疫计划、购买防疫服务等方面。对符合条件的养殖场户实行强制免疫"先打后补"，在2025年年底前逐步全面停止政府招标采购强制免疫疫苗；对暂不符合条件的养殖场户，继续实行省级集中招标采购强制免疫疫苗。

2.强制扑杀和销毁补助

主要用于预防、控制和扑灭动物疫病过程中，被强制扑杀动物的补助和农业农村部门组织实施销毁的动物产品和相关物品的补助等方面。补助对象为被依法强制扑杀动物的所有者、被依法销毁动物产品及相关物品的所有者。

3.养殖环节无害化处理补助

主要用于养殖环节病死猪无害化处理等方面。按照"谁处理，补给谁"的原则，补助对象为承担无害化处理任务的实施者。

4.陆生动物疫病病原学监测区域中心建设

在畜禽养殖密集、动物疫病流行状况复杂、防控任务重的地区，依托地市级动物疫病预防控制机构，更新改造升级病原学监测实验室，提升病原学监测能力，及时准确掌握相关病种的流行态势和病原分布状况，提升监测调查和预警分析能力。

5.边境动物疫情监测站建设

为加强边境动物及陆生野生动物的疫病监测预警和风险防范能力，在外来病传入高风险区的内陆边境县建设边境动物疫情监测站，承担边境地区优先防治病种以及重点防范外来病的监测、流行病学调查、巡查监视和信息直报任务。

6.动物防疫指定通道建设

对经省级人民政府批准设立的动物防疫指定通道相关设施设备进行更新或改造，配备监督执法和信息化装备设施，提升查证验物能力，堵截染疫动物，控制流通环节动物疫病传播扩散风险。

7.牧区动物防疫专用设施建设

在牧区县和半牧区县建设牧区动物防疫专用设施，解决牧区防疫工作中由于放牧大动物数量多导致的家畜不易保定、免疫监测工作难开展等问题，确保免疫、监测、诊断等防控工作有效开展，提高动物防疫工作质量和效果。

(三)强化机制创新

理顺畜间人兽共患病防治工作机制,健全行政管理、技术支撑和监督执法体系,明确各类工作机构职能定位,加强协调配合,增强防治合力。完善农业农村、卫生健康、海关、林草等部门参与的畜间人兽共患病防治协作机制,建立情况通报、联合会商、分析研判、风险评估等工作制度,加强信息沟通和措施联动。探索利用大数据信息、人工智能技术确定重点人群和对象,精准推送畜间人兽共患病防治信息,及时发布疫病监测情况和风险提示,增强相关从业者和社会公众的防疫意识和能力。

(四)强化督促指导

省级农业农村部门要会同有关部门,依据本规划制定畜间人兽共患病防治任务清单和监测指标,组织开展督促指导和跟踪评价。对在动物防疫工作、相关科学研究、动物疫情扑灭中做出贡献的单位和个人,各级人民政府和有关部门按照国家有关规定给予表彰、奖励。要将职务职级晋升和职称评定、表彰奖励向业绩突出、考核优秀的基层动物防疫人员倾斜。农业农村部将组织对规划实施情况开展阶段性评估指导,结合春防秋防检查,定期调度和通报有关情况,并将结果与动物防疫补助等经费项目费分配挂钩。